# Kinderfreundliche Pflanzen

## DER AUTOR

Peter Pretscher, Jahrgang 1943, ist ausgewiesener Experte für Insektenkunde und Botanik. Sein Bildarchiv umfasst über 80.000 Motive vor allem von Biotopen, Pflanzen und Insekten. Er informiert in diversen Publikationen über Naturschutz und führt Exkursionen für Naturinteressierte und Pflanzenliebhaber durch. In zahlreichen Mitmachaktionen in Kindergärten und Grundschulen mit Themenschwerpunkt Schmetterlinge und Pflanzen konnte er Kinder für die Natur begeistern.
Nach zwei Jahren am Max-Planck-Institut für Züchtungsforschung war er Anfang 1970 für die Planung und den Aufbau des Arboretums und Botanischen Gartens in Grüningen/Zürich verantwortlich.
Ab 1973 war er 32 Jahre lang als wissenschaftlicher Mitarbeiter an der Bundesforschungsanstalt für Naturschutz und Landschaftspflege (späteres Bundesamt für Naturschutz) in Bonn tätig. In dieser Zeit bereiste er mehr als 1.400 Naturschutzgebiete, erstellte Pflegepläne für einige Gebiete in ganz Deutschland und baute die Naturschutz-Datenbank ‚NSG-DAT' auf. Das größte Projekt war die Erarbeitung der Roten Listen ‚Großschmetterlinge Deutschlands' und Aufbau der Datenbank LEPIDAT mit Steckbriefen und Verbreitungskarten.
Im Rahmen des Projektes „Aufschwung Ost" des Umweltbundesamtes plante er 1992 den Lehr- und Erlebnisgarten Wangelin mit dem heute größten Kräutergarten in Mecklenburg-Vorpommern und betreute maßgeblich dessen Aufbau.

# Inhalt

## Bäume 13

## Sträucher 49

# Inhalt

# Inhalt

## „WAS KANN ICH DENN JETZT PFLANZEN?"

Vor dieser Frage stehen Landschaftsgärtner, Kindergarten- und Schulleiter und Eltern, wenn es darum geht, Spielplätze und andere von Kindern genutzte Flächen zu gestalten. Die Angst vor möglichen Vergiftungen ist groß und Informationen darüber, welche Pflanzen giftig oder aus anderen Gründen nicht geeignet sind, gibt es viele. Aber was nun gepflanzt werden kann, ist damit nicht beantwortet. Darum stellt diese Broschüre über 216 Pflanzen in Wort und Bild vor, die sich für Spielplätze und Kindergärten eignen.

## WELCHE PFLANZEN SIND FÜR KINDER GEEIGNET?

Pflanzen für Spielplätze sollten nicht nur ungiftig sein, sondern sich durch weitere „kinderfreundliche" Eigenschaften auszeichnen. Zum einen sollen sie robust und pflegeleicht sein und auch mal einen fliegenden Fußball oder Tritte verkraften. Als Heckenpflanzen sollen sie Räume gestalten, als Sichtschutz oder für Ruhezonen und Labyrinthe dienen. Darunter finden sich viele allseits bekannte Pflanzen, wie Forsythien, Spiersträucher oder Deutzien. Bäume sind interessant, wenn sie sich besonders gut zum Klettern eignen und essbare Früchte tragen. Zum anderen werden aber auch Pflanzen vorgestellt, die nicht im Standardsortiment der Gartencenter vorrätig sind, die sich aber durch besonders hübsche Blüten, Wuchsformen oder Früchte auszeichnen. Sie liefern Material zum Basteln, für Blumensträuße und Tischdekorationen. Manche Pflanzen spielen eine Rolle in überliefertem Brauchtum, in Märchen oder Geschichten, und regen die Fantasie in besonderem Maße an. An anderen können Kinder zu Forschern werden, entdecken und beobachten. Solche Pflanzen sind hier auch beschrieben, wenn sie sich zum Beispiel aufgrund ihrer Größe nicht zur Bepflanzung von Kindergärten eignen, aber bei Ausflügen beobachtet werden können. Gängige Kulturpflanzen wie die bekannten Obst- und Gemüsesorten sind hier nicht berücksichtigt, da sie ohnehin als essbar bekannt sind. Auch sie können natürlich auf Spielplätzen und in Kindergärten gepflanzt werden und das kindliche Lebensumfeld bereichern.

## UND WELCHE NICHT?

In dieser Broschüre kommen viele Pflanzen nicht vor, obwohl sie in einer Umfrage bei Eltern („Mit welchen Pflanzen haben Sie als Kinder besonders gern gespielt?") oft genannt wurden: Pestwurz, aus deren großen Blättern sich Hüte basteln lassen, Sauerampfer und Sauerklee, deren Blätter erfrischend säuerlich schmecken; Schneebeeren, die sich hervorragend als „Knallerbsen" eignen, oder Waldreben, aus denen sich große Kränze basteln lassen. Alle diese Beispiele enthalten jedoch giftige Inhaltsstoffe. Daran wird deutlich, dass Pflanzen ein kaum erschöpfliches Potential zum Spielen, Basteln, Entdecken und Erforschen bieten, und dass bei Kenntnis und richtigem Umgang auch giftige Pflanzen keine Gefahr sein müssen. Auf Kinderspielplätzen kann jedoch nicht immer gewährleistet werden, dass die Kinder entsprechend vorsichtig und mit Bedacht mit den Pflanzen umgehen. Deshalb sind hier nur Pflanzen gewählt, von denen nach sorgfältiger Bewertung keine Gefährdung erwartet wird.

Es wird jeweils eine beispielhafte Art oder Gattung beschrieben; innerhalb dieser finden sich jedoch meist noch viele weitere Sorten oder verwandte Arten, die mit ähnlichen Eigenschaften ausgestattet sind und sich gleichermaßen eignen. Auf einige Verwandte wird unter „Weitere Arten und Sorten" hingewiesen. Hier kann jedoch immer nur ein kleiner Teil der oft unerschöpflichen Arten- und Sortenfülle erwähnt werden.

### IST DAS GIFTIG – JA ODER NEIN?

Die Frage, ob eine Pflanze giftig ist, lässt sich gar nicht so leicht beantworten, wie man vielleicht denkt. Zunächst gilt da der Satz „Die Dosis macht das Gift", wenn also eine Pflanze nur geringe Mengen eines Giftes enthält, wird sie kaum zu gesundheitlichen Beeinträchtigungen führen. In vielen Fällen, besonders wenn Kerne verschluckt werden, werden Giftstoffe gar nicht vom Körper aufgenommen; sondern unverdaut wieder ausgeschieden. Zudem sind Giftstoffe innerhalb einer Pflanze unterschiedlich verteilt. Sie können etwa in den Samen der Früchte vorhanden sein, aber im Fruchtfleisch fehlen. Paradebeispiel ist hier der Apfel, dessen Samen Blausäure enthalten und – in großen Mengen gegessen – zu Erbrechen, selten auch zu Gesichtsrötung und Kopfschmerzen führen können. Dennoch käme wohl niemand auf die Idee, Apfelbäume von Spielplätzen zu verbannen. Eiben dagegen sind in fast allen Pflanzenteilen ausgesprochen giftig, die roten Samenmäntel um die giftigen Samen sind aber ungiftig. Zusätzlich verändert sich der Giftgehalt noch im Laufe der Zeit, bei vielen als essbar bekannten Pflanzen sind unreife Früchte giftig, ausgereifte aber ungiftig. Bei anderen Pflanzen sind noch nicht alle Inhaltsstoffe erforscht. Zweifellos am gefährlichsten sind Pflanzen, die bunte – und damit lockende – giftige Früchte tragen. Finden sich die Giftstoffe jedoch in Pflanzenteilen, die mit großer Wahrscheinlichkeit nicht verzehrt werden, wie die stacheligen Samenhüllen von Kastanien, ist kaum mit Vergiftungen zu rechnen. Bei Pflanzen, die geringe Mengen bedenklicher Stoffe enthalten, von denen aber wenig Gefahr ausgeht und die einen hohen Spielwert besitzen, sind in dieser Broschüre deshalb Hinweise zu Verwendungseinschränkungen zu finden.

### VERGIFTUNG ODER ALLERGIE?

Ein weiterer Aspekt, der unter den Hinweisen zu Verwendungseinschränkungen berücksichtigt wird, sind Allergien. Im Unterschied zu giftigen Stoffen verursachen Allergene nur bei wenigen, dafür sensibilisierten Menschen allergische Reaktionen. Allerdings nehmen gerade allergische Reaktionen mit Hautreizungen oder Ekzemen in letzter Zeit zu. Pflanzen, auf die allergische Reaktionen beobachtet worden sind, aus den Gärten zu verbannen, erscheint aber nicht sinnvoll, zumal nur wenige Menschen betroffen sind und der Kontakt vermieden werden kann. Daher wird auch hierauf unter dem Punkt „Verwendungseinschränkungen" hingewiesen. Bei Pollenallergien ist es sehr wirkungsvoll, am Morgen die Pflanzen im Garten oder Kindergarten mit Wasser zu bespritzen. Das vermindert die Pollenfreisetzung erheblich und macht zudem noch Spaß.

### WIE KOMMT DIESE AUSWAHL ZUSTANDE?

Die Auswahl der Pflanzen in dieser Broschüre basiert auf der Auswertung von über 100 Pflanzenlisten und Umfragen, die von Giftinformationszentralen, Krankenhäusern und Kinderschutzorganisationen aus Deutschland, Großbritannien, Italien, Kanada, den Niederlanden und den USA zusammengestellt wurden. Inbesondere für fremdländische Pflanzen, die bei uns kultiviert werden, sind Zusammenstellungen von Behörden, Kinderspitälern und Kinderschutzvereinigungen aus Kanada und den USA beispielhaft. Sie enthalten auf Grundlage sorgfältig erstellter Statistiken umfangreiche Informationen zu Häufigkeit und Verlauf beobachteter Vergiftungen oder allergischer Reaktionen und zur Wirkung verschiedener Inhaltsstoffe. Zusätzlich sind neueste Ergebnisse aus der Überarbeitung der offiziellen Giftpflanzenliste der BfR-Kommission „Bewertung von Vergiftungen" eingeflossen, bei der über 40.000 Vergiftungsfälle mit Pflanzen bei Kindern ausgewertet wurden.

**Bei aller Sorgfalt, mit der diese Informationen recherchiert und aufbereitet wurden, können Irrtümer natürlich nicht ausgeschlossen werden. Zudem sind nicht alle Pflanzen mit ihren Inhaltsstoffen abschließend erforscht. Eine Haftung für etwaige Schäden kann daher nicht übernommen werden.**

# Bäume

### ERLEBNISWERT / BESONDERHEITEN

Die propellerartigen Früchte fliegen wie Hubschrauber zu Boden und dienten daher als Vorbilder für die Entwicklung von Schiffsschrauben und Propellern. Sie können als „Nasenzwicker" und zum Basteln genutzt werden. Die Blätter haben eine schöne Herbstfärbung und eignen sich gut für Blattcollagen. Den süßen Saft von Berg-Ahorn, der bei Verletzungen aus der Rinde austritt, kann man kosten. Bei hoher Luftfeuchtigkeit können sich Guttationstropfen an Blattstielen und Blättern bilden.

1

2

3

4

5

1 Berg-Ahorn, Blüte 2 Berg-Ahorn, Früchte
3 Spitz-Ahorn, Herbstlaub 4 Feld-Ahorn, Herbstlaub
5 Berg-Ahorn

# Ahorn

| | |
|---|---|
| *Acer pseudoplatanus* | Berg-Ahorn |
| *Acer platanoides* | Spitz-Ahorn |
| *Acer campestre* | Feld-Ahorn |

SEIFENBAUMGEWÄCHSE

### HEIMAT / VORKOMMEN

Europa bis Kaukasus; in Wäldern, Feld-Ahorn auch in Hecken.

### BESCHREIBUNG

**Berg-Ahorn:** 30 bis 40 m hoch, Stamm im Alter grobborkig, mit Wellenmuster, die Rinde blättert ab; Blätter mit spitzen Blattbuchten, 10 bis 15 cm lang; blüht im Mai gelblich grün.
**Spitz-Ahorn:** bis 25 m hoch, Stamm dunkelgrau, feinrissig, die Rinde blättert nicht ab. Blätter spitz 5- bis 7-lappig, hellgrün, 10 bis 18 cm lang und breit, mit hellgelber Herbstfärbung. Blüten gelbgrün vor dem Laubaustrieb im März bis April.
**Feld-Ahorn:** Bis 8 (selten 12) m hoch; Zweige gegabelt, rissig und mit Korkleisten, Blätter 3- bis 5-lappig, 5 bis 10 cm breit; die Blüten sind gelblich, aufrecht, sie erscheinen im Mai mit den Blättern.

### WEITERE ARTEN UND SORTEN

Die Berg-Ahornsorte *Acer pseudoplatanus* 'Brilliantissimum' wird nur 6 m hoch und hat im Austrieb rosafarbenes bis gelbes Laub. Für den Garten geeignete Sorten von Spitz-Ahorn sind *Acer platanoides* 'Faassen's Black' mit tief schwarzrotem Laub und der Kugelahorn *Acer platanoides* 'Globosum'. Weitere beliebte Arten sind der Silber-Ahorn *Acer saccharinum* mit vielen Sorten, der Zimt-Ahorn *Acer griseum* und die Schlangenhaut-Ahorne *Acer capillipes*, *Acer davidii*, *Acer pensylvanicum* mit interessanter Rinde. Fächerahorn siehe S. 23

### HINWEISE AUF VERWENDUNGSEINSCHRÄNKUNGEN

Keine bekannt.

### ANSPRÜCHE AN BODEN UND STANDORT

Gedeiht in jedem fruchtbaren Gartenboden, sowohl in sonniger als auch in schattiger Lage.

### GESTALTERISCHE VERWENDUNG

Berg- und Spitz-Ahorn eignen sich als Schattenspender für große Anlagen, Feld-Ahorn auch als Heckenpflanze.

# Amberbaum

*Liquidambar styraciflua*

ZAUBERNUSSGEWÄCHSE

### HEIMAT / VORKOMMEN

Nordamerika, von New York bis Nicaragua

### BESCHREIBUNG

Sommergrüner Baum, der hierzulande meist 8 bis 10 m hoch wird. Je nach Sorte unterschiedliche Blattfarben; an den Zweigen Korkleisten; die Bäume erreichen erst nach etwa 50 Jahren 20 Meter Höhe und können daher zunächst auch in kleineren Gärten gepflanzt werden; die Blätter sind ahornartig, 3-, selten 7-lappig, 12 bis 15 Zentimeter lang und breit, an ca. 10 bis 15 cm langen Stängeln, fein gesägt, oben glänzend grün, unten mit Nervenbärten, die später verkahlen; einhäusig; männliche Blüten unscheinbar, in hellgrünen, traubig hängenden Köpfchen; weibliche Blüten in 1,5 bis 2 cm breiten, grünen Blütenköpfchen, die sich später zu morgensternartigen Fruchtkapseln mit geflügelten Samen entwickeln; Blütezeit März bis Mai; Fruchtreife Herbst und Winter.

### WEITERE ARTEN UND SORTEN

Sorten mit besonders attraktiver Herbstfärbung: *Liquidambar styraciflua* 'Burgundy', tiefrot; *Liquidambar styraciflua* 'Festival', hellgelb mit rosafarbenen Tönen; *Liquidambar styraciflua* 'Palo Alto', orangerot; *Liquidambar styraciflua* 'Moraine', besonders frosthart, 10 m; *Liquidambar styraciflua* 'Gum Ball', kleinwüchsige, 3 bis 4 m hohe Kugelform. Da nicht ausreichend winterhart, werden die drei übrigen Arten kaum gepflanzt: Formosa-Amberbaum *Liquidambar formosana*, Chinesischer Amberbaum *Liquidambar acalycina* und der Orientalische Amberbaum *Liquidambar orientalis*.

### HINWEISE AUF VERWENDUNGSEINSCHRÄNKUNGEN

Frostharte Sorten pflanzen.

### ANSPRÜCHE AN BODEN UND STANDORT

Gedeihen in jedem guten, tiefgründigen Boden in sonniger, warmer Lage.

### GESTALTERISCHE VERWENDUNG

Imposant als Einzelbaum in großen Anlagen, für kleinere Gärten kleinwüchsige Sorten verwenden.

1 Amberbaum 2 weibliche Blüte 3 Früchte
4 *Liquidambar styraciflua* 'Burgundi' 5 Herbstlaub

### ERLEBNISWERT / BESONDERHEITEN

Baum mit eindrucksvoller Herbstfärbung, die Blätter leuchten in vielen Farben von Gelb, Grün, Violett, über Orange bis Purpur. Die Früchte sehen aus wie kleine Morgensterne und eigen sich zum Basteln. Das Harz des Baumes wurde früher in den USA zur Kaugummiproduktion verwendet. Beim Zerreiben der Rinde oder junger Blätter und Knospen entsteht ein angenehm süßer Duft.

# Birke

*Betula pendula* Sand-Birke

BIRKENGEWÄCHSE

### HEIMAT / VORKOMMEN

Europa, Kleinasien bis Mandschurei; in Deutschland Pioniergehölz, das in Laub- und Nadelwäldern, an Waldrändern, in Feldgehölzen, Heiden und in Steinbrüchen vorkommt.

### BESCHREIBUNG

Sand-Birke *Betula pendula*: Sommergrüner, bis 20 m hoher Baum mit weißer Rinde; Zweige je nach Unterart mehr oder weniger hängend; Blätter rautenförmig bis dreieckig, 3 bis 7 cm lang, zugespitzt, grob doppelt gesägt, jung klebrig; die Blüten sind ungestielte Kätzchen, die zerfallen, wenn die Samen reif sind. Blütezeit April bis Mai.

### WEITERE ARTEN UND SORTEN

Es gibt zahlreiche Sorten von *Betula pendula*: 'Dalecarlica' Schwedische Birke mit tief geschlitzten Blättern; 'Fastigiata' Säulen-Sand-Birke mit schmaler Krone; 'Tristis' Hänge-Sand-Birke mit stark hängenden Ästen; 'Youngii' Trauer-Sand-Birke mit unregelmäßigem, schirmförmigem Wuchs. Weitere Birkenarten: Moor-Birke *Betula pubescens*, ähnlich der Sand-Birke; Strauch-Birke *Betula humilis*, kleinblättrig, bis 2 m hoch. Kleinste Birke ist die etwa 1m hoch werdende Zwerg-Birke *Betula nana*. Eingeführte Birkenarten mit hübscher Rinde und Herbstfärbung: Sichuan-Birke *Betula szechuanica*, Himalaya-Birke *Betula utilis*, Weißrindige Himalaya-Birke *Betula utilis* var. *jacquemontii*, Gelb-Birke *Betula alleghaniensis*, Schwarz-Birke *Betula nigra* u. a.

### HINWEISE AUF VERWENDUNGSEINSCHRÄNKUNGEN

Birkenpollen können bei Betroffenen allergische Reaktionen auslösen. Nach Haselpollen sind Birkenpollen das zweithäufigste Allergen.

### ANSPRÜCHE AN BODEN UND STANDORT

Anspruchslos, gedeiht in jedem Gartenboden; Strauch- und Zwerg-Birken bevorzugen feuchtere, anmoorige Böden im Heide- oder Steingarten.

### GESTALTERISCHE VERWENDUNG

Als Einzelbäume oder zu Gruppen gepflanzt sind Birken sehr dekorativ.

### ERLEBNISWERT / BESONDERHEITEN

Birken üben allein wegen ihrer interessanten Rinde eine große Anziehungskraft aus. Die Rinde einiger Birkenarten kann abgerollt und wie Papier beschrieben werden. Die Rinde der Papier-Birke *Betula papyrifera* nutzten die Indianer für den Kanubau. Andere Birkenarten liefern das bekannte Birkenwasser. Hängende Sorten können als Verstecke dienen. Die Birke ist Futterpflanze für Maikäfer.

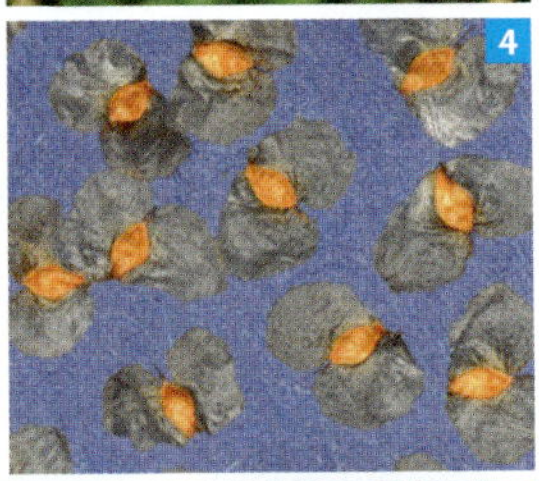

1 Sand-Birke 2 Kätzchen 3 Rinde 4 Samen 5 Trauerform

# Birne

*Pyrus pyraster* Wild-Birne und
*Pyrus communis* Garten-Birne

ROSENGEWÄCHSE

### HEIMAT / VORKOMMEN

Europa, Vorderasien mit Türkei, Iran und Kaukasus, in Auwäldern, Steppenheidewäldern, auf Felsen und an Waldrändern, Sorten kommen auch verwildert auf Ödland und Brachen vor.

### BESCHREIBUNG

Sommergrüner, je nach Standort und Sorte 4 bis 10 m (selten bis zu 18 m) hoher Strauch oder Baum mit meist dornigen Zweigen; Blätter elliptisch bis rundlich, 3 bis 7 cm lang und 2 bis 5 cm breit, glattrandig oder gezähnt; Blüten weiß in Scheindolden, Kronblätter 10 bis 16 mm lang und 6 bis 13 mm breit. Frucht kugelig oder birnenförmig, 13 bis 36 mm lang und 18 bis 35 mm breit, gelb, grüngelb, braun oder fast schwarz; Blütezeit April bis Mai.

### WEITERE ARTEN UND SORTEN

Sämlinge der Garten-Birne *Pyrus communis*, die wie die Wild-Birne oft auch als Holz-Birne bezeichnet wird, sind ohne Früchte nur schwer von dieser zu unterscheiden. Wegen des Zierwertes wird zuweilen die silbergraue Weiden-Birne *Pyrus salicifolia* mit hängenden Zweigen vor dunklem Hintergrund gepflanzt. Als Obstgehölze eigenen sich natürlich auch die zahlreichen schmackhaften Sorten.

### HINWEISE AUF VERWENDUNGSEINSCHRÄNKUNGEN

Die Kerne sollten nicht in größerer Menge verzehrt werden, da sie Blausäure enthalten.

### ANSPRÜCHE AN BODEN UND STANDORT

Gedeihen auf jedem guten, tiefgründigen, durchlässigen Gartenboden in sonniger Lage.

### GESTALTERISCHE VERWENDUNG

Die imposanten Baumgestalten kommen am besten zur Geltung, wenn sie einzeln stehen.

1 *Pyrus communis* Blüte 2 *Pyrus communis* Früchte 3 *Pyrus salicifolia* 4 *Pyrus pyraster* Früchte 5 Garten-Birne

### ERLEBNISWERT / BESONDERHEITEN

*Pyrus pyraster* und *Pyrus communis* sind Beispiele für Wildformen der heutigen Birnen-Sorten. Während der Blüte und der Herbstfärbung besonders attraktiv.

# Eberesche

*Sorbus aucuparia* Eberesche
und
*Sorbus aucuparia* ssp. *moravica* Süße Eberesche

ROSENGEWÄCHSE

### HEIMAT/VORKOMMEN

Europa, Nordafrika, Kleinasien; in lichten Laub- und Nadelwäldern und im Gebirge bis 1.980 m verbreitet.

### BESCHREIBUNG

Sommergrüner, bis 15 m hoher, oft mehrstämmiger Baum, mit glatter, glänzender Rinde; Blätter gefiedert, 22 cm lang, bis 12 cm breit, mit 9 bis 15 Fiederblättchen; Fiederblättchen lanzettlich 6 cm lang und 2 cm breit, scharf gesägt; Blütenstand dicht, 10 bis 15 cm breit, Blüten rahmweiß, 1 cm breit; Früchte etwa 1 cm dick, orange, nach Vollreife scharlachrot. Blütezeit Mai bis Juni.

### WEITERE ARTEN UND SORTEN

Von der „normalen" (nicht süßfruchtigen) Eberesche gibt es verschiedene Wuchsformen, z. B. *Sorbus aucuparia* 'Fastigiata' als Säulenform oder Sorten mit goldgelber Herbstfärbung, *Sorbus aucuparia* 'Beissneri' oder Lombarts-Hybriden (aus einer Kreuzung von *Sorbus aucuparia* mit *Sorbus discolor*) mit gelben, weißen oder dunkelroten Beeren. Der Speierling *Sorbus domestica* ist sehr ähnlich, man kann ihn fast nur anhand der größeren Früchte von der Eberesche unterscheiden. Sein Holz wurde in Weinbaugebieten für Gewindestangen von Saftpressen verwendet.

### HINWEISE AUF VERWENDUNGSEINSCHRÄNKUNGEN

Die auch „Vogelbeeren" genannten Früchte sind nicht giftig, ihretwegen gibt es jedoch häufig Anfragen in Giftzentralen. Wegen der enthaltenen Parasorbinsäure können größere Mengen der „normalen", also nicht süßfruchtigen Ebereschen zu Störungen im Verdauungstrakt führen.

### ANSPRÜCHE AN BODEN UND STANDORT

Geeignet sind nährstoffreiche, durchlässige Gartenböden. Ebereschen ertragen ein sehr raues Klima.

### GESTALTERISCHE VERWENDUNG

Sowohl einzeln als auch im Verbund mit anderen Gehölzen.

### ERLEBNISWERT/BESONDERHEITEN

Dekorativer, für Insekten und Vögel attraktiver Baum mit zahlreichen Blütendolden, reichem Beerenbehang und hübscher Herbstfärbung. Gimpel, Kirschkernbeißer, Grünlinge, Buchfinken, Seidenschwänze und viele weitere Vögel können an Ebereschen beobachtet werden. Auch viele kleine Säugetierarten – wie Siebenschläfer, Gartenschläfer und Haselmäuse – schätzen die Beeren. Für Kindergärten wird die süßfruchtige Form *Sorbus aucuparia* ssp. *moravica* empfohlen. Sie ist im Handel auch unter der Bezeichnung 'Edulis' oder 'Dulcis' zu finden. Die Beeren schmecken wie Preiselbeeren, besitzen einen hohen Vitamin-C-Gehalt und eignen sich gut für Konfitüre. Den Baum begleiten zahlreiche Märchen und Geschichten. Die Beeren dienten in Südeuropa als Lockmittel für den Vogelfang.

1

2

3

4

5

1 Eberesche 2 Eberesche, Blüte 3 Eberesche, Früchte 4 essbare Eberesche 5 Speierling

# Eisenholzbaum

*Parrotia persica*

ZAUBERNUSSGEWÄCHSE

### HEIMAT / VORKOMMEN

Iran

### BESCHREIBUNG

Sommergrüner, langsam wachsender, bis 5 m (selten bis 15 m) hoher baumartiger Strauch oder Baum; im Alter blättert die Rinde ab; Blätter wechselständig, stumpf eilänglich, 6 bis 10 cm lang, grob gezähnt, oben dunkelgrün, unten heller, sternhaarig; im Herbst auffallend goldgelb und scharlachrot gefärbt. Die Blüten erscheinen früher als die Blätter, gelblich, mit roten Staubfäden und dunkelbraunen, samtartigen Hochblättern. Im Knospenstadium leuchten die roten Staubfäden aus der braunen Hülle. Blütezeit März bis April; die Frucht ist eine zweisamige gehörnte Kapsel.

### WEITERE ARTEN UND SORTEN

*Parrotia persica* 'Vanessa' ist eine Form mit goldgelber Herbstfärbung.

### HINWEISE AUF VERWENDUNGSEINSCHRÄNKUNGEN

Keine bekannt.

### ANSPRÜCHE AN BODEN UND STANDORT

Gedeiht in jedem nährstoffreichen, durchlässigen, nicht zu trockenen Gartenboden an sonnigem Standort. Im Schatten bleibt die eindrucksvolle Herbstfärbung aus.

### GESTALTERISCHE VERWENDUNG

Wegen der weit ausladenden, überwiegend waagerecht abstehenden Äste sollte der Baum viel Platz haben und einzeln stehen. Neben Gebäuden oder als Solitärbaum auf Rasenflächen.

1 Eisenholzbaumblüten knospig 2 Eisenholzbaumblüten offen 3 Rinde 4 Herbstfärbung 5 Eisenholzbaum

### ERLEBNISWERT / BESONDERHEITEN

Das schwere Holz, die interessanten Blüten und die prächtige Herbstfärbung haben diesen Baum berühmt gemacht. Der Name Eisenholzbaum hat seinen Ursprung im „eisenharten" Holz des Baumes.

## ERLEBNISWERT / BESONDERHEITEN

Die verholzten Fruchtstände eignen sich gut für Gestecke und zum Basteln. Mit entsprechendem Schnitt kann man Erlen zu guten Kletterbäumen erziehen. Die Samen und Knospen sind besonders bei Zeisigen beliebt.

# Erle

*Alnus glutinosa* Schwarz-Erle

BIRKENGEWÄCHSE

## HEIMAT / VORKOMMEN

Einheimischer Baum, verbreitet in Auenwäldern, an Bach- und Flußufern und Erlenbruchgebieten.

## BESCHREIBUNG

Sommergrüner, bis 25 m hoher Baum; Triebe drüsig, Blätter matt-dunkelgrün, breit bis rundlich, verkehrt-eiförmig, 4 bis 10 cm lang, unterseits hellgrün, wechselständig, einfach; Blüten unscheinbar in kätzchenartigen Blütenständen, die sich von Februar bis März entfalten. Die Samenstände bilden kleine gestielte Zapfen.

## WEITERE ARTEN UND SORTEN

Von der **Schwarz-Erle** gibt es einige Sorten: *Alnus glutinosa* 'Aurea' mit gelbem Laub im Frühjahr, das später hellgrün wird; *Alnus glutinosa* 'Imperialis' und 'Laciniata' mit geschlitzten Blättern. Einen straff aufrechten Wuchs hat *Alnus glutinosa* 'Pyramidalis'.

Die **Grau-Erle** *Alnus incana* besiedelt Flussschotter an Gebirgsbächen. Von der Grau-Erle gibt es ebenfalls gelblaubige und geschlitztblättrige Sorten sowie eine Form mit Trauerwuchs. Grün-Erle *Alnus viridis*: Strauchartiger Wuchs bis 3 m hoch; bildet in alpinen Hochlagen Gebüsche.

## HINWEISE AUF VERWENDUNGSEINSCHRÄNKUNGEN

Birken-Allergiker können mit Erlenpollen Probleme bekommen (Kreuzallergie).

## ANSPRÜCHE AN BODEN UND STANDORT

Erlen gedeihen sowohl in nassen wie auch in trockeneren, nährstoffarmen Böden.

## GESTALTERISCHE VERWENDUNG

Für größere Parkanlagen mit Wasserläufen, Teichen oder für feuchte Senken geeignet.

1 Schwarz-Erle 2 Schwarz-Erle, Früchte 3 Schwarz-Erle, Blüten 4 Schwarz-Erle, Samen 5 Grau-Erle

# Esche

*Fraxinus excelsior* Gewöhnliche Esche

ÖLBAUMGEWÄCHSE

### HEIMAT / VORKOMMEN

Europa, Kleinasien; in Mitteleuropa in krautreichen Laubwäldern, Schluchtwäldern, Auenwäldern.

### BESCHREIBUNG

Sommergrüner, bis 35 m hoher Baum, Blätter gegenständig, unpaarig gefiedert, 20 bis 25 cm lang, mit meist 11 spitzen, eilänglichen oder eilanzettlichen, 7 bis 12 cm langen Fiederblättchen; Blüten unscheinbar, grünlich, in Büscheln; Winterknospen schwarz; Flügelfrüchte 3 cm lang, grün, sich im Oktober braun verfärbend. Die Früchte bleiben im Winter am Baum. Hübsche gelbe Herbstfärbung. Blütezeit April bis Mai.

### WEITERE ARTEN UND SORTEN

Sorten mit abweichenden Wuchsformen sind die Kugel-Esche *Fraxinus excelsior* 'Globosa' und die Trauer-Esche *Fraxinus excelsior* 'Pendula'. **Blumen-Esche** *Fraxinus ornus*: 8 bis 10 m hoher Baum mit weißen, federartigen, duftenden Blütenrispen von Mai bis Juni; Flügelsamen wie bei der Gewöhnlichen Esche; die Rinde enthält zuckerhaltigen Saft. Weiß-Esche *Fraxinus americana*, Schmalblättrige Esche *Fraxinus angustifolia* u. a.

### HINWEISE AUF VERWENDUNGSEINSCHRÄNKUNGEN

In seltenen Fällen sind bei Berührung Hautreizungen und durch die Pollen Heuschnupfen möglich.

### ANSPRÜCHE AN BODEN UND STANDORT

Die Esche bevorzugt tiefgründige, basische, feuchte Standorte, gedeiht aber auch in normalen Gartenböden.

### GESTALTERISCHE VERWENDUNG

Als breitkronige Einzelbäume in größeren Anlagen oder Parks. Die Trauer-Esche eignet sich als Schattenspender an Sitzplätzen.

1 Gewöhnliche Esche, Blüten 2 Gewöhnliche Esche, Früchte 3 Gewöhnliche Esche, Herbstlaub 4 Blumen-Esche, Blüten 5 Gewöhnliche Esche

### ERLEBNISWERT / BESONDERHEITEN

Die geflügelten Früchte eignen sich zum Basteln. Die Äste der Hänge- oder Trauer-Esche reichen bis auf den Boden, sodass sie ähnlich einem Indianerzelt ein Versteck bilden können. Als Schattenspender für Sitzgruppen ideal.

# Edelkastanie

*Castanea sativa*

BUCHENGEWÄCHSE

## ERLEBNISWERT / BESONDERHEITEN

Die Früchte der Edelkastanie können als geröstete Maronen gegessen werden, weswegen der Baum auch Esskastanie genannt wird. Die Kastanienfrüchte eigenen sich aber auch zum Basteln.

1 Edelkastanie 2 Blütendetail 3 Früchte
4 und 5 männliche Blüten

### HEIMAT / VORKOMMEN

Kleinasien, Südeuropa, Nordafrika.

### BESCHREIBUNG

Sommergrüner, breitkroniger, bis 30 m hoher Baum; Blätter wechselständig, sattgrün, glänzend, grob gesägt, 10 bis 30 cm lang; Blüten einhäusig, weibliche weißlich unscheinbar; männliche Blütenkätzchen rispig, gelblich weiß, 15 cm lang; Blütezeit Juni bis Juli. Die Früchte (Kastanien, Maronen) stehen zu 2 bis 3 in einer 5 bis 6 cm breiten stacheligen Fruchthülle, die in 4 Teile zerspringt.

### WEITERE ARTEN UND SORTEN

Großfrüchtige Sorten sind *Castanea sativa* 'Marron de Lyon' oder *Castanea sativa* 'Numbo'. Eine Sorte mit weißbunten Blättern ist *Castanea sativa* 'Albomarginata', geschlitzte Blätter hat *Castanea sativa* 'Aspleniifolia'. Darüber hinaus gibt es säulenförmige Sorten und solche mit Trauerwuchs.

### HINWEISE AUF VERWENDUNGSEINSCHRÄNKUNGEN

Latex-Allergiker können mit Esskastanien Probleme bekommen (Kreuzallergie).

### ANSPRÜCHE AN BODEN UND STANDORT

Gedeihen in jedem guten, nährstoffreichen, tiefgründigen, kalkarmen Gartenboden in sonniger Lage.

### GESTALTERISCHE VERWENDUNG

Als frei stehender Solitärbaum in größeren Anlagen.

# Fächer-Ahorn und Japanischer Ahorn

*Acer palmatum* und *Acer japonicum*

SEIFENBAUMGEWÄCHSE

### HEIMAT / VORKOMMEN

Fächer-Ahorn *Acer palmatum*: Japan;
Japanischer Ahorn *Acer japonicum*: Nordchina.

### BESCHREIBUNG

**Fächer-Ahorn:** Sommergrüner, langsam wachsender, bis 4 m hoher Baum; Blätter meist 5-lappig, 4 bis 8 cm lang, grob gezähnt. Blütezeit Juni. **Japanischer Ahorn** *Acer japonicum* hat 5- bis 7-lappige Blätter. Blütezeit Mai.

### WEITERE ARTEN UND SORTEN

Bekannte Sorten sind *Acer palmatum* 'Atropurpureum' mit dunkelroten Blättern, buschig wachsend, *Acer palmatum* 'Aureum' mit goldgelbem Laub und *Acer palmatum* 'Osakazuki', im Herbst prächtig rot. Zierlich geschlitzte, 5- bis 9-lappige grüne, braunrote oder rote Blätter schmücken die Sorten der Dissectum-Gruppe. *Acer japonicum* mit den Sorten 'Aconitifolium' (orangebraunrote Herbstfärbung), 'Aureum' (leuchtend gelbes Laub) und 'Vitifolium' (scharlachrote Herbstfärbung).

### HINWEISE AUF VERWENDUNGSEINSCHRÄNKUNGEN

Keine bekannt.

### ANSPRÜCHE AN BODEN UND STANDORT

Benötigen warme Standorte unter hohen, lichten Gehölzen oder frei stehend, gegen Nord- und Ostwinde geschützt.

### GESTALTERISCHE VERWENDUNG

Fächer-Ahorne und Japanischer Ahorn sind wegen ihrer langwierigen und teilweise schwierigen Anzucht teure Kostbarkeiten und daher nicht für Plätze mit einem turbulenten Spielbetrieb geeignet. Ideal an Eingängen mit Steingartencharakter oder in Pflanztrögen.

1 *Acer palmatum* 'Atropurpureum' 2 *Acer japonicum*
3 *Acer palmatum*, Dissectum-Gruppe, Herbstlaub
4 *Acer palmatum*, Dissectum-Gruppe
5 *Acer japonicum* 'Aconitifolium'

### ERLEBNISWERT / BESONDERHEITEN

Das farbenprächtige Herbstlaub der Fächer-Ahorne eignet sich hervorragend für Blattcollagen. Die gebogenen Äste und der schirmartige Wuchs verleihen den Pflanzen einen besonderen Reiz.

# Fichte

*Picea abies* Rot-Fichte

KIEFERNGEWÄCHSE

### HEIMAT / VORKOMMEN

Europa; in Bergnadel- und Laubmischwäldern, meist in Höhen über 800 m.

### BESCHREIBUNG

Immergrüner, stark- und schnellwüchsiger, bis 50 m hoher, säulenförmiger Nadelbaum mit rotbrauner Borke und gelblichbraunen Trieben; Äste quirlig angeordnet; Nadeln dunkelgrün, 4-kantig, bis 2,5 cm lang, steif, stechend; männliche Blüten unauffällig, weibliche Zapfen anfangs dunkelgrün, später braun, reifen im Oktober, hängend, bis 20 cm lang; sehr formenreiche Art. Blütezeit April bis Juni.

### WEITERE ARTEN UND SORTEN

Zu den am häufigsten gepflanzten Sorten von *Picea abies* zählen: 'Acrocona' Norwegische Fichte, 'Virgata' Schlangenfichte, 'Nidiformis' Nestfichte, 1,5 m hoch, und 'Ohlendorffii' Kugelfichte, 3 m hoch. Fremdländische Fichtenarten sind die Siskiyou-Fichte *Picea breweriana*, sehr langsam wachsende, äußerst dekorative, graugrüne Art mit langen Nadeln und hängenden Zweigen; Kaukasus-Fichte *Picea orientalis*, säulenförmiger Baum mit dunkelgrüner, kurzer, zierlicher, kreisrunder Benadelung; Serbische Fichte *Picea omorika*, oft nur 1,5 bis 2 m breiter, aber 15 bis 20 m hoher, schmal-turmartig wachsender Baum mit hängenden blaugrünen Zweigen.

### HINWEISE AUF VERWENDUNGSEINSCHRÄNKUNGEN

Bei Kontakt mit dem Pflanzensaft können bei empfindlichen Personen Hautreizungen entstehen.

### ANSPRÜCHE AN BODEN UND STANDORT

Gedeihen am besten in einem nährstoffreichen, kalkhaltigen, leicht feuchten Boden.

### GESTALTERISCHE VERWENDUNG

In großen Anlagen können Fichten Gebäude flankieren, als Dauer-Weihnachtsbaum am Haus stehen oder das Grundstück begrenzen, dann allerdings mit entsprechendem Abstand zum Nachbargrundstück.

### ERLEBNISWERT / BESONDERHEITEN

Die Fichte ist der Deutschen liebster Weihnachtsbaum. Sie ist durch ihre verschiedenen Wuchsformen vielseitig einzusetzen. Fichten im Vorgarten bieten sich für Weihnachtsschmuck im Freien an. Aus den Zweigen bastelt man Gestecke, Kränze und andere Weihnachtsdekorationen. Die ganz jungen Triebe sind essbar. Hängt man einen Zapfen vor das Fenster, kann er als Wettervorhersage dienen: Bei trockener Luft und damit der Aussicht auf schönes Wetter öffnen sich die Schuppen.

1 Siskiyou-Fichte 2 Nestfichte 3 *Picea abies*, Blüten 4 *Picea abies* 5 *Picea abies*, Zapfen

# Hänge-Buche

*Fagus sylvatica* 'Pendula'

BUCHENGEWÄCHSE

### HEIMAT / VORKOMMEN

Die Hänge-Buche ist das Ergebnis züchterischer Auslese der Rot-Buche *Fagus sylvatica*, diese ist in Europa heimisch.

### BESCHREIBUNG

Im Gegensatz zur Rot-Buche, die wegen ihrer Größe von 30 bis 40 m für Gärten kaum in Betracht kommt, erreicht die Hänge-Buche je nach Wuchsform ca. 6 m, in der fontänenartigen Form selten bis zu 20 m. Der Stamm ist hellgrau mit glatter Rinde, die Triebe sind purpurbraun und etwas gebogen. Die Blattknospen sind dünn, langgespitzt, 2 cm lang mit vielen rotbraunen Schuppen. Die Blätter sind 10 cm lang, 7 cm breit, elliptisch bis eiförmig, dunkelgrün mit 6 bis 7 Nervenpaaren. Die Blüten erscheinen Anfang Mai. Männliche Blüten bilden blaßgelbe Bündel aus Staubfäden, weibliche Blüten entwickeln dreikantige Bucheckern. Herbstfärbung sehr attraktiv, zunächst Blassgelb, später Orangerot bis Fuchsrot. Hängeformen gibt es auch mit dunkelrotem Laub.

### WEITERE ARTEN UND SORTEN

*Fagus sylvatica* 'Aurea Pendula' hat einen hellgelben Austrieb. Purpurrote Blätter hat *Fagus sylvatica* 'Purpurea Pendula'. Sie wächst wesentlich langsamer als andere Hängformen und ist daher auch für kleine Gärten geeignet.

### HINWEISE AUF VERWENDUNGSEINSCHRÄNKUNGEN

Die Pollen können in seltenen Fällen allergische Reaktionen auslösen. Übermäßiger Verzehr von Bucheckern kann zu leichteren Magen-Darm-Beschwerden führen. Allerdings bilden insbesondere die kleineren Hängeformen nur wenige Blüten, sodass kaum mit Beschwerden zu rechnen ist.

### ANSPRÜCHE AN BODEN UND STANDORT

Gedeihen am besten auf gut dränierten, lockeren, warmen, mittel- bis tiefgründigen, kalkreichen Böden.

### GESTALTERISCHE VERWENDUNG

Sollen die Hängebuchen als Verstecke oder Rückzugsmöglichkeit dienen, eigenen sich größere Gartenecken, optisch wirkt die Wuchsform aber am besten in freiem Stand, zum Beispiel auf einer Rasenfläche.

### ERLEBNISWERT / BESONDERHEITEN

Die Wuchsformen der Hänge-Buche erinnern bei einigen Formen an Sauriergestalten, andere an Wasserfontänen. Sie entstehen dadurch, dass sich die Äste zunächst waagerecht entwickeln um dann senkrecht zum Boden wachsen. Dadurch entsteht ein Gewölbe, in dem sich Kinder verstecken können. Man hat das Gefühl, sich in einer Höhle oder einer Jurte zu befinden.

1 Hänge-Buche, „Saurierform" 2 Rote Hänge-Buche
3 *Fagus sylvatica*, Blätter 4 *Fagus sylvatica*, Früchte
5 Hänge-Buche als Versteck

# Hainbuche

*Carpinus betulus* Gewöhnliche Hainbuche

BIRKENGEWÄCHSE

## ERLEBNISWERT / BESONDERHEITEN

Einzeln stehend ein robuster Kletterbaum und Schattenspender. Mit Hainbuchen-Hecken lassen sich spannende Kammern oder kleine Labyrinthe für Versteckspiele schaffen, auch als Windschutz-Hecke geeignet. Die Flügelsamen bieten sich zum Basteln an.

## HEIMAT / VORKOMMEN

Europa bis Iran; Charakterart heimischer Laubwälder.

## BESCHREIBUNG

Sommergrüner, bis 20 m hoher heimischer Waldbaum; Stamm im Alter oft verdreht, längs wulstig, Rinde glatt, silbergrau streifig; Blätter länglich-eiförmig, kurzgestielt, am Grunde abgerundet bis herzförmig, spitz, doppelt gesägt, faltig, hell- bis mittelgrün, 12 cm lang; männliche Blüten 3 bis 5 cm lange, hängende Kätzchen; Fruchtstände mit 3-lappigen, gelbgrünen Hochblättern, in denen kleine Nussfrüchte stecken. Die Hochblätter dienen als Flughilfen; Blütezeit April bis Mai.

## WEITERE ARTEN UND SORTEN

Wegen ihrer interessanten Wuchsformen wurden in vielen Parks die Pyramiden-Hainbuche 'Fastigiata' und die Säulen-Hainbuche 'Columnaris' gepflanzt. Für Gärten gibt es kleinwüchsige Sorten.

## HINWEISE AUF VERWENDUNGSEINSCHRÄNKUNGEN

Allenfalls der Pollenflug könnte Allergikern zu schaffen machen. Geschnittene Hecken tragen kaum Blüten.

## ANSPRÜCHE AN BODEN UND STANDORT

Gedeiht auf jedem fruchtbaren Gartenboden sowohl in sonniger als auch in schattiger Lage.

## GESTALTERISCHE VERWENDUNG

Bewährte Heckenpflanze, aber auch als Einzelbaum wertvoll. Verträgt stärksten Schnitt.

1 Hainbuche 2 Hainbuche, Blüten 3 Hainbuche, Blätter
4 Hainbuche, Früchte 5 Hainbuchenhecke

# Judasbaum

*Cercis canadensis* Kanadischer Judasbaum
und
*Cercis siliquastrum* Gewöhnlicher Judasbaum

HÜLSENFRÜCHTLER

## HEIMAT / VORKOMMEN

Nordamerika und Südosteuropa, in lichten Wäldern, an Waldrändern und Felsengebüschen.

## BESCHREIBUNG

Sommergrüne, baumartige, malerisch verästelte Sträucher oder bis 6 m hohe Bäume; **Kanadischer Judasbaum** *Cercis canadensis*: Blätter wechselständig, einfach, bronzefarben, ganzrandig, herzförmig zugespitzt, 10 cm lang; **Gewöhnlicher Judasbaum** *Cercis siliquastrum*: Blattspitzen gerundet, Blätter nierenförmig, bereift, blaugrün, bis 10 cm lang. Die Blüten beider Arten sind wickenartig und erscheinen vor den Blättern am alten Holz in Büscheln oder hängenden Trauben zu 3 bis 6, rosarot oder violettrot. Blütezeit April bis Mai; Herbstfärbung gelb.

## WEITERE ARTEN UND SORTEN

Rotlaubiger Judasbaum *Cercis canadensis* 'Forest Pansy'; Chinesischer Judasbaum *Cercis chinensis*, reichblühende Art, jedoch sehr frostempfindlich, daher nur für Weinbaugebiete empfohlen, Heilpflanze der traditionellen chinesischen Medizin bei Hauterkrankungen.

## HINWEISE AUF VERWENDUNGSEINSCHRÄNKUNGEN

Die Samen enthalten Canavanin und können bei reichlichem Verzehr Störungen im Verdauungstrakt hervorrufen.

## ANSPRÜCHE AN BODEN UND STANDORT

Gedeihen in jedem guten Gartenboden, dem etwas Kalk beigemischt wird. Bevorzugen einen warmen, windgeschützten Standort.

## GESTALTERISCHE VERWENDUNG

Als Einzelbäume vor dunkler Kulissenpflanzung oder vor Ziegelmauerwerk sehr dekorativ.

1 *Cercis canadensis*, Blüten am Stamm
2 *Cercis canadensis*, Blüte 3 *Cercis siliquastrum*, Blüten
4 *Cercis siliquastrum*, Früchte 5 *Cercis siliquastrum*

## ERLEBNISWERT / BESONDERHEITEN

Sehr hübscher Frühjahrsblüher, der auch für kleinere Gärten oder Anlagen geeignet ist. Die reichblühenden Bäumchen wirken im Frühling wie rosafarbene Blütenwolken. Interessant ist die Stammblütigkeit: die Blüten sitzen direkt an dicken Ast- oder Stammteilen. Sie sind essbar, werden Salaten beigemischt und enthalten viel Vitamin C.

# Kaukasische Flügelnuss

*Pterocarya fraxinifolia*

WALNUSSGEWÄCHSE

### HEIMAT / VORKOMMEN

Kaukasus bis Nordiran.

### BESCHREIBUNG

Sommergrüner, bis 20 m hoch und breit wachsender, rundkroniger, meist mehrstämmiger Baum; Blätter wechselständig, bis 40 cm lang und gefiedert, treibt früh im Jahr aus; Blüten unscheinbar, erscheinen im Juni; die Früchte sind 2 cm große geflügelte Nüsschen, die an bis zu 50 cm langen, hängenden, schnurartigen Fruchtständen sitzen.

### WEITERE ARTEN UND SORTEN

Chinesische Flügelnuss *Pterocarya stenoptera*, und Rehders Flügelnuss *Pterocarya* x *rhederiana*. Letztere kann bereits innerhalb von 20 Jahren einen Stammdurchmesser von 60 cm erreichen.

### HINWEISE AUF VERWENDUNGSEINSCHRÄNKUNGEN

Der Baum wird empfohlen, da er sich gut zum Klettern eignet. Kleinere Kinder, die noch dazu neigen, Pflanzenteile in den Mund zu nehmen, sollten nicht unbeaufsichtigt am Baum spielen, da er Juglon enthält.

### ANSPRÜCHE AN BODEN UND STANDORT

Gedeiht in jedem guten, tiefgründigen, frischen Gartenboden.

### GESTALTERISCHE VERWENDUNG

Als Einzelbäume auf Rasenflächen in größeren Anlagen oder Parks bilden die Flügelnuss-Arten eindrucksvolle Großbäume.

### ERLEBNISWERT / BESONDERHEITEN

Der niedrige, mehrstämmige Astansatz macht diesen robusten Baum ideal zum Klettern. Durch die starke Wurzelsprossbildung können sich unter dem Baum regelrechte Dickichte von Schösslingen bilden, die hervorragende Verstecke bilden. Die langen Fruchtstände eignen sich zum Basteln. Goldgelbe Herbstfärbung, imposante Baumgestalt, Schattenspender.

1

2

3

4

5

1 Kaukasische Flügelnuss im Herbst 2 Dickicht aus Schösslingen 3 Blüten 4 Schnurartige Fruchtstände 5 Früchte

# Kiefer

*Pinus aristata* Grannen-Kiefer

KIEFERNGEWÄCHSE

1 Grannen-Kiefer 2 Berg-Kiefer 3 Berg-Kiefer, Zapfen 4 Wald-Kiefer, Samen 5 Wald-Kiefer

## HEIMAT / VORKOMMEN

Westliches Nordamerika in 2.500 bis 3.500 m Höhe, in lichten Bergwäldern der Rocky Mountains.

## BESCHREIBUNG

Immergrüner, bis 10 m hoher, sehr langsam wachsender Nadelbaum, der hierzulande in 50 Jahren etwa eine Höhe von 2 m erreicht. Die Zweige sind fuchsschwanzartig, jung orangegelb, später hellbraun, Knospen spitz-eiförmig; Nadeln bürstenartig an die Zweige angelegt, 2 bis 4 cm lang, 5-nadelig, dazwischen weiße Harzausscheidungen. Diese Art wird oft mit der ähnlichen Fuchsschwanz-Kiefer *Pinus balfouriana* verwechselt.

## WEITERE ARTEN UND SORTEN

Einige für kleinere Gärten geeignete Kiefern: Berg-Kiefer *Pinus mugo*, 3 bis 5 m hoch und ebenso breit. Die Sorten 'Gnom' und 'Mops' bleiben kleiner und haben einen kugeligen Wuchs. Blaue Mädchen-Kiefer *Pinus parviflora* 'Glauca', 5 bis 10 m hoch, blaunadelig; Zirbel-Kiefer *Pinus cembra*, hübscher pyramidaler Wuchs, wächst sehr langsam. Die Wald-Kiefer *Pinus sylvestris* ist eine der in Deutschland am häufigsten angebauten Waldbaumarten.

## HINWEISE AUF VERWENDUNGSEINSCHRÄNKUNGEN

Kontakt mit dem Pflanzensaft kann Hautreizungen hervorrufen.

## ANSPRÜCHE AN BODEN UND STANDORT

Gedeiht in gut durchlässigem Boden in warmer, vollsonniger Lage.

## GESTALTERISCHE VERWENDUNG

Als frei stehende Einzelbäume oder an Gebäuden.

## ERLEBNISWERT / BESONDERHEITEN

Unter den Kiefern finden sich mit der Grannen-Kiefer *Pinus aristata* Bäume, die älter werden können als jede andere Baumart, mit Ausnahme der Australischen Wollemie. In den Gebirgen des westlichen Nordamerika leben Exemplare, die ein Alter von 2.500 Jahren (*Pinus aristata*) bis 6.000 Jahren (*Pinus longaeva*) erreicht haben. Die Zapfen eignen sich hervorragend zum Basteln und als Wetterpropheten, sie öffnen sich bei Trockenheit. Größere Bäume eignen sich zum Klettern.

**ERLEBNISWERT / BESONDERHEITEN**
Die essbaren süßen Früchte sind bei Kindern sehr beliebt. Die Bäume sind robust, vertragen auch massiven Schnitt und manchen Fußball.

1 Mirabelle 2 Mirabelle, Früchte 3 Kirschpflaume 4 Kirschpflaume, Früchte 5 Blutpflaume

# Kirschpflaume und Blutpflaume *Prunus cerasifera*

ROSENGEWÄCHSE

## HEIMAT / VORKOMMEN

Europa, Nordafrika, Kleinasien; in Hecken, an Wald- und Wegrändern; verwildert durch Samen oder Stockausschläge aus Veredlungsunterlagen in Gärten oder auf Brachland.

## BESCHREIBUNG

Kirschpflaume *Prunus cerasifera*, auch „Myrobalane“ genannt: Sommergrüner, 4 bis 6 m (selten bis 8 m) hoher, gelegentlich dorniger Strauch oder Baum; Blätter gestielt, elliptisch bis eiförmig, 4 bis 7 cm lang und 2 bis 3,5 cm breit, gekerbt-gesägt, kahl; Blüten meist einzeln, weiß, erscheinen vor oder gleichzeitig mit den Blättern im März oder April; Blütenstiel 6 bis 15 mm lang; Kronblätter 2 bis 2,5 cm lang, im Zentrum oft blassrosa, Früchte kugelig, meist gelb, seltener rot; 2 bis 3 cm im Durchmesser.

## WEITERE ARTEN UND SORTEN

Rotblättrige Sorten werden in der Regel als „Blutpflaume“ angeboten: *Prunus cerasifera* 'Nigra' und 'Atropurpurea', auch als 'Pissardii' im Handel. Im Wuchs ähnlich der Kirschpflaume. Die Sorte 'Atropurpurea' mit weißen Blüten wird über 8 m hoch und trägt 3 cm dicke purpurrote Früchte. Die Sorte 'Nigra' besitzt tiefrotes Laub, rosa Blüten und kleinere Früchte. Für niedrige Hecken bietet sich die nur 1,5 m hohe Rotblättrige Sand-Kirsche *Prunus* x *cistena* an. Nah verwandt ist auch die Mirabelle *Prunus domestica* ssp. *syriaca*.

## HINWEISE AUF VERWENDUNGSEINSCHRÄNKUNGEN

Die Kerne der Früchte sollten nicht verzehrt werden, da sie Blausäure enthalten.

## ANSPRÜCHE AN BODEN UND STANDORT

Gedeihen in jedem Gartenboden in sonniger wie auch halbschattiger Lage.

## GESTALTERISCHE VERWENDUNG

Als Einzelsträucher oder in Hecken, dekorative Frühblüher. Optisch ansprechend in Kombination mit Forsythien und Spiersträuchern.

# Kuchenbaum

*Cercidiphyllum japonicum*
Japanischer Kuchenbaum

KATSURABAUMGEWÄCHSE

**HEIMAT / VORKOMMEN**
Japan, Westchina.

**BESCHREIBUNG**
Sommergrüner, bis 15 m hoher, meist mehrstämmiger, langsam wachsender Baum von pyramidalem Wuchs; Blätter herzförmig, etwa 6 bis 8 cm lang, kerbig gesägt, oben bläulich angehaucht, unterseits weißlich-blaugrün; Austrieb rotbraun, Herbstfärbung goldgelb bis orange; zweihäusig, die weiblichen Blüten krallenförmig, die männlichen mit Staubfäden, klein, karminrot, erscheinen früher als die Blätter; Blütezeit April bis Mai. Die Frucht ist eine aufspringende Balgfrucht.

**WEITERE ARTEN UND SORTEN**
Eine Hängeform mit Trauerwuchs *Cercidiphyllum japonicum* 'Pendulum' ist nur selten im Handel zu bekommen. Wenig bekannt, aber in Baumschulen erhältlich ist der Große Kuchenbaum *Cercidiphyllum magnificum* mit größeren Blättern.

**HINWEISE AUF VERWENDUNGSEINSCHRÄNKUNGEN**
Keine bekannt.

**ANSPRÜCHE AN BODEN UND STANDORT**
Gedeihen auf jedem guten, nährstoffreichen, tiefgründigen nicht zu trockenen Gartenboden in sonniger Lage.

**GESTALTERISCHE VERWENDUNG**
Kommt einzeln stehend besonders gut zur Geltung. Die Bäume erreichen erst nach 10 Jahren eine Höhe von 6 bis 8 Metern.

1 Kuchenbaum, Blätter 2 Weibliche Blüten
3 Herbstfärbung 4 Abgefallenes Laub duftet
5 Kuchenbaum

**ERLEBNISWERT / BESONDERHEITEN**
Sobald das bunte Herbstlaub auf dem Boden liegt, verströmt es einen angenehmen Kuchenduft. Die Blätter eignen sich zum Basteln.

## ERLEBNISWERT / BESONDERHEITEN

Lichte Nadelbäume für größere Gärten. Beeindruckend sind der frischgrüne Austrieb im Frühling und die goldgelbe bzw. fuchsrote Herbstfärbung. Als Einzelbäume mit weit ausladenden, teilweise hängenden Ästen entwickeln sie interessante wichtelartige Wuchsformen und imposante Baumgestalten. Die zierlichen Zapfen eignen sich zum Basteln.

1 Goldlärche 2 Europäische Lärche, Zapfen
3 Europäische Lärche, Blütenstand und Zapfen
4 Europäische Lärche 5 Europäische Lärche, Herbstfärbung

# Lärche

| | |
|---|---|
| *Larix decidua* | Europäische Lärche |
| *Pseudolarix amabilis* | Goldlärche |

KIEFERNGEWÄCHSE

### HEIMAT / VORKOMMEN

Europäische Lärche: Zentraleuropa von den Alpen bis zu den Westkarpaten; in Bergwäldern Goldlärche: Südostchina; in Bergwäldern

### BESCHREIBUNG

**Europäische Lärche** *Larix decidua*: Sommergrüner Nadelbaum mit kegelförmigem Wuchs, der nach 18 Jahren etwa eine Höhe von 18 m (im Gebirge bis zu 30 m) erreicht; einziger europäischer Nadelbaum, der jedes Jahr die Nadeln abwirft; junge Nadeln frischgrün, im Herbst goldgelb; Nadeln an jungen Zweigen einzeln, an den älteren zu 30 bis 40 in Büscheln, 2 bis 3 cm lang. Die purpurroten weiblichen Zapfen erscheinen im Frühjahr, werden später holzig und braun und bleiben am Ast. **Goldlärche** *Pseudolarix amabilis*: Sommergrüner, 15 bis 20 m (in der Heimat bis 40 m) hoher Nadelbaum; die Äste sind quirlständig, stehen horizontal ab und können bis zum Boden reichen. Nadeln weich, hellgrün, sie stehen sternartig ab, zu 15 bis 30 in jedem Büschel; im Herbst leuchtend goldgelb. Die weiblichen Zapfen sind zunächst gelbgrün, später lederartig und braun.

### WEITERE ARTEN UND SORTEN

Von der Europäischen Lärche gibt es etliche Sorten, darunter *Larix decidua* 'Compacta': Zwergsorte mit breit kegelförmigem Wuchs, *Larix decidua* 'Pendula': unregelmäßiger, sparriger Wuchs, ferner die „Trauerlärche" *Larix* x *pendula*, bis 20 m hoch, mit hängenden Leitästen.

### HINWEISE AUF VERWENDUNGSEINSCHRÄNKUNGEN

Keine bekannt.

### ANSPRÜCHE AN BODEN UND STANDORT

Gedeihen in jedem guten, tiefgründigen, feuchten und durchlüfteten Gartenboden in sonniger Lage. Soll sich die typische Wuchsform mit Ästen bis zum Boden bilden, sollte der Baum einzeln stehen und ausreichend Platz haben.

### GESTALTERISCHE VERWENDUNG

Als imposante Einzelgehölze auf großen Freiflächen.

# Linde

*Tilia cordata* Winter-Linde
*Tilia platyphyllos* Sommer-Linde

LINDENGEWÄCHSE

## HEIMAT / VORKOMMEN

Einheimische Linden-Arten sind Winter-Linde *Tilia cordata* und Sommer-Linde *Tilia platyphyllos*. In Edellaubholz- und Laubmischwäldern.

## BESCHREIBUNG

**Winter-Linde:** Sommergrüner, bis 30 m hoher Baum; Blätter 3 bis 6 cm lang, rundlich-herzförmig, kurz zugespitzt, fein und scharf gesägt, dunkelgrün, unterseits bläulich grün mit rotbraunen Bärtchen; Blüten gelblich weiß, stark duftend, in 5- bis 9-blättrigen Scheindolden; Blütezeit Juni bis Juli; Frucht erbsengroß, gerippt, dicht, zottig, filzig; beste Honiglinde.
**Sommer-Linde:** Sommergrüner, bis 40 m hoher breitpyramidaler Baum; Blätter stumpfgrün, oberseits leicht behaart, unterseits hellgrün, rundlich-herzförmig, etwas zugespitzt; Blütenstände meist 3-blütig, hängend; Blütezeit Juni; Frucht kugelig bis birnenförmig, filzig, 3- bis 5-rippig; schöner Parkbaum, der aber keine lange Trockenzeit erträgt.

## WEITERE ARTEN UND SORTEN

Weitere Arten oder Kreuzungen, die als Straßen- oder Parkbäume Verwendung finden, sind: Silber-Linde *Tilia tomentosa* aus Südosteuropa, ruß- und industriefester Stadtbaum; Holländische Linde *Tilia* x *vulgaris* und Krim-Linde *Tilia* x *euchlora*.

## HINWEISE AUF VERWENDUNGSEINSCHRÄNKUNGEN

Unter blühenden Linden finden sich oft viele Bienen und Hummeln, da sie zu dieser Zeit kaum andere Nahrung finden; daher besteht hier eine etwas erhöhte Gefahr, gestochen zu werden. Bei Trockenheit werden Linden stark von Blattläusen befallen, die viel Rußtau bilden. Gartenmöbel oder Spielgeräte, die unter Linden stehen, können dadurch stark verschmutzt werden. Pollenallergie in seltenen Fällen möglich.

## ANSPRÜCHE AN BODEN UND STANDORT

Gedeihen in jedem feuchteren, wasserdurchlässigen Boden in vollsonniger oder halbschattiger Lage. Trockene und windige Standorte meiden.

## GESTALTERISCHE VERWENDUNG

Wenn der Standort passt, entwickeln sich Linden zu prächtigen Parkbäumen mit schönem Laub und kräftig gelber Herbstfärbung. Als einzeln stehende Bäume besonders dekorativ.

1 Sommer-Linde 2 Alter Stamm mit „Nachwuchs" 3 Silber-Linde, Blüten 4 Winter-Linde, Blüten 5 Winter-Linde

## ERLEBNISWERT / BESONDERHEITEN

Schöne, schattenspendende Parkbäume mit interessanten Flügelfrüchten, die sich auch zum Basteln eignen. Lindenblüten sind für Tee bei Grippe und Erkältungen sehr beliebt. Sie verströmen einen angenehmen Duft, der besonders intensiv sein soll, wenn Regen bevorsteht.

# Magnolie

*Magnolia stellata* Stern-Magnolie

MAGNOLIENGEWÄCHSE

### ERLEBNISWERT / BESONDERHEITEN

Prachtvolle Sträucher oder kleine Bäume mit attraktiven Blüten. Bereits im März öffnet die Stern-Magnolie Hunderte von sternförmigen Blüten. Bei Nachfrösten werden diese leider schnell braun. Die roten Früchte haben interessante Formen und eignen sich zum Basteln.

1 Stern-Magnolie, Blüten 2 Stern-Magnolie 3 Tulpen-Magnolie 4 Tulpen-Magnolie, Blüten 5 Kobushi-Magnolie, Frucht

### HEIMAT / VORKOMMEN

Japan, Provinz Honshu, in feuchten Bereichen sonniger Hänge.

### BESCHREIBUNG

Sommergrüner, bis 2 m hoher, aufrechter, reich blühender Strauch oder Baum; Blätter verkehrt eilänglich, bis 9 cm lang; Knospen seidig behaart; Blüten sternförmig, offen bis 12 cm breit, mit 12 bis 18 weißen, teils rosa überhauchten Blütenblättern; Blütezeit März bis April.

### WEITERE ARTEN UND SORTEN

Zu den bekanntesten Magnolien-Arten in unseren Gärten zählen die Tulpen-Magnolie *Magnolia* x *soulangeana*, bis 6 m hoher, buschartiger Baum, mit riesigen, 8 bis 30 cm breiten, tulpenartigen Blüten sowie die Kobushi-Magnolie *Magnolia kobus*, bis 10 m hoher Baum mit 10 cm breiten weißen Blüten.

### HINWEISE AUF VERWENDUNGSEINSCHRÄNKUNGEN

Blätter und Rinde enthalten p-Anisaldehyd, Pinoresinol und Magnoflorin. Bei empfindlichen Personen kann der Kontakt insbesondere mit Rinde und Zweigen Hautreizungen hervorrufen. Relativ teures Gehölz.

### ANSPRÜCHE AN BODEN UND STANDORT

Gedeihen gut in tiefgründigen, frischen, nährstoffreichen, am besten torfigen Böden in windgeschützter Lage. In raueren Lagen empfiehlt sich ein Winterschutz durch Einbinden oder eine Laubdecke.

### GESTALTERISCHE VERWENDUNG

Als Einzelgehölze in warmen Gebieten sehr attraktiv. Die Stern-Magnolie bietet sich für kleinere Gartenanlagen an. Schön im Verbund mit Schnee-Heide und Zwergfichten.

# Maulbeerbaum

*Morus alba* Weißer Maulbeerbaum

MAULBEERGEWÄCHSE

### HEIMAT / VORKOMMEN

Weißer Maulbeerbaum: China; Roter Maulbeerbaum: Kanada, Südost-USA; Schwarzer Maulbeerbaum: Zentralasien.

### BESCHREIBUNG

Der Weiße Maulbeerbaum *Morus alba* wurde noch in den 1930er Jahren in Süddeutschland für die Seidenraupenzucht und der Früchte wegen kultiviert. Sommergrüne, stark verästelte baumartige Sträucher oder bis 3 m (selten bis 12 m) hohe Bäume; Blätter breit oval, unterschiedlich gelappt, glänzend, bis 18 cm lang; Blüten unscheinbar in grünlichen Kätzchen, Blütezeit Mai; Früchte himbeerartig, kugelig, eigenartig süß, weiß bis rosa im Juli / August.

### WEITERE ARTEN UND SORTEN

Der Schwarze Maulbeerbaum *Morus nigra* mit seinen 2,5 cm langen, reif purpurfarbenen Früchten gilt als schmackhaftester Maulbeerbaum. Der Rote Maulbeerbaum *Morus rubra* hat bis 3 cm lange, süße, ebenfalls purpurfarbene Früchte. Beide Arten sind selten im Handel.

### HINWEISE AUF VERWENDUNGSEINSCHRÄNKUNGEN

Die herabfallenden roten Beeren können zu starker Verschmutzung führen.

### ANSPRÜCHE AN BODEN UND STANDORT

Gedeihen auf jedem nicht zu trockenen Gartenboden in sonniger, warmer Lage.

### GESTALTERISCHE VERWENDUNG

Der breit ausladende, knorrige Wuchs älterer Maulbeerbäume kann sehr abenteuerlich wirken.

1 Maulbeeren 2 *Morus alba*, Blüten 3 *Morus alba*, Varietät Tatarica 4 *Morus alba*, rotfrüchtig 5 Maulbeerbaum, Trauerform

### ERLEBNISWERT / BESONDERHEITEN

Der Weiße Maulbeerbaum wird schon seit Jahrhunderten zur Zucht von Seidenraupen genutzt, Kindern kann man mit diesem Baum die Entstehung von Seide erklären. Nutzt man die Blätter als Raupenfutter, kann man beobachten, wie die Tiere sich verpuppen und sich zu Schmetterlingen entwickeln. (Eine gute Anleitung findet man auf der Homepage der Anton-Heinen-Schule unter www.ahs-kirdorf.de/seide). Die Hängeform des Weißen Maulbeerbaums lässt sich sehr gut als Versteck oder natürliche Laube nutzen.

ERLEBNISWERT / BESONDERHEITEN

Die Früchte sind essbar und schmecken nach Banane und Mango. Sie enthalten Vitamin A und C sowie zahlreiche Proteine. Hübsch belaubte kleine Bäume mit hellgelber Herbstfärbung. Die Frucht wurde schon von den nordamerikanischen Indianern geschätzt und wird daher auch „Indianerbanane" genannt.

1

2

3
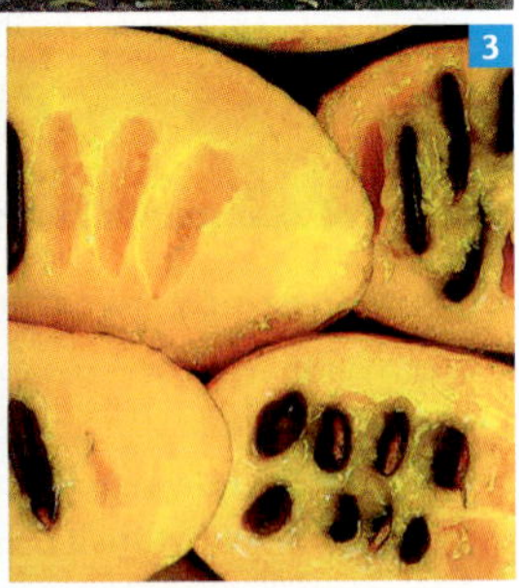

4

5

# Papau

*Asimina triloba* Dreilappige Papau

ANNONENGEWÄCHSE

## HEIMAT / VORKOMMEN

Nordamerika; in Wäldern und Gebüschen.

## BESCHREIBUNG

Sommergrüner, noch wenig bekannter kleiner Obstbaum, bis 3 m (selten bis 5 m) hoch; Blätter 20 bis 25 cm lang und bis 12 cm breit, wechselständig, verkehrt eiförmig, jung behaart, später glatt; die Blüten erscheinen vor oder mit dem Austrieb meist einzeln, glockig, anfangs grün, dann rotbraun, achselständig, nickend, an kurzen Stielen, 4 bis 5 cm breit; Blütezeit Mai; Früchte meist zu 3 bis 4 gebündelt, grüngelb, mit der Reife im September bis Oktober braun werdend, Samen bohnenartig, bis 2,5 cm lang; Aussaat problemlos; winterfest bis minus 25° C.

## WEITERE ARTEN UND SORTEN

Es gibt bereits zahlreiche Züchtungen mit unterschiedlich großen Früchten und unterschiedlichem Geschmack. Beliebte Sorten sind *Asimina triloba* 'Davis', 'Mitchell', 'Overleese', 'Prolific', 'Sunflower', 'Taylor', 'Wilson' u. a.

## HINWEISE AUF VERWENDUNGSEINSCHRÄNKUNGEN

Allergische Reaktionen möglich.

## ANSPRÜCHE AN BODEN UND STANDORT

Gedeiht in jedem guten, nährstoffreichen, tiefgründigen, humosen Gartenboden in warmer, windgeschützter Lage. Einige Sorten sind frosthart und ertragen Temperaturen bis minus 25° C.

## GESTALTERISCHE VERWENDUNG

Zwischen Obstgehölzen oder in Gehölzgruppen. Um einen Fruchtansatz zu gewährleisten, sollten 3 bis 4 Exemplare benachbart gepflanzt werden.

1 Papau im Herbst 2 Papau, Blätter 3 Papau, Früchte aufgeschnitten 4 Papau, Früchte 5 Papau, Blüten

# Pappel

*Populus tremula* Zitter-Pappel

WEIDENGEWÄCHSE

## HEIMAT / VORKOMMEN

Europa, Nordafrika, Westasien, Sibirien; Pioniergehölz, das an Waldrändern und in Feldgehölzen, Heiden und Magerrasen vorkommt.

## BESCHREIBUNG

Sommergrüner, je nach Standort 10 bis 30 m hoher, Ausläufer treibender Baum; Blätter breit rundoval, Rand grob und kerbig gesägt, 3 bis 5 cm lang; Blätter der Ausläufer eiförmig und bis 15 cm lang; Blütenkätzchen hängend, 8 bis 10 cm lang. Blütezeit März bis April.

## WEITERE ARTEN UND SORTEN

Für sehr große Anlagen eignen sich auch: Schwarz-Pappel *Populus nigra*, sie bildet oft am Stamm interessante Wucherungen aus, sogenannte Maserkröpfe; Italienische Pappel oder Pyramiden-Pappel *Populus nigra* ssp. *nigra*, Großblatt-Pappel *Populus lasiocarpa*, Wilsons Großblatt-Pappel *Populus wilsonii*, Balsam-Pappel *Populus balsamifera* u. v. m.

## HINWEISE AUF VERWENDUNGSEINSCHRÄNKUNGEN

Sobald Zitter-Pappeln beschnitten oder Äste abgesägt werden, reagiert der Baum mit unzähligen Ausläufern (Wurzelbrut), die große Flächen vereinnahmen. Deshalb den Baum ungestört wachsen lassen, es sei denn, die Wurzelbrut ist für Verstecke erwünscht. Einige Pappelarten entwickeln über 50 m lange Ausläufer. Das Wurzelwerk großer Pappelarten zerstört Drainagerohre, hebt Plattenwege und Asphaltdecken. Samenhaare und Pollen können Allergien auslösen.

## ANSPRÜCHE AN BODEN UND STANDORT

Die Zitter-Pappel gedeiht auf jedem Gartenboden.

## GESTALTERISCHE VERWENDUNG

Als Einzelbaum oder in Gruppen.

1 Zitter-Pappel, Blätter 2 Zitter-Pappel, Blütenkätzchen 3 Schwarz-Pappel mit Maserkröpfen 4 Fruchtstand mit Samenhaaren *(Populus x canadensis)* 5 Zitter-Pappel

## ERLEBNISWERT / BESONDERHEITEN

Die Zitter-Pappel oder Espe beeindruckt durch ihr charakteristisches Blätterrauschen und -rascheln und ihre goldgelbe Herbstfärbung. Raupenfutterpflanze für etliche Schmetterlingsarten. Entwickelt sich eine starke Wurzelbrut, bieten sich gute Verstecke.

# Platane

*Platanus* x *hispanica* Bastard-Platane

PLATANENGEWÄCHSE

### HEIMAT / VORKOMMEN
Die Bastard-Platane *Platanus* x *hispanica* ist eine Kreuzung aus *Platanus occidentalis* und *Platanus orientalis*. Diese stammen aus Nordamerika bzw. Europa. Früher war die Bastard-Platane auch unter dem Namen *Platanus* x *acerifolia* bekannt.

### BESCHREIBUNG
Sommergrüner, bis 20 m (selten bis 35 m) hoher, breitkroniger Baum mit flächig abblätternder gelblich grüner-graubrauner Rinde; Blätter ahornartig, 3- bis 7-lappig, bis 30 cm lang, hellgrün; Blüten im Mai bis Juni, kugelig, rotbraun, 2 bis 3 cm dick; Früchte meist zu 2 bis 3 an Stielen baumelnd, zunächst grün und später graubraun und im Winter an den Zweigen verbleibend, später in Einzelfrüchtchen mit Haarkranz zerfallend.

### WEITERE ARTEN UND SORTEN
Die Bastard-Platane ist die am häufigsten gepflanzte Platane, die Sorte *Platanus* x *hispanica* 'Suttneri' hat gelblich weiß gezeichnete Blätter, die Sorten 'Columbia' und 'Liberty' sind resistent gegen Pilzkrankheiten. Eine weitere für Parkanlagen geeignete Art ist die Morgenländische Platane *Platanus orientalis*. Die übrigen Platanen-Arten sind frostempfindlich.

### HINWEISE AUF VERWENDUNGSEINSCHRÄNKUNGEN
Es empfiehlt sich, pilzresistente Sorten zu pflanzen. Das Laub verrottet nur langsam und kann daher lästig werden. Die Wollhaare an den Blättern können Hautreizungen hervorrufen.

### ANSPRÜCHE AN BODEN UND STANDORT
Platanen ertragen als bewährte Straßen- und Alleebäume Trockenheit, aber kein Streusalz. Gedeihen in jedem guten, tiefgründigen Boden in sonniger, warmer Lage.

### GESTALTERISCHE VERWENDUNG
Als Einzelbäume in größeren Anlagen oder Parks imposante Baumgestalten. Da sie unempfindlich gegen starken Rückschnitt sind, können sie auch kleiner erzogen werden.

### ERLEBNISWERT / BESONDERHEITEN
Platanen sind große, beeindruckende Baumgestalten, die sich als Schattenspender eignen, allerdings nur für große Anlagen. Kinder freuen sich an den großen, schön geformten Blättern, den kugeligen Früchten, die sich gut zum Basteln eignen, und der interessanten Rinde.

1 Bastard-Platane 2 Bastard-Platane, Blüten 3 Bastard-Platane, Früchte 4 Bastard-Platane, Rinde 5 Junge Bastard-Platane

# Rosskastanie

*Aesculus hippocastanum*

SEIFENBAUMGEWÄCHSE

### HEIMAT / VORKOMMEN

Das natürliche Verbreitungsgebiet der Art ist der Balkan. Die hier genannten Sorten sind Züchtungen.

### BESCHREIBUNG

Sommergrüner, bis 25 m hoher Baum, Krone länglich rund, sehr dicht verzweigt, Winterknospen harzig, Austrieb wollig, braun, Blätter fingerförmig zusammengesetzt aus 5 bis 7 Fiederblättern, gesägt, 10 bis 25 cm lang, Blüten weiß, gelbrot gefleckt, 2 cm breit, in 20 bis 30 cm langen, aufrechten Rispen. Frucht bis 6 cm dick, stachelig, mit 1 bis 2 großen Samen, Blütezeit Mai.

### WEITERE ARTEN UND SORTEN

Eine Form, die keine Früchte bildet, ist Baumanns Rosskastanie *Aesculus hippocastanum* 'Baumannii': Wuchs wie *Aesculus hippocastanum*, aber Blüten gefüllt, weiß und steril. Rotblühende Rosskastanie *Aesculus* x *carnea* 'Briotii': Sommergrüner, bis 15 m (selten 20 m) hoher Baum, der aus einer Kreuzung zwischen der rotblühenden Kastanie *Aesculus pavia* und der Gewöhnlichen Rosskastanie *Aesculus hippocastanum* entstanden ist; Winterknospen klebrig, Austrieb nicht wollig, Blätter meist zu 5, keilförmig-länglich, doppelt gesägt, oben etwas glänzend, 8 bis 15 cm lang; Blüten 15 bis 20 cm lange Rispen; Blütezeit Ende Mai; Blüten hellrot und drüsig; Früchte kugelig, wenig stachelig, 3 bis 4 cm breit; nur geringer Fruchtbehang. Die blaßrosa blühende *Aesculus* x *carnea* 'Plantierensis' bildet keine Früchte.

### HINWEISE AUF VERWENDUNGSEINSCHRÄNKUNGEN

Die Rosskastanien-Saponine in den Fruchtschalen und Samen sind leicht giftig. Rosskastanien werden oft von Miniermotten befallen und sind dann im Spätsommer unansehnlich.

### ANSPRÜCHE AN BODEN UND STANDORT

Gedeihen auf jedem tiefgründigen, feuchten, wasserdurchlässigen Boden in sonniger Lage.

### GESTALTERISCHE VERWENDUNG

Rosskastanien sind für kleine Anlagen oder Gärten zu mächtig und werfen tiefen Schatten, der keinen Unterwuchs zulässt. Sie eignen sich als freistehende Bäume in großen Parkanlagen.

1 Rosskastanie, Blätter 2 Rosskastanie, Blüten 3 Rosskastanie, Früchte 4 Rotblühende Rosskastanie 5 Rosskastanie

### ERLEBNISWERT / BESONDERHEITEN

Kastanien gehören zu den beliebtesten Bastelfrüchten. Kinder sammeln die Früchte auch gerne als Futter für Streichelzoos und Wildgehege. Die großen Samen lassen sich leicht aussäen und man kann gut beobachten, wie sie keimen und wachsen. Bei hoher Luftfeuchtigkeit können am Blattrand Guttationstropfen entstehen. In der Volksmedizin bei Venenleiden eingesetzt.

## ERLEBNISWERT / BESONDERHEITEN

Tannen haben im weihnachtlichen Brauchtum die Fichte weitgehend abgelöst. Die Zapfen am Baum öffnen sich bei Trockenheit und schließen sich bei hoher Luftfeuchtigkeit. Zapfen und Zweige eignen sich zum Basteln und für weihnachtliche Dekorationen, allerdings fallen die Zapfen nicht als ganzes vom Baum, sondern in einzelnen Schuppen. Die Nadeln sind weicher als Fichtennadeln, halten sich länger und haben einen angenehmen Duft.

# Tanne

*Abies concolor* Colorado-Tanne

KIEFERNGEWÄCHSE

## HEIMAT / VORKOMMEN

Westliches Nordamerika.

## BESCHREIBUNG

Immergrüner, bis 25 m hoher, beliebter Nadelbaum mit schönem pyramidalem Wuchs; Triebe dick, olivgrau, Knospen kugelig; biegsame blaugraue Nadeln, 4 bis 6 cm lang; Zapfen zylindrisch, 8 bis 10 cm lang, jung olivgrün oder blauviolett, reif braun; attraktiver Baum, der viel Platz benötigt. Blütezeit Mai bis Juni.

## WEITERE ARTEN UND SORTEN

Es gibt zahlreiche Sorten der Colorado-Tanne mit silbrigweißen, jung goldgelben und blauen Nadeln, mit Hänge-, Säulen- oder Zwergwuchs. Die einheimische Weiß-Tanne *Abies alba* hat hohe Standortansprüche und ist für Gärten und Parks wegen ihrer Anfälligkeit gegenüber Luftschadstoffen und schlechtem Boden nicht geeignet. Als Ersatz bieten sich hier die Korea-Tanne *Abies koreana*, die Nikko-Tanne *Abies homolepis*, die Edel-Tanne *Abies procera* oder die Spanische Tanne *Abies pinsapo* 'Glauca' mit ihren niedrigen Sorten an.

## HINWEISE AUF VERWENDUNGSEINSCHRÄNKUNGEN

Keine bekannt.

## ANSPRÜCHE AN BODEN UND STANDORT

Gedeihen in gutem, frischem, humosem Lehmboden.

## GESTALTERISCHE VERWENDUNG

Die Colorado-Tanne ist sehr widerstandsfähig gegenüber Rauch und Ruß. Schatten verträgt sie nicht. Tannen eignen sich bei richtiger Standortwahl zur Gebäude-Flankierung, als Dauer-Weihnachtsbaum am Haus und mit erforderlichem Abstand zur Nachbarschaft zur Kulissenbildung an der Grundstücksgrenze.

1 Colorado-Tanne 2 Colorado-Tanne, Austrieb 3 Korea-Tanne 4 Spanische Tanne, Blüten 5 Korea-Tanne, Zapfen

# Taschentuchbaum

*Davidia involucrata* var. *vilmoriniana*
Sichuan-Taubenbaum

TUPELOGEWÄCHSE

1 Taschentuchbaum, Zweig mit Blüten 2 Taschentuchbaum, Blüten 3 Herbstlaub, Früchte und Samen 4 Samen 5 Taschentuchbaum

## HEIMAT / VORKOMMEN
Westchina, Osttibet

## BESCHREIBUNG
Sommergrüner, bis 10 m (selten bis 15 m) hoher, langsam wachsender, an Linden erinnernder Baum mit pyramidalem Wuchs; Blätter wechselständig, deutlich geadert, Unterseite glänzend grün, breit herzförmig, 8 bis 15 cm lang und bis 8 cm breit; Rinde braun beschuppt; Blüten in kleinen Köpfchen, die von hängenden, taschentuchartigen, 8 bis 16 cm langen weißen Hochblättern dachförmig überlappt werden. Die etwa 2 cm langen weißen rötlichbraunen Steinfrüchte mit hartem Kern ähneln Muskatnüssen und enthalten 3 bis 5 Samen. Blütezeit Mai bis Juni.

## WEITERE ARTEN UND SORTEN
Die Art *Davidia involucrata* mit unterseits behaarten Blättern ist selten im Handel zu finden. Baumschulen bieten meist die hier vorgestellte frosthärtere Varietät *Davidia involucrata* var. *vilmoriniana* an.

## HINWEISE AUF VERWENDUNGSEINSCHRÄNKUNGEN
Keine bekannt.

## ANSPRÜCHE AN BODEN UND STANDORT
Geeignet ist ein gut durchlässiger und nährstoffreicher Gartenboden in sonniger bis halbschattiger Lage.

## GESTALTERISCHE VERWENDUNG
Sollte einzeln stehen, um gut zur Geltung zu kommen. Ideal auch an Gebäudeecken. Vor einer dunklen Hauswand oder Koniferen-Kulisse wirken die weißen Taschentuchblüten am besten.

## ERLEBNISWERT / BESONDERHEITEN
Der zur Blütezeit sehr auffällige Baum begeistert mit seinen „Taschentuchblüten". In England wird der Baum auch Geisterbaum (Ghost Tree) genannt und bietet sich für spannende Geschichten an. Der Name Taubenbaum rührt daher, dass beim leisesten Windhauch die Hochblätter wie ein Taubenschwarm flattern.

## ERLEBNISWERT / BESONDERHEITEN

Ulmen gibt es in gelbblättrigen Sorten, die Kinder mit ihrem Farbspiel beeindrucken, und in Schirm- und Hängeformen, die sich für schattige Sitzgruppen und als Verstecke anbieten. Die Kerne in den geflügelten Samen der Ulmen sind essbar!

### HEIMAT / VORKOMMEN

**Feld-Ulme:** Europa, Nordafrika, Südwestasien; in Auenwäldern und sonnigen Hangwäldern. **Berg-Ulme:** Nord- und Mitteleuropa, Westasien, in Schluchtwäldern und schattigen Hangwäldern.

### BESCHREIBUNG

**Feld-Ulme:** Sommergrüner, bis 20 m (selten bis 30 m) hoher Baum in unterschiedlichen Wuchsformen; Zweige in der Jugend straff aufrecht, fischgrätenartig abstehend, mit Korkleisten; Blätter 4 bis 8 cm lang, oben glänzend frischgrün, unten mit weißen Achselbärtchen; Austrieb spät im Mai; Blüten unscheinbar, rot; Blütezeit März; Flügelsamen elliptisch. **Berg-Ulme:** Sommergrüner, 10 bis 30 m hoher Baum; Blätter dunkelgrün, rau, breit eiförmig, doppelt gesägt, 8 bis 15 cm lang, Blattstiel nur 3 bis 6 mm lang, Blüten rotviolett, unscheinbar, im März bis April in dichten Büscheln; Früchte flach abgerundet, Samen in der Mitte.

1 *Ulmus* x *hollandica* 'Dampieri Aurea'
2 Feld-Ulme, Blüte 3 Feld-Ulme, Früchte 4 Berg-Ulme, Früchte 5 Berg-Ulme, Hängeform

# Ulme

*Ulmus minor* Feld-Ulme
*Ulmus glabra* Berg-Ulme

ULMENGEWÄCHSE

### WEITERE ARTEN UND SORTEN

Gelbblättrige Ulmensorten sind *Ulmus* x *hollandica* 'Dampieri Aurea' (auch als *Ulmus minor* 'Wredei' im Handel) oder *Ulmus glabra* 'Lutescens'; schirmförmig wachsen *Ulmus minor* 'Pendula' und *Ulmus glabra* 'Pendula', die Äste der Lauben-Ulme *Ulmus glabra* 'Camperdownii' hängen bis zum Boden. *Ulmus minor* 'Umbraculifera' besitzt einen kugeligen Wuchs und wird nur 6 m hoch. Weitere Ulmen für größere Anlagen und Parks sind u. a. die Flatter-Ulme *Ulmus laevis*, die Englische Ulme *Ulmus procera*, die Amerikanische Ulme *Ulmus americana* und die Holländische Ulme *Ulmus* x *hollandica* mit vielen Sorten. Gegen das Ulmensterben resistent sind die Resista-Ulmen-Sorten 'Regal', 'Sapporo Autumn Gold' und *Ulmus* x *hollandica* 'Groeneveld'.

### HINWEISE AUF VERWENDUNGSEINSCHRÄNKUNGEN

Für das „Ulmensterben" sind zwei Splintkäfer verantwortlich, die einen Blaufäulepilz übertragen. Tausende, zum Teil mehrere hundert Jahre alte Bäume fielen diesem Pilz in Deutschland zum Opfer, daher sollten resistente Sorten gewählt werden. Sehr selten sind Pollenallergien möglich.

### ANSPRÜCHE AN BODEN UND STANDORT

Gedeihen auf jedem tiefgründigen, etwas feuchten Gartenboden in sonniger wie auch halbschattiger Lage.

### GESTALTERISCHE VERWENDUNG

Als Einzelbäume, die Feld-Ulme in Hecken. Für kleinere Anlagen sollten kleinwüchsige Sorten gewählt werden.

# Vogelkirsche

*Prunus avium*

ROSENGEWÄCHSE

1 Vogelkirsche, Blüten 2 Vogelkirsche, Früchte 3 Ameise am Nektarbecher 4 Vogelkirsche in Blüte 5 Vogelkirsche, Herbstlaub

### HEIMAT / VORKOMMEN

Europa bis Kleinasien, Kaukasus und Westsibirien, in krautreichen Laubwäldern, als Strauchbewuchs an Waldrändern, in aufgegebenen Gärten, Weinbergen und Ödland.

### BESCHREIBUNG

Breit-kegelförmiger, 10 bis 20 m hoher Baum, der 80 bis 100 Jahre alt wird; Borke schwärzlich, jung glänzend, streifig, blättert im Alter papierartig ab. Blätter eiförmig-elliptisch, mit langer Spitze, gesägt, gestielt, Stiel 2 bis 5 cm lang, mit 2 Nektardrüsen, 6 bis 15 cm lang und 4 bis 7 cm breit; Blüten weiß, in sitzenden Dolden zu 2 bis 6 an bis zu 5 cm langem Stiel; Kronblätter 9 bis 15 mm lang; Frucht kugelig oder herzförmig mit Steinkern; Blütezeit April.

### WEITERE ARTEN UND SORTEN

Die gefüllt blühende Sorte *Prunus avium* 'Plena' ist während der Blüte noch prächtiger, trägt jedoch keine Früchte. Weitere Sorten sind im Handel erhältlich. Die zahlreichen Süßkirschensorten sind Züchtungen der Vogelkirsche.

### HINWEISE AUF VERWENDUNGSEINSCHRÄNKUNGEN

Die Kerne der Früchte sollten nicht verzehrt werden, da sie Blausäure enthalten.

### ANSPRÜCHE AN BODEN UND STANDORT

Gedeihen auf jedem Gartenboden in sonniger Lage.

### GESTALTERISCHE VERWENDUNG

Als Einzelbaum oder in Hecken.

### ERLEBNISWERT / BESONDERHEITEN

Die kleinen, essbaren, bittersüßen Früchte der Vogelkirsche, die auch als Wildkirsche bekannt ist, sind bei Kindern beliebt. Im Frühjahr bildet der Baum regelrechte Blütenwolken. Stehen große Bäume im Kindergarten, bietet sich ein „Kirschblütenfest" an. Natürlich sind auch die zahlreichen Süßkirschensorten geeignet, aber die wilde Vogelkirsche hat durchaus ihren besonderen Reiz. Sie benötigt keinen Schnitt und kaum Pflanzenschutz. Sie wird von zahlreichen Tieren (Siebenschläfer, Gartenschläfer, Vögel, Schmetterlinge, Bienen, Ameisen u. a.) sehr geschätzt, die daran gut beobachtet werden können. Zwei Nektardrüsen am Blattstiel bieten Ameisen eine süße Tränke.

**ERLEBNISWERT / BESONDERHEITEN**
Die Ruten vieler Weidenarten lassen sich zum Flechten von Körben, zum Basteln und für Gebinde nutzen. Aus stärkeren Ästen können Labyrinthe, Weidentipis und Zäune gebaut werden. Die Rinde wurde früher bei Erkältung, Fieber und Durchfall eingesetzt, sie enthält Salicin, woraus Acetylsalicylsäure – der Wirkstoff von Aspirin – abgeleitet ist. An den Blättern können, bei entsprechender Witterung, Guttationstropfen auftreten.

1 *Salix alba* 'Britzensis' 2 Weidentipi
3 Silber-Weide 4 Flechtwerk 5 Weidenkorb

# Weide (Flechtweiden)

*Salix alba* Silber-Weide

WEIDENGEWÄCHSE

## HEIMAT / VORKOMMEN
Europa, Nordafrika, Kleinasien

## BESCHREIBUNG
Von der Silber-Weide *Salix alba*, die 25 m hoch werden kann, gibt es verschiedene niedrigere Varietäten und Sorten mit unterschiedlich gefärbter Rinde. Die Dotter-Weide *Salix alba* var. *vitellina* ist ein sommergrüner, bis 15 m (selten 20 m) hoher Baum mit im Winter auffälligen goldgelben Zweigen; Blätter lanzettlich, bis 10 cm lang, gesägt, dunkelgrün. Die Sorten *Salix alba* 'Britzensis' und 'Chermesina' – auch Scharlachweide genannt – leuchten, besonders in der Abendsonne, feurig rot und gelb. Blütezeit April bis Mai.

## WEITERE ARTEN UND SORTEN
Die Korb-Weide *Salix viminalis*, auch Hanf-Weide genannt, wird bis 6 m (selten 8 m) hoch. Die Zweige eignen sich besonders gut zum Flechten. Auch die Fahl-Weide *Salix* x *rubens* und die Purpur-Weide *Salix purpurea* werden als Kopfweiden erzogen, um Ruten zu gewinnen. *Salix sericea* hat silbrig glänzendes Laub.

## HINWEISE AUF VERWENDUNGSEINSCHRÄNKUNGEN
Der Saft frischer Zweige kann bei empfindlichen Personen zu Hautrötung, Entzündungen und Blasen führen. Das in der Rinde enthaltene Salicin kann bei Verzehr größerer Mengen zu Magen-Darm-Reizungen führen.

## ANSPRÜCHE AN BODEN UND STANDORT
Gedeihen auf jedem tiefgründigen, feuchten, wasserdurchlässigen Boden in sonniger Lage.

## GESTALTERISCHE VERWENDUNG
Weiden besitzen sehr vielfältige Wuchsformen. Von der wenige Zentimeter hohen Kriech-Weide bis zur 25 m hohen Silber-Weide sind alle Größen vertreten. Die niedrigen Sorten eignen sich für Steingärten, Gehölzgruppen oder Rabatten.

# Weide (Kätzchenweiden)

*Salix caprea* Sal-Weide

WEIDENGEWÄCHSE

## HEIMAT / VORKOMMEN

Europa

## BESCHREIBUNG

*Salix caprea:* 3 bis 8 m hoher Strauch oder Baum, Blätter oberseits mattgrün, unterseits graugrün, länglich-elliptisch bis kreisrund, 6 bis 10 cm lang; Blüten eiförmige Kätzchen, 3 bis 6 cm lang, Blütezeit März bis April.

## WEITERE ARTEN UND SORTEN

Die Kübler-Weide *Salix* x *smithiana* ist ein circa 4 m hoher sparriger Strauch oder kleiner Baum mit glänzend rotbraunen Zweigen; die Kätzchen werden 3 bis 4 cm lang. Nur 1 m hoch wird *Salix hastata* 'Wehrhahnii', mit besonders silbrig-weißen Kätzchen. Neben den Flechtweiden und Kätzchenweiden sind Hänge- und Trauerweiden mit bis zum Boden herabhängenden Zweigen für Spielplätze geeignet. Es gibt kleine Sorten wie *Salix caprea* 'Weeping Sally' – auch als „Kilmarnocks Hängeweide" im Handel – mit 2,5 m Höhe und große Bäume wie *Salix alba* 'Tristis' und *Salix babylonica*, die sich besonders gut als Verstecke eignen.

## HINWEISE AUF VERWENDUNGSEINSCHRÄNKUNGEN

Der Saft frischer Zweige kann bei empfindlichen Personen zu Hautrötung, Entzündungen und Blasen führen.

## ANSPRÜCHE AN BODEN UND STANDORT

Gedeihen auf jedem tiefgründigen, feuchten, wasserdurchlässigen Boden in sonniger Lage.

## GESTALTERISCHE VERWENDUNG

Die hohen baumförmig wachsenden Arten, insbesondere *Salix alba* 'Tristis', eignen sich nur für große Parkanlagen oder an großen Gartenteichen.

## ERLEBNISWERT / BESONDERHEITEN

Sal-Weiden tragen die bekannten und beliebten Weidenkätzchen, silbrig glänzende, noch knospige Blüten, die an ein weiches Katzenfell erinnern. Traditionell werden die auch als „Palmkätzchen" bezeichneten Blüten für Umzüge am Palmsonntag genutzt. Weiden sind zweihäusig, das heißt, männliche und weibliche Blüten sitzen an verschiedenen Pflanzen. Männliche Kätzchen sind größer als die weiblichen. Die frühe Blüte bietet Bienen und Schmetterlingen die erste Nahrung nach dem Winter.

1 Sal-Weide, Blütenknospen 2 Sal-Weide, Blüten
3 Sal-Weide 4 *Salix alba* 'Tristis' 5 *Salix caprea*, Hängeform

# Zeder

*Cedrus deodara* Himalaya-Zeder

KIEFERNGEWÄCHSE

**ERLEBNISWERT / BESONDERHEITEN**
Die Himalaya-Zeder wächst sehr langsam und bildet durch ihre überhängenden Zweige und die gebogene Spitze eine dekorative Baumgestalt mit „Wichtel-Charakter".

1 Himalaya-Zeder 2 Himalaya-Zeder, Zapfen 3 Blaue Atlas-Zeder, Blüte 4 Blaue Atlas-Zeder 5 Blaue Atlas-Zeder, Zapfen

**HEIMAT / VORKOMMEN**
Afghanistan, Nordwesthimalaja, Algerien, Marokko, Libanon, Türkei.

**BESCHREIBUNG**
Immergrüner, bis 20 m (selten 30 m) hoher Nadelbaum mit waagerecht abstehenden Ästen; die Zweigenden und der Gipfeltrieb hängen; Nadeln 30 bis 35 mm lang, in dichten Büscheln, zu 20 Nadeln an den Enden der Kurztriebe je nach Unterart hellgrün oder silbergrau. Zapfen erscheinen erst an alten Bäumen.

**WEITERE ARTEN UND SORTEN**
*Cedrus deodara* 'Robusta' ist eine frosthärtere Form mit stark überhängenden Ästen; *Cedrus deodara* 'Verticillata Glauca' mit blaugrünen Nadeln; *Cedrus deodara* 'Wiesemannii' besitzt bläuliche Nadeln und einen langsameren Wuchs. Am häufigsten gepflanzt wurde die Blaue Atlas-Zeder *Cedrus atlantica* 'Glauca', ein Modebaum der Jahrhundertwende (1900), der in etlichen Sorten angeboten wird. Sie wächst schneller als die Himalaya-Zeder. Die Libanon-Zeder *Cedrus libani* ist frostempfindlicher und daher vornehmlich in Gebieten mit Weinbauklima zu finden.

**HINWEISE AUF VERWENDUNGSEINSCHRÄNKUNGEN**
Keine bekannt.

**ANSPRÜCHE AN BODEN UND STANDORT**
Gedeiht auf gut durchlässigen, lehmig-sandigen Böden in warmer Lage.

**GESTALTERISCHE VERWENDUNG**
Frei stehend oder an Gebäuden sehr dekorativ. Nur für warme Gebiete zu empfehlen.

# Zierapfel

*Malus floribunda* Vielblütiger Apfel

ROSENGEWÄCHSE

1

2

3

4

5

### HEIMAT / VORKOMMEN

Nordamerika, Ostasien, in Wäldern und Gebüschen in Steppengebieten.

### BESCHREIBUNG

Sommergrüne, meist rundkronige Bäume oder baumartige Büsche, Wuchshöhen von 1,5 bis 15 m; Blätter meist elliptisch, selten fiederteilig gelappt, häufig mehr oder weniger gesägt; Zweige manchmal dornig, Blüten scheindoldig oder doldentraubig, weiß bis rosa oder karmin- bis weinrot, 1,5 bis 5 cm breit. Einige Sorten haben gefüllte Blüten, etliche duften. Bei einigen Arten oder Sorten sind die Blütenknospen, bevor sie weiß erblühen, korallen- oder purpurrot. Blütezeit Mai bis Juni. Die Farbpalette der erbsen- bis walnussgroßen Äpfelchen reicht von Grün, Mirabellengelb, Orange, Kirschrot bis Weinrot.

### WEITERE ARTEN UND SORTEN

Über 25 Arten und unzählige Züchtungen. Arnolds Apfel *Malus* x *arnoldiana*, Karmesinroter Holz-Apfel *Malus* x *atrosanguinea*, Beeren-Apfel *Malus baccata*, Kronen-Apfel *Malus coronaria* 'Charlottae', Großblütiger Apfel *Malus* 'Evereste', Tee-Apfel *Malus hupehensis*, Weinroter Apfel *Malus* x *moerlandsii* 'Profusion', Purpur-Apfel *Malus* x *purpurea* 'Lemoinei', 'Eleyei' und 'Aldenhamensis', Strauch-Apfel *Malus sargentii*, Siebolds Apfel *Malus sieboldii* 'Winter Gold', Zumis-Apfel *Malus* x *zumi* 'Calocarpa'

### HINWEISE AUF VERWENDUNGSEINSCHRÄNKUNGEN

Der Verzehr einer größeren Menge von Apfelkernen kann Magenbeschwerden hervorrufen.

### ANSPRÜCHE AN BODEN UND STANDORT

Ideal ist ein nährstoffreicher, etwas lehmiger, nicht zu trockener Gartenboden in offener, sonniger Lage. Schnitt kaum erforderlich.

### GESTALTERISCHE VERWENDUNG

Als Einzelbäume auf Rasenflächen oder mit anderen Gehölzen gleicher Blütezeit in Gruppen gepflanzt (z. B. Chinesischer Flieder *Syringa* x *chinensis*); dann bilden sich regelrechte Blütenwolken.

1 *Malus* x *moerlandsii* 2 *Malus* 'Evereste' 3 *Malus* 'Red Sentinel' 4 *Malus* 'Wintergold' 5 *Malus* 'Almey'

### ERLEBNISWERT / BESONDERHEITEN

Formenreiche Bäume mit verschwenderischer Blütenfülle von Mai bis Juni und intensiv gefärbten Früchten im Herbst. Oft bleiben die Früchte bis in den Dezember frisch. Die Äpfel einiger Arten und Sorten sind sehr schmackhaft und lassen sich gut zu Gelees oder Mus verarbeiten.

**ERLEBNISWERT / BESONDERHEITEN**

Eindrucksvolle Bäume, die zur Blütezeit mit regelrechten Blütenwolken in Weiß, Rosa oder Rosarot überraschen.

1 *Prunus serrulata* 'Kanzan' 2 *Prunus serrulata* 'Kanzan', Blüte 3 *Prunus* 'Hally Jolivette' 4 *Prunus* x *yedoensis* 'Pendula' 5 *Prunus serrula*, Rinde

# Zierkirsche

*Prunus serrulata* Japanische Blüten-Kirsche

ROSENGEWÄCHSE

## HEIMAT / VORKOMMEN

Die meisten Japanischen Zierkirschen sind aus Kreuzungen mit chinesischen und japanischen *Prunus*-Arten und -Sorten hervorgegangen.

## BESCHREIBUNGEN

Sommergrüne, 7 bis 12 m hohe Bäume, mit je nach Sorte breiter, aufstrebender Krone, als Hängeform oder mit säulenförmigem Wuchs; Blätter 8 bis 12 cm lang, mittel- bis dunkelgrün, unterseits blaugrün, kurz gesägt, eiförmig, lang zugespitzt; Blüten zu 3 bis 6 in Büscheln, gefüllt, dunkelrosa; Herbstfärbung gelb, rosa bis dunkelrot, Blütezeit April bis Mai.

## WEITERE ARTEN UND SORTEN

*Prunus serrulata* 'Kanzan' mit 7 bis 9 m breiter, fast trichterförmiger, aufstrebender Krone, auch unter der Bezeichnung 'Hisakura' im Handel, Hängeform *Prunus serrulata* 'Cheals', *Prunus serrulata* 'Amanogawa' mit säulenförmigem Wuchs und starkem Duft. Weitere Zierkirschen mit attraktiven Blüten sind die duftende Frühjahrs-Kirsche *Prunus subhirtella* 'Autumnalis', die oft schon im Herbst und Winter blüht; die Hängeform Shidare-Gashina-Kirsche *Prunus* x *yedoensis* 'Pendula', rosa, 3,5 m hoch; Tibetische Kirsche *Prunus serrula* mit interessanter Rinde, bis 10 m hoch; Accolade-Zierkirsche *Prunus* 'Accolade', 5 m hoch, reichblühend, gefüllt, rosa.

## HINWEISE AUF VERWENDUNGSEINSCHRÄNKUNGEN

Die Blütenblätter können für Rot- und Rehwild giftig sein. Verzehr mehrerer Blätter kann zu Übelkeit führen.

## ANSPRÜCHE AN BODEN UND STANDORT

Gedeihen in jedem guten, tiefgründigen, am besten kalkhaltigen Gartenboden in warmer, sonniger Lage.

## GESTALTERISCHE VERWENDUNG

Als Solitärbäume besonders dekorativ.

# Sträucher

# Abelie

*Abelia*

GEISSBLATTGEWÄCHSE

**ERLEBNISWERT / BESONDERHEITEN**
Mit ihren glockigen oder röhrenförmigen Blüten in meist zarten Farbtönen hübsche Ziersträucher, die sich für kleine Sträuße eignen.

1 *Abelia* x *grandiflora* 2 *Abelia* x *grandiflora*, Blüte
3 *Abelia* x *grandiflora* 'Hopley's' 4 *Abelia engleriana*
5 *Abelia schumannii*

**HEIMAT / VORKOMMEN**
Japan, China, Sichuan, Korea, Zentral-Asien, Himalaja, Mexiko; vorwiegend in lichten Wäldern.

**BESCHREIBUNG**
Sommergrüne, in warmen Gebieten teilweise auch immergrüne, je nach Art und Sorte 1 bis 2,5 m hohe Blütensträucher; Blätter gegenständig, meist eiförmig, kurz gestielt, gesägt, 1,5 bis 8 cm lang, dunkelgrün glänzend, aber auch bronze-purpurn, färben sich im Herbst dunkelrot; Blüten weiß oder rosa. Blütezeit Juli bis November.

**ARTEN UND SORTEN**
Es gibt etwa 30 Abelien-Arten. Wegen fehlender Frosthärte sind hierzulande nur wenige Arten und Sorten geeignet, darunter *Abelia* x *grandiflora*, eine Kreuzung aus *Abelia chinensis* und *Abelia uniflora* und die Sorte 'Edward Goucher' mit fliederfarbenen Blüten und bronzefarbenen Jungtrieben. Eine besonders eindrucksvolle Herbstfärbung zeigt *Abelia mosanensis* aus Korea. *Abelia floribunda* hat hellrote Blüten. *Abelia engleriana* hat purpur- bis rosafarbene Blüten mit orangefarbenem Schlund, *Abelia schumannii* rosafarbene Blüten mit rotem Kelch.

**HINWEISE AUF VERWENDUNGSEINSCHRÄNKUNGEN**
Keine bekannt.

**ANSPRÜCHE AN BODEN UND STANDORT**
Gedeihen in jedem nährstoffreichen, nicht zu schweren Gartenboden in sonniger, geschützter, nicht zu trockener Lage.

**GESTALTERISCHE VERWENDUNG**
Als Einzelbüsche oder in Verbindung mit anderen Blütengehölzen an windgeschützten Mauern, in Steingärten oder Innenhöfen.

# Apfelbeere

*Aronia arbutifolia* Filzige Apfelbeere

ROSENGEWÄCHSE

### HEIMAT / VORKOMMEN

Östliches Nordamerika, in Felsengebüschen, Grasland, Savannen, Mooren und Sümpfen

### BESCHREIBUNG

Sommergrüne, 1 bis 3 m hohe Sträucher; Blätter wechselständig, kurzgestielt, fein gesägt, 8 bis 10 cm lang, unterseits kahl oder graufilzig, dunkelgrün, im Herbst leuchtend rot; Blüten weiß-rosa getönt, 1 bis 1,5 cm breit, in 6 bis 8 cm breiten Schirmrispen; Blütezeit Mai bis Juni; Früchte kugelig oder birnenförmig, schwarz oder rot, reifen von August bis Oktober und bleiben bis Dezember am Strauch.

### WEITERE ARTEN UND SORTEN

Kahle Apfelbeere *Aronia melanocarpa*, 2 m hoch, 1 cm dicke Beeren; Pflaumenblättrige Apfelbeere *Aronia* x *prunifolia*, 3 m hoch, purpurschwarze, 8 mm dicke Beeren.

### HINWEISE AUF VERWENDUNGSEINSCHRÄNKUNGEN

Wegen des hohen Gerbstoffgehalts einiger Sorten sollten die herb schmeckenden Beeren mit anderen Früchten vermischt gegessen werden.

### ANSPRÜCHE AN BODEN UND STANDORT

Gedeihen in etwas feuchter, durchlässiger, am besten torfhaltiger Gartenerde in sonniger und halbschattiger Lage.

### GESTALTERISCHE VERWENDUNG

Zwischen anderen Beerensträuchern oder einzeln pflanzen. In Strächerrabatten bereichern Apfelbeeren mit ihrer auffälligen Herbstfärbung das Farbspektrum.

### ERLEBNISWERT / BESONDERHEITEN

Die heidelbeerähnlichen Beeren sind vitaminreich und werden für Saft, getrocknet oder zum Färben verwendet. Sie liefern ein sattes Dunkelrot. Blätter mit schöner, scharlachroter Herbstfärbung.

1 *Aronia arbutifolia* 2 *Aronia melanocarpa*
3 *Aronia melanocarpa*, Früchte 4 *Aronia* x *prunifolia*
5 *Aronia arbutifolia*, Früchte

# Berberitze

*Berberis thunbergii* Thunbergs Berberitze

BERBERITZENGEWÄCHSE

### ERLEBNISWERT / BESONDERHEITEN

Hübsche buntlaubige, aber dornige Sträucher, die sich gut für niedrige Hecken und zur Abgrenzung bestimmter Bereiche, die nicht betreten werden sollen, eignen. Im Winter kann man in den Sträuchern Singvögel beobachten, die die Beeren verzehren. Tropfen aus Berberitze werden in der Augenheilkunde, das Wurzelholz wird zum Gelbfärben verwendet.

### HEIMAT / VORKOMMEN

Japan

### BESCHREIBUNG

Sommergrüner, bis 1,5 m hoher, dicht verzweigter, feindorniger Strauch mit schöner scharlachroter Herbstfärbung und korallenroten Früchten; Zweige kantig, rotbraun, Dornen einfach; Blätter eiförmig, spatelig oder länglich, ganzrandig, 1 bis 3 cm lang, frischgrün, unten bläulich oder grün; Blüten zu 1 bis 2 (teilweise auch 5) in Büscheln, gelb; Früchte elliptisch, 8 mm lang. Blütezeit Mai.

### WEITERE ARTEN UND SORTEN

Thunbergs Berberitze gibt es in vielen Sorten. Darunter sind kleinwüchsige, rot-, gelb- und gefleckt-laubige Sorten. Leider sind alle übrigen 450 Berberitzenarten stärker bedornt und kommen trotz ihrer vielfältigen Wuchsformen, Blütenfarben und Blattformen für kinderfreundliche Anlagen nur eingeschränkt in Betracht.

### HINWEISE AUF VERWENDUNGSEINSCHRÄNKUNGEN

Wurzeln und Zweige enthalten Inhaltsstoffe (Berberin, Magnoflorin und Isochinolin-Alkaloide), die bei Verzehr Übelkeit, Erbrechen und Durchfall auslösen können. Die vitaminreichen Beeren sind ungiftig. Wegen der Dornen nur bedingt für kinderfreundliche Anlagen geeignet. Thunbergs Berberitze hat kurze, feine Dornen und kann deshalb an einigen Plätzen toleriert werden.

### ANSPRÜCHE AN BODEN UND STANDORT

Thunbergs Berberitze bevorzugt saure Böden.

### GESTALTERISCHE VERWENDUNG

Das kupferrote Herbstlaub und die korallenroten Früchte sind sehr dekorativ. Der Strauch ist für Hecken bis 1,5 m Höhe geeignet, wirkt aber auch als Einzelpflanze.

1 *Berberis thunbergii* 'Atropurpurea'
2 *Berberis thunbergii*, Blüte 3 *Berberis thunbergii*, Früchte
4 und 5 Dornen als Vorbild für Zäune und Absperrungen

# Besenheide

*Calluna vulgaris*

HEIDEKRAUTGEWÄCHSE

**HEIMAT / VORKOMMEN**
West- und Nordeuropa, Kleinasien; in Deutschland in vielen Heide- und Fels-Lebensräumen, in Norddeutschland als künstlich angelegte Wirtschaftsheiden – wie die Lüneburger Heide. Das Heidekraut diente zur Bienenzucht und als Futterpflanze für die Heidschnucken.

**BESCHREIBUNG**
Immergrüner, 20 bis 40 cm hoher heimischer Zwergstrauch; Blätter gegenständig, 1 bis 3 mm lang, vierreihig, sich dachziegelartig deckend, an der Basis pfeilförmig; Blüten glockig, 4 mm lang, an der Wildform rosalila, in dichten, bis 20 cm langen Trauben. Die Frucht ist eine kleine Kapsel; Blütezeit Juli bis September, einige Sorten bis November.

**WEITERE ARTEN UND SORTEN**
Derzeit sind etwa 500 Sorten der Besenheide bekannt, davon auch etliche mit gelbem oder rötlichem Laub.

**HINWEISE AUF VERWENDUNGSEINSCHRÄNKUNGEN**
Heidekrautgewächse enthalten Benzochinone, die bei empfindlichen Personen und häufigem Hautkontakt – vorwiegend bei Gärtnern und Floristen – Hautreizungen hervorrufen können.

**ANSPRÜCHE AN BODEN UND STANDORT**
Ideal sind nicht zu trockene, humose, sandige Moor- oder Heideböden in sonniger Lage.

**GESTALTERISCHE VERWENDUNG**
Für den Heide-und Steingarten und für Einfassungen sind die Besenheide-Arten und -Sorten besonders geeignet.

1 
2 
3 
4 
5 

**ERLEBNISWERT / BESONDERHEITEN**
Die Besenheide, auch Heidekraut genannt, eignet sich für Heidesträußchen, die getrocknet monatelang halten. Aus Heidekraut kann man Besen herstellen. An den Blüten lassen sich Bienen gut beobachten.

1 Besenheide, Züchtungen 2 Besenheide, weiße Sorte
3 Besenheide, gelblaubige Sorte 'Gold Haze'
4 Besenheide, Blüte 5 Besenheide

# Blasenspiere

*Physocarpus opulifolius*

ROSENGEWÄCHSE

**ERLEBNISWERT / BESONDERHEITEN**
Robuste Sträucher; Blüten eignen sich für kleine Sträußchen; attraktiv für Insekten.

1 Rotlaubige Blasenspiere 2 Gelblaubige Blasenspiere
3 und 4 Rotlaubige Blasenspiere, Blüte
5 Blasenspiere, Fruchtstand

**HEIMAT / VORKOMMEN**
Nordamerika

**BESCHREIBUNG**
Sommergrüner, 2 bis 3 m hoher, leicht überhängender Strauch; Blätter herzförmig, 3-lappig, kerbzähnig, 2 bis 8 cm lang; Blüten becherförmig, weiß, in dichten, 5 cm breiten Dolden; Blütezeit Juni; Früchte blasenförmig, rot, 6 mm dick.

**WEITERE ARTEN UND SORTEN**
Hübsche Sorten für den Garten sind *Physocarpus opulifolius* 'Luteus' und 'Dart's Gold' mit leuchtend gelbem Laub im Frühling. 'Diabolo' und 'Lady in Red' sind rotlaubig, 'Coppertina' ist rotlaubig mit orangegelben Schattierungen.

**HINWEISE AUF VERWENDUNGSEINSCHRÄNKUNGEN**
Keine bekannt.

**ANSPRÜCHE AN BODEN UND STANDORT**
Gedeiht in jedem Gartenboden sowohl vollsonnig als auch im Halbschatten.

**GESTALTERISCHE VERWENDUNG**
Buntlaubige Sorten einzeln oder in Gruppen. Die Blasenspiere eignet sich sehr gut, um kahle Stellen im Schatten abzudecken, ist dann allerdings nicht so blühfreudig.

# Deutzie

*Deutzia*

STEINBRECHGEWÄCHSE

**HEIMAT / VORKOMMEN**

Japan, China, Yunnan, Sichuan; überwiegend Züchtungen.

**BESCHREIBUNG**

Sommergrüne, je nach Art und Sorte 1 bis 2 m hohe Blütensträucher; Zweige hohl; Blätter gegenständig, gesägt; Blüten weiß, oft rötlich oder rosa, traubig oder rispig. Die Frucht ist eine vielsamige Kapsel.

**ARTEN UND SORTEN**

**Niedrige Büsche bis 1 m Höhe:** *Deutzia* x *kalmiiflora*, Blüte weiß, außen rosa, im Juni; *Deutzia* x *lemoinei*, reinweiß, Juni; *Deutzia* x *rosea* 'Campanulata', Wuchs bogig, überhängend, reinweiß, Juni bis Juli.

**Hohe Sträucher bis 2,5 m:** *Deutzia discolor* 'Major', 1,5 m, weiß mit rosa, Juni; *Deutzia* x *elegantissima*, bis 2 m, karminrosa, Mai bis Juni; *Deutzia* x *hybrida* 'Mont Rose', 2 m, malvenrosa, Juni bis Juli; *Deutzia longifolia* 'Veitchii', 2 m, fliederrosa, Blüten 3 cm breit mit weißem Rand, Juni bis Juli; *Deutzia* x *magnifica* 'Staphyleoides', 3 m, weiß, sternförmig, Juni. Für Naturgärten eignen sich die Wildarten Zierliche Deutzie *Deutzia gracilis*, Zweifarbige Deutzie *Deutzia discolor*, Raue Deutzie *Deutzia scabra* und Ningpo-Deutzie *Deutzia ningpoensis*.

**HINWEISE AUF VERWENDUNGSEINSCHRÄNKUNGEN**

Keine bekannt.

**ANSPRÜCHE AN BODEN UND STANDORT**

Deutzien gedeihen in jedem nährstoffreichen, nicht zu schweren Gartenboden in sonniger, nicht zu trockener Lage. Bei längeren Trockenphasen reichlich wässern. Alte Äste sollten bis zum Boden zurückgeschnitten werden, dann blühen die Sträucher reicher.

**GESTALTERISCHE VERWENDUNG**

Einzeln oder neben anderen Blütengehölzen gleicher Blütezeit (Pfeifensträucher, Spiersträucher, Kerrien, Blut-Johannisbeeren). Viele Arten oder Sorten lassen sich auch gut für Hecken verwenden.

**ERLEBNISWERT / BESONDERHEITEN**

Mit ihren glockigen, stern- oder schalenförmigen Blüten in meist zarten Farbtönen begeistern diese Ziersträucher gerade Kinderaugen. Die Rispen eignen sich für kleine Blumenkränzchen und für Tischdekorationen.

1 Raue Deutzie 2 *Deutzia* x *hybrida* 'Mont Rose'
3 *Deutzia* x *hybrida* 'Strawberry Fields'
4 Zierliche Deutzie, Blüte 5 Zierliche Deutzie

# Erika

*Erica carnea*

HEIDEKRAUTGEWÄCHSE

## ERLEBNISWERT / BESONDERHEITEN

Erika, auch Schnee-Heide oder Heidekraut genannt, blüht schon im Januar und setzt daher im winterlichen Garten die ersten Farbakzente. Die Polster überziehen Steine und Rabatten. Die Blüten halten in Sträußchen oder Kränzchen über zwei Wochen. Ideal für Tischdekorationen.

1 *Erica carnea* 2 *Erica carnea*, weiße Blüte
3 *Erica carnea* 4 *Erica cinerea* 5 *Erica vagans*

## HEIMAT / VORKOMMEN

Europa, Alpen, Apennin; in Deutschland in sonnigen Bergkiefern-Beständen im Alpenraum, Kiefern-Trockenauenwäldern im Voralpengebiet, Schneeheide-Kiefernwäldern im Schwäbischen und Fränkischen Jura sowie im Vogtland.

## BESCHREIBUNG

Niedriger, bis 15 cm (selten bis 50 cm) hoher Halbstrauch; bildet weitverzweigte Rasen; Blätter dunkelgrün, feinnadelig; Blüten 6 bis 9 mm lang, krugförmig, purpurrosa, in 7 cm langen, einseitswendigen Trauben, Blütezeit Januar bis April.

## WEITERE ARTEN UND SORTEN

Zahlreiche Sorten, u. a. mit magentaroten, rosa oder weißen Blüten und hellgrünen und goldgelben Blättchen. *Erica carnea* 'Atrorubens' karminrot, 'Snow Queen' weiß, 'Springwood' weiß, 'Vivellii' leuchtend karminrot, 'Winter Beauty' tiefrosa, 'Foxhollow' gelbblättrig. Graue Heide *Erica cinerea*, Cornwall-Heide *Erica vagans* und Glocken-Heide *Erica tetralix*.

## HINWEISE AUF VERWENDUNGSEINSCHRÄNKUNGEN

Heidekrautgewächse enthalten Benzochinone, die bei häufigem Kontakt (Gärtner und Floristen) bei empfindlichen Personen Hautreizungen hervorrufen können.

## ANSPRÜCHE AN BODEN UND STANDORT

Ideal sind nicht zu trockene, humose, sandige Moor- oder Heideböden in sonniger Lage. Für Graue Heide und Cornwall-Heide ist in rauem Klima eine Abdeckung mit Reisig empfehlenswert.

## GESTALTERISCHE VERWENDUNG

Die verschiedenen Erika-Arten und -Sorten eignen sich besonders gut für Heide- und Steingärten und für Einfassungen.

# Federbuschstrauch

*Fothergilla major*
und Großer Federbuschstrauch
*Fothergilla gardenii*
Erlenblättriger Federbuschstrauch

ZAUBERNUSSGEWÄCHSE

### HEIMAT / VORKOMMEN

Großer Federbuschstrauch *Fothergilla major*: USA, Alleghany-Mountains; Erlenblättriger Federbuschstrauch *Fothergilla gardenii*: Südosten der USA, in Laubwäldern.

### BESCHREIBUNG

Sommergrüne, buschige Sträucher mit wechselständigen, dunkelgrünen, erlenähnlichen Blättern, die sich im Herbst intensiv orange oder rot verfärben. **Der Große Federbuschstrauch** wird bis 2,5 m hoch, die Blätter sind rundlich bis breit eiförmig und 7 bis 13 cm lang. Blüten in 3 bis 5 cm langen, duftenden weißen, seltener rosa getönten Ähren. **Der Erlenblättrige Federbuschstrauch** hat einen kugeligen Wuchs und wird nur 60 bis 90 cm hoch; Blätter eiförmig, bis 6 cm lang; Blüten in zylindrischen, 4 cm langen, duftenden weißen Blütenähren. Blütezeit Mai.

### WEITERE ARTEN UND SORTEN

*Fothergilla major* 'Blue Mist' hat blaugrüne Blätter.

### HINWEISE AUF VERWENDUNGSEINSCHRÄNKUNGEN

Keine bekannt.

### ANSPRÜCHE AN BODEN UND STANDORT

Geeignet ist ein frischer, lehmig-sandiger oder anmooriger Gartenboden in warmer, sonniger Lage.

### GESTALTERISCHE VERWENDUNG

Federbuschsträucher sind teuer und sollten als Einzelexemplare an geschützte Orte gepflanzt werden. Am besten vor dunkelgrünen Koniferen, dort kommen die Blüten gut zur Wirkung. Ideale Nachbarn sind Zaubernuss, Forsythien, Kerrie, Scheinhasel und Blutjohannisbeere.

1

2

3

4

5

1 und 2 Erlenblättriger Federbuschstrauch, Blüten
3 Großer Federbuschstrauch, Blüte
4 Großer Federbuschstrauch, Herbstlaub
5 Großer Federbuschstrauch

### ERLEBNISWERT / BESONDERHEITEN

Hübscher und origineller Frühlingsblüher mit eindrucksvoller Herbstfärbung; die bunten Blätter eignen sich für Blattcollagen.

## ERLEBNISWERT / BESONDERHEITEN

Die im April und Mai von weißen Blütentrauben „überschütteten" Sträucher beeindrucken im Herbst nochmals mit ihrer kupfer- oder scharlachroten Herbstfärbung. Die Früchte sind in kleineren Mengen essbar.

1

2

3

4

5

# Felsenbirne

*Amelanchier lamarckii* Kupfer-Felsenbirne

ROSENGEWÄCHSE

## HEIMAT / VORKOMMEN

Östliches Nordamerika

## BESCHREIBUNG

Sommergrüner, bis 6 m (selten bis 8 m) hoher Strauch oder kleiner Baum. Junge Triebe zunächst weiß behaart; Blätter elliptisch-herzförmig, beiderseits filzig, später kahl, bis 8 cm lang, im Herbst kupferrot; die Blüten erscheinen gleichzeitig mit den Blättern, weiß, in lockeren Trauben. Blütezeit Ende April bis Mai. Früchte purpurrot, süß und saftig, im Juli bis August.

## WEITERE ARTEN UND SORTEN

Kahle Felsenbirne *Amelanchier laevis:* bis 5 m hoher Strauch mit hängenden lockeren Blütentrauben im Mai, schwarz-purpurfarbene, bereifte süßliche Früchte im Juli. Scharlachrote Herbstfärbung. Gewöhnliche Felsenbirne *Amelanchier ovalis:* bis 2 m hoher einheimischer Busch, Früchte blaugrau, Blütezeit April bis Mai.

## HINWEISE AUF VERWENDUNGSEINSCHRÄNKUNGEN

Die süßen Früchte der Felsenbirnen sind zwar essbar, wegen der blausäurehaltigen Kerne sollte sich der Verzehr jedoch auf wenige Beeren beschränken. Etwa fünf bis zehn Beeren gelten noch als unbedenklich.

## ANSPRÜCHE AN BODEN UND STANDORT

Felsenbirnen gedeihen in jedem guten, nährstoffreichen, kalkhaltigen Gartenboden in sonniger wie in halbschattiger Lage.

## GESTALTERISCHE VERWENDUNG

Sowohl einzeln als auch in Gebüschen.

1 *Amelanchier lamarckii* 2 *Amelanchier lamarckii*, Blüten 3 *Amelanchier lamarckii*, Früchte 4 *Amelanchier lamarckii*, Herbstlaub 5 *Amelanchier ovalis*

# Feuerdorn

*Pyracantha coccinea* Mittelmeer-Feuerdorn

ROSENGEWÄCHSE

### HEIMAT / VORKOMMEN

Südosteuropa bis Kaukasus, in Gebüschen und an Waldrändern.

### BESCHREIBUNG

Immergrüner, bis 3 m (selten bis 4 m) hoher Strauch, selten auch kleiner Baum; Triebe grau, behaart; Blätter dunkelgrün, kurz gestielt, spitz elliptisch bis eilanzettlich, 2 bis 4 cm lang; Blüten in cremeweißen Schirmrispen; Blütezeit Mai bis Juni; Früchte 5 bis 6 mm breit, leuchtend korallenrot, beginnen schon im August sich zu färben und bleiben bis zum Winteranfang am Strauch.

### WEITERE ARTEN UND SORTEN

*Pyracantha coccinea* 'Golden Charmer', 3 m hoch, bis 9 mm dicke orangerote Beeren; 'Orange Charmer', 3 m hoch, kleine weiße Blüten, 9 mm breite dunkelorange Beeren; 'Lalandei', 6 m hoch, sehr beerenreich, Beeren 7 bis 8 mm breit, orangerot; 'Soleil d'Or', 3 m hoch, 10 mm breite goldgelbe Beeren; 'Mohave', 4 m hoch, 9 mm breite rote Beeren; 'Golden Dome', 2 m hoch, ausladend, 5 mm breite goldgelbe Beeren.

### HINWEISE AUF VERWENDUNGSEINSCHRÄNKUNGEN

Die Sträucher haben spitze, harte Dornen. Die Früchte sind nicht genießbar und können zu Magenverstimmungen führen. Besonders Kinder unter 5 Jahren laufen Gefahr, die Früchte zu essen. In strengen Wintern können manche Sorten zurückfrieren, treiben aber wieder aus.

### ANSPRÜCHE AN BODEN UND STANDORT

Gedeihen in jedem nährstoffreichen, durchlässigen Gartenboden in vollsonniger oder halbschattiger, windgeschützter Lage.

### GESTALTERISCHE VERWENDUNG

Als lebende Zäune zur Absicherung z. B. vor verkehrsreichen Straßen oder Gewässern, als Einzelstrauch oder in Hecken. Aus Sämlingen gezogene Pflanzen bilden weniger Blüten und Früchte, daher sollte man Pflanzen aus Stecklingsvermehrung bevorzugen.

1 
2 
3 
4 
5 

1 Feuerdorn, Blüten 2 *Pyracantha coccinea* 'Soleil d' Or' 3 *Pyracantha coccinea* 'Red Column' 4 *Pyracantha coccinea* 'Orange Charmer' 5 Feuerdornhecke

### ERLEBNISWERT / BESONDERHEITEN

Die Fülle an weißen Blüten und der üppige Beerenbehang beeindrucken. Die Blüten besitzen für bestimmte Käferarten, darunter die hübschen Rosen-Pinselkäfer, etliche Bockkäfer und die großen smaragdgrünen Rosenkäfer eine starke Anziehungskraft.

**ERLEBNISWERT / BESONDERHEITEN**
Die Blütenrispen eignen sich als dekorative Schnittblumen. Aus den flachen Wurzeln wachsen zahlreiche neue Triebe, die regelrechte Dickichte bilden und ideale Verstecke bieten.

1 Sibirische Fiederspiere
2 bis 4 Sibirische Fiederspiere, Blüten
5 Baum-Fiederspiere

# Fiederspiere

*Sorbaria sorbifolia* Sibirische Fiederspiere

ROSENGEWÄCHSE

### HEIMAT / VORKOMMEN
Nordasien, Japan, Westchina, Südost-Tibet; an Fließgewässern.

### BESCHREIBUNG
Sommergrüner, bis 2 m hoher, aufrechter, buschiger Strauch oder kleiner Baum, der zahlreiche Ausläufer bildet; Blätter gefiedert, bis 25 cm lang, mit 13 bis 25 lanzettlichen Fiederblättchen, scharf gesägt, hellgrün und kahl, 1,5 cm breit; Blüten gelblich weiß, in kegelförmigen, 15 bis 30 cm langen Rispen; Blütezeit Juni bis Juli.

### WEITERE ARTEN UND SORTEN
Chinesische Fiederspiere *Sorbaria arborea* mit bis zu 40 cm langen, überhängenden, konischen weißen Blütenrispen; Himalaya-Fiederspiere *Sorbaria tomentosa* var. *tomentosa*, bis 6 m hoch, 45 cm lange, gefiederte Blätter und 40 cm lange, konische, gelbliche, hängende Blütenrispen; Blütezeit Juli bis August. Baum-Fiederspiere *Sorbaria kirilowii* mit filigranen Blütenständen.

### HINWEISE AUF VERWENDUNGSEINSCHRÄNKUNGEN
Keine bekannt. Falls nicht gewünscht, sollte man die Ausläufer entfernen.

### ANSPRÜCHE AN BODEN UND STANDORT
Fiederspieren sind anspruchslos und gedeihen in jedem Gartenboden sowohl in sonniger als auch in halbschattiger Lage. In strengen Wintern können die Sträucher zurückfrieren. Nach einem Rückschnitt treiben sie wieder problemlos aus.

### GESTALTERISCHE VERWENDUNG
Besonders die Himalaya- und die Chinesische Fiederspiere sind attraktive Sträucher. Sowohl als Einzelsträucher wie auch als Heckenpflanzen.

# Fingerstrauch

*Potentilla fruticosa*

ROSENGEWÄCHSE

### HEIMAT / VORKOMMEN

Südeuropa bis Japan, Nordamerika, an Felshängen und in Trockengebüschen.

### BESCHREIBUNG

Sommergrüne, dicht verzweigte, 0,6 bis 1,5 m hohe Sträucher, mit gefiederten, bis 5 cm langen graugrünen Blättern, die meist aus 3 bis 7 sitzenden, schmal länglichen, 1 bis 2,5 cm langen Fiederblättchen bestehen; Blüten erdbeerähnlich, schalenförmig, 2 bis 3 cm breit, gelb. Blütezeit Juni bis August.

### WEITERE ARTEN UND SORTEN

Es gibt Züchtungen mit goldgelben, weißen, rosafarbenen, roten oder orangefarbenen und bis zu 5 cm breiten Blüten. Zu den beliebtesten Sorten zählen *Potentilla fruticosa* 'Abbotswood', weiß, großblütig; 'Red Ace', rotorange; 'Beesii', goldgelb, mit silbrigen Blättern; 'Farrers White', weiß; 'Sunset', orange; 'Elizabeth', hellgelb, großblütig; 'Yellow Gem', hellgelb; 'Princess', blassrosa und 'Hachmann's Gigant', gelb, 5 cm, sehr große Blüten.

### HINWEISE AUF VERWENDUNGSEINSCHRÄNKUNGEN

Keine bekannt.

### ANSPRÜCHE AN BODEN UND STANDORT

Gedeihen in jedem leichten, durchlässigen Gartenboden in sonniger Lage. Bei der Sortenwahl unbedingt auf Mehltauresistenz achten. Herausschneiden älterer Triebe verjüngt den Strauch und fördert die Blütenbildung.

### GESTALTERISCHE VERWENDUNG

Fingersträucher – frei wachsend oder geschnitten – sind für Rabatten und niedrige Hecken oder als Bodendecker geeignet. Kleinblütige Sorten blühen meist stärker (z. B. 'Katherine Dykes'). Für Steingärten oder Einfassungen ist die Sorte 'Farreri Prostrata' gut geeignet.

### ERLEBNISWERT / BESONDERHEITEN

Fingersträucher zählen zu den dankbarsten Sommerblühern mit anhaltendem Blütenflor. Die Sorte 'Farreri' blüht beispielsweise ununterbrochen von Juni bis Oktober. Die Sträucher sind robust und vertragen auch tobende Kinder.

1 Fingerstrauch, Blüten 2 Fingerstrauch, weißblühende Sorte 3 Fingerstrauch, rosablühende Sorte 4 Fingerstrauch, orangeblühende Sorte 5 Fingerstrauch

# Flieder

*Syringa vulgaris* Gewöhnlicher Flieder

ÖLBAUMGEWÄCHSE

**ERLEBNISWERT / BESONDERHEITEN**

Flieder ist beliebt, weil er stark duftet und sehr robust ist. Kinder schenken gerne zum Muttertag Fliedersträuße von wild wachsenden Hecken.

1 *Syringa vulgaris* 'Andenken an Ludwig Späth'
2 *Syringa vulgaris* 'Andenken an Ludwig Späth', Blüten
3 *Syringa vulgaris* 'Madame Lemoine'
4 *Syringa vulgaris*, purpurrote Sorte 5 *Syringa sweginzowii*

**GESTALTERISCHE VERWENDUNG**

Der Gewöhnliche Flieder eignet sich, um kahle Stellen zu verdecken, oder für „wilde" Hecken. Die Edelflieder sollten als Einzelgehölze gepflanzt werden. Abgeblühte Blütenstände sollten regelmäßig entfernt werden, da sie den Strauch schwächen und die Blühwilligkeit einschränken.

**HEIMAT / VORKOMMEN**

Südöstliches Europa; in Deutschland regional verwildert (z. B. Hänge am Mittelrhein). Die meisten kultivierten Fliederarten stammen aus China.

**BESCHREIBUNG**

Sommergrüner, bis über 6 m hoher Strauch; Zweige grün, Zweige und Blätter kahl; Blätter herz- oder eiförmig, 8 bis 10 cm lang; Blüten der Wildform lila, 1 cm lang, in 10 bis 25 cm langen Rispen, angenehm duftend; Früchte glatt. Blütezeit Mai bis Juni.

**WEITERE ARTEN UND SORTEN**

Es gibt über 600 Sorten von *Syringa vulgaris*; die Farbpalette dieser „Edelflieder" reicht von Schneeweiß bis Dunkel-Lilarot und Graublau, einfach oder gefüllt. Bekannte alte Sorten sind *Syringa vulgaris* 'Andenken an Ludwig Späth', ungefüllt, purpurrot, 30 cm lange Rispen; 'Charles X', lilarot; 'Christophe Colomb', ungefüllt, fliederrosa; 'Alphonse Lavallee', gefüllt, fliederblau; 'Ami Schott', gefüllt, kobaltblau; 'Madame Francis E. Morel', rosaviolett, gilt als eine der schönsten Fliedersorten; 'Madame Lemoine', gefüllt, weiß; 'Casimir-Perrier', großrispig, weiß. Weitere Arten sind Chinesischer Flieder *Syringa* x *chinensis*, Bogen-Flieder *Syringa komarowii* subsp. *reflexa*, Ungarischer Flieder *Syringa josikaea*, Wolliger Flieder *Syringa pubescens*, Persischer Flieder *Syringa* x *persica*, Sweginzows Flieder *Syringa sweginzowii* und Chinesischer Zwerg-Flieder *Syringa meyeri* 'Palibin'.

**HINWEISE AUF VERWENDUNGSEINSCHRÄNKUNGEN**

Fliederpollen können in seltenen Fällen allergische Reaktionen auslösen. Bei Flieder-Allergikern kann es bei Kontakt mit Eschen- oder Ölbaumpollen zu Kreuzallergien kommen.

**ANSPRÜCHE AN BODEN UND STANDORT**

Gedeihen in jedem nährstoffreichen, humusreichen, gut drainierten, neutralen bis alkalischen Gartenboden in sonniger Lage.

# Forsythie

*Forsythia* x *intermedia* Garten-Forsythie

ÖLBAUMGEWÄCHSE

### HEIMAT / VORKOMMEN

Ostasien, in lichten Laubwäldern und Gebüschen, die europäische Art *Forsythia europaea* stammt aus Albanien.

### BESCHREIBUNG

Sommergrüne, bis 3 m hohe Sträucher; rutenförmige, olivgelbe Zweige, hohl, mit Markpfropfen an den Zweigknoten; Blätter gegenständig, einfach oder dreiteilig, gesägt bis ganzrandig; Blüten in verschiedenen Gelbtönen, zu 1 bis 2, achselständig, erscheinen vor den Blättern, kurz oder langgestielt, Kelch und Krone vierteilig; Blütezeit März bis April. Die Frucht ist eine 2-klappige Kapsel, die Samen sind geflügelt.

### WEITERE ARTEN UND SORTEN

*Forsythia* x *intermedia* 'Beatrix Farrand', 2 m mit großen, 3 cm breiten, leuchtend chromgelben Blüten; 'Lynwood' und 'Spectabilis' mit steiferem Wuchs und goldgelben Blüten; 'Spring Glory', 2 m hoch, 3 cm breite Glocken, hellgelb; 'Golden Nugget', 2 m hoch, 2 bis 3 cm breite goldgelbe Blüten; 'Goldrausch', 2 m hoch, mit 4 cm breiten goldgelben Blüten.

### HINWEISE AUF VERWENDUNGSEINSCHRÄNKUNGEN

Forsythien enthalten antibakteriell wirkende Inhaltsstoffe, ein Verzehr kann zu Unwohlsein führen.

### ANSPRÜCHE AN BODEN UND STANDORT

Forsythien gedeihen in nährstoffreichem, durchlässigem, nicht zu feuchtem Gartenboden an einem sonnigen Standort. Im Schatten fällt die Blüte schwächer aus.

### GESTALTERISCHE VERWENDUNG

Wegen der weit ausladenden, rutenförmigen Zweige wirken Forsythien einzeln am besten. Aber auch in Gruppen und als Hecken bereichern sie viele Gärten und Anlagen.

1 und 2 Forsythie, Blüten 3 Forsythie, Herbstlaub 4 Forsythie mit Zierjohannisbeere 5 Forsythie

### ERLEBNISWERT / BESONDERHEITEN

Forsythien, auch Goldglöckchen genannt, sind die bekanntesten Frühlingsblüher. Sie sind anspruchslos, winterhart und sehr blühfreudig. Zudem wachsen sie schnell, werden kaum von Schädlingen befallen und sind preiswert. Schneidet man Zweige nach dem ersten Frost und stellt sie im warmen Zimmer auf, beginnen sie nach wenigen Wochen zu blühen und liefern so mitten im Winter einen knalligen gelben Blumenstrauß.

# Fuchsie

*Fuchsia*

NACHTKERZENGEWÄCHSE

**ERLEBNISWERT / BESONDERHEITEN**
Kinder vergleichen Fuchsien-Blüten häufig mit Balletttänzerinnen mit kurzen Röckchen. Sie bieten Stoff für viele Geschichten. Sind die ballonförmigen Blütenknospen noch nicht geöffnet, lassen sie sich durch leichtes Zusammendrücken zum Aufplatzen bringen. An der Pflanze können die Raupen des Weinschwärmers *(Deilephila elpenor)* mit ihrer Schlangenkopf-Mimikry entdeckt oder gezüchtet werden.

1 Scharlach-Fuchsie 2 Fuchsie, Früchte
3 bis 5 Fuchsiensorten

## HEIMAT / VORKOMMEN
Zentral-und Südamerika, Neuseeland, in lichten Scheinbuchenwäldern im Gebirge.

## BESCHREIBUNG
Blätter meist gegenständig, selten wechselständig, eiförmig bis lanzettlich, gestielt, ganzrandig oder gezähnt; Blüten achselständig oder in Rispen bzw. Trauben, meist röhrig, hängend und häufig zweifarbig; Kronblätter in anderer Farbe als die Kronröhre und die vier abgespreizten Kelchzipfel. Blütezeit Juli bis September. Die Früchte sind weiche purpurfarbene Beeren.

## ARTEN UND SORTEN
Gattung mit rund 100 Arten und 8.000 registrierten Sorten. Die meisten Fuchsien-Arten sind sommergrüne Sträucher, die nicht frosthart sind und daher als Topfpflanzen für Zimmer und Balkon kultiviert werden. Für Gärten am besten geeignet und relativ frosthart ist die Scharlach-Fuchsie *Fuchsia magellanica* mit einigen Sorten.

## HINWEISE AUF VERWENDUNGSEINSCHRÄNKUNGEN
Keine bekannt. Die Beeren sind ungiftig, aber nicht besonders schmackhaft.

## ANSPRÜCHE AN BODEN UND STANDORT
Scharlach-Fuchsien benötigen einen geschützten, halbschattigen, warmen Standort und leichten, aber nährstoffreichen Humusboden mit einem kleinen Kalkanteil. Fuchsien im Topf oder Kübel bevorzugen ebenfalls einen halbschattigen, windgeschützten Platz.

## GESTALTERISCHE VERWENDUNG
Die Scharlach-Fuchsien eignen sich in mildem Klima zur Pflanzung neben Treppenaufgängen und zwischen Stauden in Rabatten oder in Steingärten. Die Topfpflanzen werden als Ampelpflanzen, als Bäumchen in Kübeln und auf Terrassen sowie im Wintergarten kultiviert.

# Hartriegel

*Cornus florida* Blumen-Hartriegel
und
*Cornus kousa* Chinesischer Hartriegel

HARTRIEGELGEWÄCHSE

1 Blumen-Hartriegel 2 Blumen-Hartriegel, rote Sorte 3 Chinesischer Hartriegel, Blüten 4 Chinesischer Hartriegel, Früchte 5 Chinesischer Hartriegel

## HEIMAT / VORKOMMEN:

Blumen-Hartriegel *Cornus florida*: Nordamerika; Chinesischer Hartriegel *Cornus kousa*: China, Japan.

## BESCHREIBUNG

**Blumen-Hartriegel:** Sommergrüner, bis 5 m hoher, breitverzweigter dichter Strauch oder kleiner Baum; Blätter elliptisch, 7 bis 15 cm lang, oberseits sattgrün, unten weißlich; Herbstlaub scharlachrot. Die im Mai erscheinenden 8 cm breiten Scheinblüten werden von vier weißen, verkehrt-eiförmigen Hochblättern gebildet. **Chinesischer Hartriegel:** Sommergrüner, bis 7 m hoher Strauch oder kleiner Baum; Blätter dunkelgrün, spitz eiförmig, bis 10 cm lang; Herbstfärbung scharlachrot. Blüten 1 cm breit, von vier spitz-eiförmigen, zunächst grünlichen, später weißen Hochblättern umgeben, erscheinen nach dem Laubaustrieb im Juni. Früchte an Stielen hängend, rot, erdbeerartig, fleischig, erscheinen im Spätsommer bis Herbst.

## WEITERE ARTEN UND SORTEN

Beide Hartriegel gibt es in vielen Sorten. Herausragend sind *Cornus florida* 'Cherokee Chief' mit rubinrosafarbenen Hochblättern; 'Cherokee Princess', große weiße Scheinblüten; *Cornus kousa* 'Milky Way', reichfruchtend, 'Gold Star', gelbfleckiges, im Herbst purpurfarbenes Laub, Hochblätter weißrosa; 'Satomi', rote Herbstfärbung und rosafarbene Hochblätter. Die größten Hochblätter mit 10 cm Breite hat die weiße Sorte 'Venus'. Außergewöhnlich große Blüten mit 8 cm Breite besitzt auch der kostbare Nuttalls Hartriegel *Cornus nuttallii*.

## HINWEISE AUF VERWENDUNGSEINSCHRÄNKUNGEN

Die Blattbehaarung einiger Hartriegel-Arten, besonders des Blutroten Hartriegel *Cornus sanguinea*, kann bei empfindlichen Personen Hautreizungen hervorrufen. Blumen-Hartriegel sind teuer und daher nur für geschützte, ballspielfreie Standorte zu empfehlen.

## ANSPRÜCHE AN BODEN UND STANDORT

Ideal ist ein nährstoffreicher, humoser, wasserdurchlässiger Gartenboden in sonniger oder halbschattiger Lage.

## GESTALTERISCHE VERWENDUNG

Die ausladende Verzweigung mit dem weißen oder rosafarbenen Blütenschmuck wirkt am besten, wenn andere Gehölze nicht zu nah stehen.

## ERLEBNISWERT / BESONDERHEITEN

Prächtige Frühlingsblüher mit interessanten Blütenformen. Die erdbeerartigen Früchte von *Cornus kousa* sind essbar und schmecken mehlig süß.

# Haselnuss

*Corylus avellana*

BIRKENGEWÄCHSE

**ERLEBNISWERT / BESONDERHEITEN**
Haselnüsse sammeln und knacken macht Kindern Spaß. Aus jungen Ästen lassen sich biegsame Stöcke schneiden, die besonders gut zum Schnitzen und Flechten geeignet sind.

1 blühende Haselnuss 2 Haselnuss, Blätter
3 Haselnuss, männliche und weibliche Blüte
4 Haselnuss, Früchte 5 Blut-Lamberts-Hasel, Früchte

**HEIMAT / VORKOMMEN**
Europa, Mittelmeergebiet, Westasien; Gebüsche und Wälder, als Hecken gepflanzt oder großfrüchtige Sorten in Plantagen.

**BESCHREIBUNG**
Sommergrüner, bis 6 m hoher Strauch oder kleiner Baum; Zweige drüsig behaart; Blätter breit herzförmig, gezähnt, 5 bis 10 cm lang; männliche Blüten in hängenden, 6 bis 10 cm langen gelben Kätzchen, von den weiblichen Blüten ragen nur die winzigen roten Narben aus der Knospe hervor. Blütezeit Februar bis März; Früchte zu 1 bis 4 in becherartigen Hüllen.

**WEITERE ARTEN UND SORTEN**
Korkenzieher-Hasel *Corylus avellana* 'Contorta' mit verdrehten, korkenzieherartig gewundenen Zweigen, die besonders im Winter auffallen. Rotblättrige Haselnuss *Corylus avellana* 'Fuscorubra' mit stumpf-braunroten Blättern; Blut-Lamberts-Hasel *Corylus maxima* 'Purpurea' mit prachtvollem schwarzrotem Laub; Baum-Hasel *Corylus colurna*, ein immer häufiger gepflanzter, 20 m hoher Straßenbaum mit kleinen essbaren Nüssen.

**HINWEISE AUF VERWENDUNGSEINSCHRÄNKUNGEN**
Der Pollenflug im Februar und März kann Allergikern große Probleme bereiten.

**ANSPRÜCHE AN BODEN UND STANDORT**
Gedeihen auf jedem fruchtbaren Gartenboden in sonniger oder halbschattiger Lage; am besten auf Kalkböden.

**GESTALTERISCHE VERWENDUNG**
Um einen optimalen Fruchtansatz zu erreichen, sollten mehrere großfrüchtige Sorten zusammen gepflanzt oder auch einige Wild-Haselsträucher beigemischt werden, um die notwendige Fremdbestäubung zu gewährleisten. Wegen der hohen Pollenfracht sollten Haselsträucher nicht in Fensternähe gepflanzt werden.

# Hortensie

*Hydrangea arborescens* Wald-Hortensie

HORTENSIENGEWÄCHSE

### HEIMAT / VORKOMMEN
USA

### BESCHREIBUNG
Sommergrüner, bis 2 m hoher Strauch; Blätter breit eiförmig, bis 20 cm lang, oberseits dunkelgrün, unterseits hellgraugrün; Blüten in kegelförmigen Schirmrispen, 15 bis 20 cm breit. Blütezeit Juni bis Juli.

### WEITERE ARTEN UND SORTEN
Garten-Hortensie *Hydrangea macrophylla* mit weißen, rosafarbenen oder blauen Blütenbällen, Rispen-Hortensie *Hydrangea paniculata*, 3 bis 6 m hoch, Samt-Hortensie *Hydrangea aspera* ssp. *sargentiana*, bis 3 m hoch und breit, mit blauen oder purpurfarbenen, fertilen, flachen Schirmrispen, die von einem Kranz großer, steriler weißer oder rosa Blüten gesäumt werden. Die Kletter-Hortensie *Hydrangea anomala* ssp. *petiolaris* begrünt Zäune und Baumstämme. *Hydrangea serrata* zeigt eine sehr schöne gelbe Herbstfärbung.

### HINWEISE AUF VERWENDUNGSEINSCHRÄNKUNGEN
Rhizome, Blätter und Knospen der Hortensien enthalten Cyanglucoside, Saponine und Chinazolin-Alkaloide. Ein Verzehr größerer Mengen der Blätter oder Knospen kann Schwindel, Magenbeschwerden und Atemnot auslösen.

### ANSPRÜCHE AN BODEN UND STANDORT
Hortensien gedeihen am besten in feuchter, humoser, kalkfreier Erde. Als Standorte eignen sich halbschattige, aber regen- und windgeschützte Lagen. Starkregen und Wind zerstören in kurzer Zeit die Blütenpracht. Wald-Hortensien sollten nach dem Winter zurückgeschnitten werden.

### GESTALTERISCHE VERWENDUNG
In Rabatten am Haus oder unter lichten Bäumen.

1 Garten-Hortensie, rosafarbene Sorte 2 Garten-Hortensie, blaue Sorte 3 Rispen-Hortensie 4 Weiße Kletter-Hortensie 5 *Hydrangea arborescens* 'Annabelle'

### ERLEBNISWERT / BESONDERHEITEN
Hortensien haben große Blütenbälle in außergewöhnlichen Farben, besonders die blauen Sorten sind beliebt. Am eindrucksvollsten ist die 1,5 m hoch und breit wachsende Sorte *Hydrangea arborescens* 'Annabelle', deren bis 25 cm breite, halbkugelige grünweiße Blütenbälle auf kräftigen Stielen stehen.

# Johannisbeere (Zierjohannisbeere)

*Ribes sanguineum* Blut-Johannisbeere

STACHELBEERGEWÄCHSE

**ERLEBNISWERT / BESONDERHEITEN**

Die dunkelroten Blüten der Blut-Johannisbeeren bilden neben Spiersträuchern, Forsythien und Kerrien prächtig bunte Hecken, von denen sich hübsche Blumensträuße pflücken lassen. Die übrigen, robusteren *Ribes*-Arten sind zur Unterpflanzung größerer Bäume oder als Verstecke geeignet. Die Beeren sind essbar, aber nicht sonderlich schmackhaft, die Blätter duften aromatisch.

1 Blut-Johannisbeere 2 Blut-Johannisbeere, Blüten 3 Blut-Johannisbeere, Früchte 4 Gold-Johannisbeere 5 Alpen-Johannisbeere

**HEIMAT / VORKOMMEN**

Westliches Nordamerika, in Douglasienwäldern.

**BESCHREIBUNG**

Sommergrüner, bis 2 m hoher, aufrechter, dornenloser, hübscher Zierstrauch; Blätter dunkelgrün, behaart, rundlich-eiförmig, 3- bis 5-lappig, gesägt, aromatisch, 5 bis 10 cm lang; Blüten je nach Sorte rosarot, dunkelrot oder weiß, in bis zu 10 cm langen Trauben; Früchte kugelig, 5 mm breit, blau bereift. Blütezeit April bis Mai.

**WEITERE ARTEN UND SORTEN**

Zu den bekanntesten Sorten der Blut-Johannisbeere zählen: *Ribes sanguineum* 'King Edward VII', dunkelrot; 'Pulborough Scarlet', tiefrot; 'Tydeman's White', weiß; 'Atrorubens', blutrot. Weitere Zier-Johannisbeeren: Gold-Johannisbeere *Ribes aureum*, 2 m, gelb, duftend, Beeren schwarz; Alpen-Johannisbeere *Ribes alpinum*, 2 m, Blüten grünlich, unscheinbar, rote Beeren lange am Strauch; Kanadische Johannisbeere *Ribes americanum*, 1,5 m, Blüten gelblich weiß, unscheinbar, schöne gelbe Herbstfärbung.

**HINWEISE AUF VERWENDUNGSEINSCHRÄNKUNGEN**

Keine bekannt.

**ANSPRÜCHE AN BODEN UND STANDORT**

Anspruchslose Gehölze. Gedeihen in jedem tiefgründigen, leicht erwärmbaren Gartenboden in sonniger oder halbschattiger Lage.

**GESTALTERISCHE VERWENDUNG**

Im Verbund mit früh blühenden Ziersträuchern wie Kerrien, Forsythien oder Spiersträuchern ergeben sich dekorative Strauchgruppen.

# Kerrie

*Kerria japonica*

ROSENGEWÄCHSE

1

2

3

4

5

### HEIMAT / VORKOMMEN

China, Japan, in lichten Wäldern, auf Kahlschlagflächen und Lichtungen, auf Ödland und Brachen.

### BESCHREIBUNG

Sommergrüner, bis 2 m hoher Strauch; Zweige grün, Blätter wechselständig, eilänglich, 2 bis 5 cm lang, doppelt gesägt, oberseits frischgrün, unterseits heller; Blüten endständig, einzeln, gelb, einfach oder gefüllt, 3 bis 7 cm breit, an kurzen Seitentrieben; Blütezeit Mai bis Juni. Die Früchte (kleine Nüsschen) sind trocken, braunschwarz, erscheinen ab September und bleiben bis in den Winter am Strauch.

### WEITERE ARTEN UND SORTEN

Großblütige Sorte *Kerria japonica* 'Golden Guinea' mit 5 bis 6 cm breiten Blüten. Die Sorte 'Picta' hat graugrüne Blätter mit weißem Rand. Die Sorte 'Pleniflora' hat 3 cm breite, pomponartige Blütenbälle.

### HINWEISE AUF VERWENDUNGSEINSCHRÄNKUNGEN

Keine bekannt.

### ANSPRÜCHE AN BODEN UND STANDORT

Gedeihen in jedem nährstoffreichen, nicht zu trockenen Boden an einem sonnigen Standort. In rauem Klima können die Zweigspitzen zurückfrieren. Rückschnitt problemlos. Auslichten der ältesten Triebe fördert die Blühwilligkeit.

### GESTALTERISCHE VERWENDUNG

Im Verbund mit weiteren Blütensträuchern wie Schneeball-Arten, Zieräpfeln oder Weigelien ein hübscher Lichtpunkt im Garten. Freistehend wirken die weit überhängenden Zweige besonders dekorativ.

### ERLEBNISWERT / BESONDERHEITEN

Die Kerrie, auch Ranunkelstrauch genannt, bildet von Mai bis Juni schöne Blüten. Die hellgrünen Zweige mit den goldgelben Blütenbällen eignen sich gut für Blütenkränzchen.

1 *Kerria japonica*, Blüten 2 und 3 *Kerria japonica*, gefüllte Blüten 4 *Kerria japonica*, Fruchtstand 5 *Kerria japonica*

**ERLEBNISWERT / BESONDERHEITEN**
Die bogig überhängenden Triebe und zauberhaften Blüten lassen diesen Strauch elegant und märchenhaft wirken. Benannt nach dem Berliner Gelehrten Professor Kolkwitz.

1 Kolkwitzie 2 und 3 Kolkwitzie, Blüten
4 Blütenschlund mit gelber Zeichnung
5 Kolkwitzie in einer Hecke

# Kolkwitzie

*Kolkwitzia amabilis*

GEISSBLATTGEWÄCHSE

**HEIMAT / VORKOMMEN**
Westchina, Provinz Hubei

**BESCHREIBUNG**
Sommergrüner, bis 2,5 m hoher, buschiger Strauch, der zu den hübschesten Blütensträuchern unserer Gärten zählt. Blätter stumpfgrün, kurzgestielt, gegenständig, spitz, breitoval, 3 bis 8 cm lang, behaart, wenig gezähnt; Blüten in achselständigen Paaren, besonders viele an den Zweigenden, Blütenglocken rosa mit gelbem Schlund; Blütezeit Mai bis Juni. Die Frucht ist eine eiförmige Schließfrucht mit gestieltem Kelch.

**WEITERE ARTEN UND SORTEN**
Die Sorte *Kolkwitzia amabilis* 'Pink Cloud' hat leuchtende, tiefrosafarbene Blüten.

**HINWEISE AUF VERWENDUNGSEINSCHRÄNKUNGEN**
Keine bekannt.

**ANSPRÜCHE AN BODEN UND STANDORT**
Gedeiht auf jedem nicht überdüngten Gartenboden sowohl in sonniger als auch in halbschattiger Lage.

**GESTALTERISCHE VERWENDUNG**
Aparter Blütenstrauch für Einzelstellung oder mit anderen Sträuchern (Ranunkelstrauch, Blut-Johannisbeere, Spierstrauch) zusammen. Da die Zweige leicht brechen, sollte der Strauch vor fliegenden Bällen geschützt gepflanzt werden.

# Kornelkirsche

*Cornus mas*

HARTRIEGELGEWÄCHSE

### HEIMAT / VORKOMMEN

Mittel- und Südeuropa, Kleinasien; in Trockenwäldern, Gebüschen und Hecken.

### BESCHREIBUNG

Sommergrüner, 3 bis maximal 6 m hoher Strauch, selten kleiner Baum; Blätter gegenständig, kurz gestielt, eiförmig, spitz elliptisch, hellgrün, 4 bis 11 cm lang; Blüten hellgelb, in einfachen, kleinen, seitenständigen Dolden, erscheinen früher als die Blätter, Blütezeit März bis April; die Früchte sind länglichen Kirschen ähnlich, rot, glänzend, 1,5 bis 2 cm lang, reifen im August oder September und sind essbar.

### WEITERE ARTEN UND SORTEN

Es gibt gelblaubige Sorten wie *Cornus mas* 'Aurea', Sorten mit gelb und rosa gerandeten Blättern wie 'Aureoelegantissima', oder nur mit weißem Blattrand wie 'Variegata'. Auch unterschiedliche Fruchtfarben und -größen sind im Handel: 'Alba' weiß, 'Aurea' und 'Flava' gelb, 'Macrocarpa' mit großen Früchten.

Da sich die Früchte für Konfitüren und Obstbrände eignen, gibt es inzwischen zahlreiche, meist großfrüchtige Sorten, z. B. 'Jolico', 'Devin', 'Schumener', 'Kasanlak' und 'Cormas'. In Österreich wird zur besseren Bestäubung die Sorte 'Mascula' eingesetzt.

### HINWEISE AUF VERWENDUNGSEINSCHRÄNKUNGEN

Keine bekannt.

### ANSPRÜCHE AN BODEN UND STANDORT

Gedeiht in jedem Gartenboden, am besten aber in kalkhaltigem Boden.

### GESTALTERISCHE VERWENDUNG

Als Einzelstrauch oder in Hecken, dekorativer Frühblüher.

### ERLEBNISWERT / BESONDERHEITEN

Kornelkirschen bringen nach dem Winter durch ihre frühe Blüte die erste Farbe in die Landschaft. Die kirschenähnlichen Früchte lassen sich zu einer säuerlich-wohlschmeckenden Konfitüre verarbeiten. Das harte Holz – es gilt als das härteste Holz in Europa – wurde zur Herstellung von Speeren, Radspeichen, Pfeifenröhrchen, Hammergriffen und Spazierstöcken genutzt.

1 und 2 Kornelkirsche, Blüten 3 und 4 Kornelkirsche, Früchte 5 Kornelkirsche

# Kranzspiere

*Stephanandra incisa* Kleine Kranzspiere

ROSENGEWÄCHSE

**ERLEBNISWERT / BESONDERHEITEN**
Zierliche, aber sehr robuste Kleinsträucher mit hübscher Herbstfärbung. Kranzspieren sind unempfindlich und nehmen auch tobende Kinder nicht übel.

1 Kleine Kranzspiere 2 und 3 Kleine Kranzspiere, Blüten 4 und 5 Kleine Kranzspiere, Herbstlaub

**HEIMAT / VORKOMMEN**
Japan, Korea, Taiwan, auf Geröllhalden, in Felsspalten, an Ufern von Gebirgsbächen.

**BESCHREIBUNG**
Zierlicher, feintriebiger, bis 1,20 m hoher, sommergrüner Strauch mit bogig überhängenden Trieben; Blätter eiförmig, 4 bis 7 cm lang, lappenzähnig, hellgrün mit orangegelber Herbstfärbung; Blüten klein, weiß und rispentraubig. Die Sorte 'Crispa' wird nur bis 60 cm hoch und hat tiefer gelappte und am Rand gewellte Blätter; Blütezeit Juni bis Juli.

**WEITERE ARTEN UND SORTEN**
Die Große Kranzspiere *Stephanandra tanakae* wird bis 2 m hoch und 2,5 m breit, mit überhängenden rotbraunen Trieben und bis zu 12 cm langen, 3- bis 5-lappigen Blättern. An 10 cm langen Rispen sitzen gelbgrüne kleine Blüten. Herbstfärbung gelb und orange.

**HINWEISE AUF VERWENDUNGSEINSCHRÄNKUNGEN**
Keine bekannt.

**ANSPRÜCHE AN BODEN UND STANDORT**
Gedeiht auf jedem Gartenboden. Ideal ist ein warmer Standort in sonniger bis halbschattiger Lage.

**GESTALTERISCHE VERWENDUNG**
Die Große Kranzspiere wirkt in voller Blüte, einzeln oder in Gruppen gepflanzt, außergewöhnlich, sie erinnert an luftige Tüllkleider. Für Treppenaufgänge, Mauerkronen und Rabatten-Einfassungen eignet sich die zierliche Form der Kranzspiere besonders gut.

# Lavendel

*Lavandula angustifolia* Echter Lavendel

LIPPENBLÜTLER

### HEIMAT / VORKOMMEN

Mittelmeergebiet, Nordafrika

### BESCHREIBUNG

Immergrüner oder besser gesagt immergrauer, bis 1 m hoher aromatischer Halbstrauch; Triebe feinfilzig; Blätter grau bis graugrün, lineal-lanzettlich, 3 bis 5 cm lang, Blattränder meist eingerollt, weißfilzig; Blüten in zylindrischen, 8 cm langen Ähren mit duftenden lilafarbenen, purpurnen, blauen oder seltener weißen Blüten. Blütezeit Juli bis August.

### WEITERE ARTEN UND SORTEN

Es gibt zahlreiche Sorten, darunter *Lavandula angustifolia* 'Munstead', 45 cm hoch, dunkelblaue Blüten; 'Hidcote', 60 cm hoch, silbergrau, dunkelpurpurne Blüten; 'Nana Alba', 30 cm hoch, weiße Blüten; 'Loddon Pink', 45 cm hoch, zartrosafarbene Blüten. Englischer Lavendel *Lavandula* x *intermedia*, mit silbergrau behaarten Blättern und bis zu 20 cm langen violetten Blütenähren; Großer Speik *Lavandula latifolia* mit 20 cm langen malvenblauen Blüten.

### HINWEISE AUF VERWENDUNGSEINSCHRÄNKUNGEN

Reines Lavendelöl kann in höheren Dosen zu Benommenheit und Schläfrigkeit führen.

### ANSPRÜCHE AN BODEN UND STANDORT

Lavendel liebt leichte, trockene Böden, ideal sind Kalkböden und volle Sonne in warmen Gebieten (Weinbauklima). Bei langer Winternässe hilft eine Kiesdrainage. Alternde Büsche können durch einen Rückschnitt verjüngt werden.

### GESTALTERISCHE VERWENDUNG

Für Beeteinfassungen sowie im Stein-, Steppen- und Heidegarten im Verbund mit Katzenminze, Steppenkerzen und Fackellilien gut geeignet.

1 und 2 Echter Lavendel, Strauch
3 und 4 Echter Lavendel, Blüten
5 Echter Lavendel im Beet als Einfassung für Sträucher

### ERLEBNISWERT / BESONDERHEITEN

Alte Kulturpflanze, die bereits seit 1.000 Jahren wegen ihres berühmten Duftes kultiviert wird. Für Duftpflanzenbeete zwischen Rosmarin und Balsamkraut, Minzen und Melissen. Lavendelblüten sind für Schmetterlinge und Hummeln äußerst attraktiv. Aus den getrockneten Blüten lassen sich duftende Kräuterkissen herstellen, die im Wäscheschrank Motten fern halten.

**ERLEBNISWERT / BESONDERHEITEN**
Die zartrosa oder weiß blühenden Bäumchen mit den rosenartigen Blüten wirken märchenhaft.

1 Mandelbäumchen 2 Mandelbäumchen, Blüten 3 Russische Zwerg-Mandel 4 Mandel *(Prunus dulcis)*, Blüte 5 Mandel *(Prunus dulcis)*, Früchte

# Mandelbäumchen

*Prunus triloba*

ROSENGEWÄCHSE

## HEIMAT / VORKOMMEN

China

## BESCHREIBUNG

Sommergrüne, bis 3 m hohe Sträucher oder kleine Bäume, die häufig auf Stämmchen veredelt und kugelig zugeschnitten als Mandelbäumchen angeboten werden; Blätter meist verkehrt eiförmig, 3-lappig, unterseits grau behaart, 6 cm lang; Blüten wie kleine Röschen, hellrosa, bis 3,5 cm breit, Blütezeit April bis Mai.

## WEITERE ARTEN UND SORTEN

Die Russische Zwerg-Mandel *Prunus tenella* wird 1 bis 1,5 m hoch und blüht mit rosafarbenen Mandelblüten etwa Ende April. Die Chinesische Drüsen-Kirsche *Prunus glandulosa*, ebenfalls bis 1,5 m groß, wird mit gefüllten weißen Blüten als *Prunus glandulosa* 'Alba Plena' oder mit rosafarbenen Blüten als *Prunus glandulosa* 'Rosea Plena' im Handel angeboten. Vom Mandelbaum *Prunus dulcis*, bis 8 m hoch, gibt es mit der Sorte *Prunus dulcis* 'Roseoplena' ebenfalls eine gefüllte Züchtung.

## HINWEISE AUF VERWENDUNGSEINSCHRÄNKUNGEN

Auf Bittermandel *Prunus dulcis* var. *amara* sollte verzichtet werden, da ihre Kerne in größeren Mengen zu Blausäurevergiftungen führen können. Erkennbare Symptome sind Brennen im Rachen, Bauchschmerzen, starkes Schwitzen und Erbrechen. Gefüllt blühende Mandelbäumchen bilden keine Früchte aus und sind daher ungefährlich.

## ANSPRÜCHE AN BODEN UND STANDORT

Gedeihen in nicht zu nährstoffreichen, feuchteren aber wasserdurchlässigen Gartenböden in vollsonniger, warmer Lage.

## GESTALTERISCHE VERWENDUNG

Mandelbäumchen kommen am besten zur Geltung, wenn sie frei stehen. Als kleine Sträucher passen sie am besten zwischen Frühlingsstauden wie Gänsekresse, Blaukissen, Steinkraut und Polsterphlox-Sorten.

# Micky-Maus-Strauch

*Ochna serrulata*

NAGELBEERENGEWÄCHSE

### HEIMAT / VORKOMMEN

Subtropisches südliches Afrika, in Trockengebüschen in Wäldern.

### BESCHREIBUNG

Sommergrüner, nicht winterharter, 1 bis 2 Meter hoher Strauch mit überhängenden Zweigen. Blätter schmal elliptisch, gezähnt, bis 15 cm lang. Der Austrieb ist rosa-bronzefarben. Die Blüten sind goldgelb, 2 cm im Durchmesser und erscheinen vom Spätwinter bis in das Frühjahr. Die beerenartigen Früchte erscheinen im Sommer und sind zunächst grün. Später färben sie sich schwarz und bilden mit den leuchtend roten Kelchblättern ein „Mäusegesicht". Weitere Namen sind Nagelbeere oder Vogelaugenbusch.

### WEITERE ARTEN UND SORTEN

Zur Gattung *Ochna* gehören 86 Arten, von denen aber hierzulande nur *Ochna serrulata* im Handel ist.

### HINWEISE AUF VERWENDUNGSEINSCHRÄNKUNGEN

Das Fruchtfleisch ist essbar, aber die Samen sind leicht giftig und können zu Übelkeit führen!

### ANSPRÜCHE AN BODEN UND STANDORT

Als Kübelpflanze für Terrasse oder Wintergarten, im Sommer im Freien; muss frostfrei überwintern.

### ERLEBNISWERT / BESONDERHEITEN

Die schwarzen Beeren sitzen auf den leuchtend roten Kelchblättern und wirken wie ein Mäusegesicht. Die jungen Blätter sind im Austrieb rosa- bis bronzefarben. Die goldgelben Blüten duften.

1 und 2 Micky-Maus-Strauch, Blüten 3 und 4 Micky-Maus-Strauch, Früchte 5 Micky-Maus-Strauch

# Mispel

*Mespilus germanica* Echte Mispel

ROSENGEWÄCHSE

**ERLEBNISWERT / BESONDERHEITEN**
Dekorativer und für Insekten attraktiver Spätfrühlingsblüher. Die birnenähnlichen Früchte sind erst überreif und nach Frosteinwirkung essbar. Sie eignen sich für Marmeladen und Gelees mit einem säuerlich-mehligen Geschmack. Die Kulturformen besitzen keine Dornen. Die Mispel wurde bereits im 2. Jahrhundert v. Chr. als Obstbaum von den Römern kultiviert und von römischen Legionären nach Mitteleuropa eingeführt. Im Mittelalter wurde der Mispelbaum in Klostergärten angebaut und weiter verbreitet.

1 Echte Mispel 2 Echte Mispel, Blüten 3 Echte Mispel, Herbstlaub und Frucht 4 Echte Mispel, Früchte 5 Früchte von Kulturformen und Wildform im Vergleich

**HEIMAT / VORKOMMEN:**
Südosteuropa, Westasien (Persien, Irak, Türkei), seit dem Mittelalter in Mittel- und Südeuropa kultiviert, aber auch in den USA, Südamerika, Afrika und in Australien und Neuseeland; in Deutschland sind heute noch verwilderte Vorkommen in sonnenexponierten Gebüschen oder aufgegebenen Obstgärten in warmen Gebieten (u. a. in Baden-Württemberg sowie am Mittel- und Oberrhein) zu finden.

**BESCHREIBUNG**
Sommergrüner, breitwüchsiger, 2 bis 6 m hoher Strauch oder kleiner Baum; Blätter mattgrün, unterseits filzig behaart, wechselständig, lanzettlich, 4 bis 7 cm breit, bis 12 cm lang, im Herbst gelblich und purpurorange gefärbt; Blüten an kurzen Stielen, weiß mit grünem Hauch, 3 bis 4 cm breit; Blütezeit Mai bis Juni; Früchte braun, birnenähnlich, flachkugelig, an der Spitze mit einer Delle, die von fünf Kelchblättern umgeben ist. Die Früchte der Wildform haben einen Durchmesser von 2 bis 3 cm, die Kulturformen bis 8 cm.

**WEITERE ARTEN UND SORTEN**
In den USA soll mit der Graublättrigen Mispel *Mespilus canescens* eine weitere Art entdeckt worden sein. Noch ist jedoch nicht geklärt, ob es sich wirklich um eine eigenständige Art handelt. Für Kinder- oder Schulgärten eignen sich besonders die dornenlosen, großfrüchtigen und schmackhaften Sorten wie *Mespilus germanica* 'Dutch' mit einer Fruchtgröße von 8 cm oder 'Nottingham' mit 5 cm.

**HINWEISE AUF VERWENDUNGSEINSCHRÄNKUNGEN**
Die Kulturformen sind dornenlos und daher problemlos verwendbar.

**ANSPRÜCHE AN BODEN UND STANDORT**
Geeignet sind nährstoffreiche, durchlässige Gartenböden in warmer, sonniger Lage.

**GESTALTERISCHE VERWENDUNG**
Sowohl einzeln als auch im Verbund mit weiteren Obstbäumen.

# Ölweide

*Elaeagnus angustifolia*
Schmalblättrige Ölweide

ÖLWEIDENGEWÄCHSE

**HEIMAT / VORKOMMEN**
Mittelmeergebiet bis Mittelasien, an Flußläufen und in orientalischen Steppengebieten.

**BESCHREIBUNG**
Sommergrüner, bis 7 m hoher Großstrauch; junge Zweige silbrig; Blätter silbergrau, länglich-lanzettlich, 4 bis 8 cm lang; Blüten zu 1 bis 3 gebüschelt, glockig, innen gelb, 1 cm lang, duftend; Blütezeit Juni; Früchte länglich, 1 bis 2 cm, gelb mit Silberschuppen; Fruchtfleisch mehlig, süß und essbar.

**WEITERE ARTEN UND SORTEN**
Eine besonders silbergraue Sorte ist *Elaeagnus angustifolia* 'Quicksilver'. Die Silber-Ölweide *Elaeagnus commutata* wird 4 m hoch; Wintergrüne Ölweide *Elaeagnus* x *ebbingei*, rundliche, ausladende Büsche bis 2 m hoch und breit; Blätter ledrig, elliptisch, bis 10 cm lang, oberseits glänzend, verschiedene Grüntöne, unterseits silbrig beschuppt. Blüten gelblich weiß, 1 cm lang. Beliebte Sorten sind *Elaeagnus* x *ebbingei* 'Gilt Edge', 3 m, Blätter mit dunkelgrüner Mitte, gelbem Rand; 'Limelight', 3 m, silbrige Blätter mit gelber und hellgrüner Mitte. Von einer Verwendung der Dornigen Ölweide *Elaeagnus pungens* mit ihren vielen panaschierten Sorten sowie von der Doldigen Ölweide *Elaeagnus umbellata* wird wegen der Dornen abgeraten.

**HINWEISE AUF VERWENDUNGSEINSCHRÄNKUNGEN**
Manche Zweigenden sind dornig. *Elaeagnus*-Arten enthalten psychoaktive Alkaloide in den Blättern, die Früchte sind ungiftig.

**ANSPRÜCHE AN BODEN UND STANDORT**
Als orientalischer Steppenstrauch nimmt die Ölweide mit jedem Gartenboden vorlieb.

**GESTALTERISCHE VERWENDUNG**
Das silbergraue Laub wirkt schön zwischen anderen Gehölzen. Durch den bizarren Wuchs auch als Einzelgehölz sehr dekorativ.

1 Schmalblättrige Ölweide, Blüten 2 Ölweide, panaschierte Sorte 3 Wintergrüne Ölweide, Blüten 4 Wintergrüne Ölweide, Früchte 5 Schmalblättrige Ölweide

**ERLEBNISWERT / BESONDERHEITEN**
Die Schmalblättrige Ölweide kommt im Tal des Jordan vor und wird deshalb auch Weide von Jerusalem genannt. Die Blüten duften sehr stark, die kleinen, süßen Früchte sind essbar und eignen sich zur Herstellung von Saft und Marmelade.

# Pfeifenstrauch

*Philadelphus* x *virginalis*
*Philadelphus coronarius*

HORTENSIENGEWÄCHSE

## ERLEBNISWERT / BESONDERHEITEN

Pfeifensträucher, auch Falscher Jasmin genannt, zählen zu den beliebtesten Blütensträuchern in unseren Gärten, mit reicher Blüte und betörendem Duft. Die Zweige lassen sich zu hübschen Sträußen binden, die Früchte eignen sich zum Basteln.

1 Pfeifenstrauch 2 und 3 Pfeifenstrauch, Blüten
4 und 5 Pfeifenstrauch, gefülltblühende Sorten

## HEIMAT / VORKOMMEN

Südeuropa, Ostasien, Nordamerika.

## BESCHREIBUNG

Sommergrüne, steif aufrecht wachsende, 1 bis 2,5 m hohe Sträucher; Zweige meist braun, Borke oft abblätternd; Blätter eiförmig, 4 bis 8 cm lang und 2,5 bis 4,5 cm breit, ganzrandig, kurz zugespitzt, dunkelgrün; Blüten bis 5 cm breit, zu 5 bis 7 in lockeren Trauben, gefüllt, mit goldgelben Staubbeuteln, süß duftend, Blütezeit Juni; die Frucht ist eine kugelige Kapsel.

## WEITERE ARTEN UND SORTEN

Häufig gepflanzte Sorten bis 2 m Höhe: *Philadelphus* x *virginalis* 'Beauclerk', großblütig, weiß-rosa; 'Belle Etoile', großblütig, milchweiß, purpurn gefleckt; 'Enchantement', reinweiß, gefüllt, blüht im Juli; *Philadelphus* x *falconeri*, zierlicher Wuchs, kleinblütig, weiß, sternförmig, starker Duft; niedriger Wuchs: *Philadelphus microphyllus*, feinzweigig, kleinblütig, zierlich, reinweiß, stark duftend.

## HINWEISE AUF VERWENDUNGSEINSCHRÄNKUNGEN

Keine bekannt.

## ANSPRÜCHE AN BODEN UND STANDORT

Gedeihen in jedem guten Gartenboden in voller Sonne, aber auch im Halbschatten. Im Schatten bilden sich weniger Blüten.

## GESTALTERISCHE VERWENDUNG

Beliebte Sträucher für Gehölzgruppen oder Hecken. Durch die weit ausladenden, bogig überhängenden Blütenzweige auch einzeln stehend sehr dekorativ.

# Pimpernuss

*Staphylea pinnata* Gewöhnliche Pimpernuss

PIMPERNUSSGEWÄCHSE

1 

2 

3 

4 

5 

### HEIMAT / VORKOMMEN
Europa, Türkei, Kaukasus; in Deutschland sehr selten; im Gebüsch warmer Hänge oder in lichten Linden-, Ahorn- oder Eichenwäldern in warmen Regionen.

### BESCHREIBUNG
Sommergrüne, 3 bis 4 m hohe Sträucher; Blätter gegenständig, 3- bis 7-zählig, eschenartig gefiedert; Blüten glockig, weiß, in endständigen Rispen. Die Samen sind erbsengroß, hart und sitzen in aufgeblasenen, dünnhäutigen Kapseln, die an den Nähten aufspringen. Blütezeit Mai bis Juni.

### WEITERE ARTEN UND SORTEN
Blühfreudiger ist die Kolchische Pimpernuss *Staphylea colchica* und Hesses Pimpernuss *Staphylea* x *elegans* 'Hessei' mit langen, duftenden Blütenrispen.

### HINWEISE AUF VERWENDUNGSEINSCHRÄNKUNGEN
Keine bekannt.

### ANSPRÜCHE AN BODEN UND STANDORT
Gedeiht am besten in einem humosen, kalkreichen Gartenboden in sonniger, aber auch halbschattiger Lage.

### GESTALTERISCHE VERWENDUNG
Dekorativ als Solitärstrauch auf Rasenflächen oder in Gehölzgruppen.

1 Gewöhnliche Pimpernuss, Blüte 2 Kolchische Pimpernuss, Blüte 3 Gewöhnliche Pimpernuss, Früchte 4 Gewöhnliche Pimpernuss, Samen 5 Gewöhnliche Pimpernuss

### ERLEBNISWERT / BESONDERHEITEN
Die Blasenfrüchte der Pimpernuss-Arten klappern, wenn man sie schüttelt, und eignen sich hervorragend zum Basteln. Der Name Pimpernuss leitet sich von mittelhochdeutsch „pümpern" = klappern ab. Die glänzenden, harten, hellbraunen Samen sind ölreich, süß und essbar.

# Rose

*Rosa rugosa* Kartoffel-Rose

ROSENGEWÄCHSE

### ERLEBNISWERT / BESONDERHEITEN

Die Kartoffel-Rose ist eine sehr robuste Strauchrose, die für Hecken, aber auch als Einzelstrauch oder für Gruppenpflanzungen geeignet ist. Die großen Hagebutten bieten sich für Spiel, Bastelarbeiten und Marmelade an. Neben Hummeln, Honigbienen und Blütenkäfern wie dem Rosenkäfer und dem Pinselkäfer findet sich auch das Taubenschwänzchen – ein Falter – oft an den Blüten.

1 Kartoffel-Rose 2 Kartoffel-Rose, Blüte
3 Kartoffel-Rose, weißblühende Sorte
4 Kartoffel-Rose, Herbstlaub 5 Kartoffel-Rose, Früchte

### HEIMAT / VORKOMMEN

Nordasien; in Deutschland z. B. in Küstendünen verwildert.

### BESCHREIBUNG

Für die unendliche Fülle an Rosenarten und -sorten wird hier stellvertretend eine der am häufigsten gepflanzten Rosen, die Kartoffel-Rose, beschrieben: Steif-aufrechte Strauchrose, 1 bis 1,8 m hoch, Triebe stachelig und borstig-filzig behaart; Blätter netzrunzelig, ledrig, dunkelgrün, aus 5 bis 9 schmal länglichen Fiederblättchen, 2,5 cm lang; Blüten einzeln, purpurn, rosa oder weiß, 7 bis 9 cm breit; Blütezeit Mai bis September; Früchte flachkugelig, ziegelrot, tomatenartig, bis 2,5 cm dick; zahlreiche Sorten.

### WEITERE ARTEN UND SORTEN

Einige klassische Kartoffelrosensorten sind *Rosa rugosa* 'Conrad Ferdinand Meyer', rosa, 'Alba', weiß; 'Dagmar Hastrup', silberrosa; 'F. J. Grootendorst', kirschrot; 'Schneezwerg', weiß, nur 80 cm hoch. Außergewöhnliche Hagebuttenformen besitzen die Mandarin-Rose *Rosa moyesii* mit fingerlangen, roten, krugförmigen Früchten, und die Wein-Rose *Rosa rubiginosa* 'Hermann Löns' mit kugeligen roten Hagebutten, die bis spät im Winter am Strauch bleiben.

### HINWEISE AUF VERWENDUNGSEINSCHRÄNKUNGEN

Rosen besitzen mit wenigen Ausnahmen Stacheln. Dies sollte bei der Pflanzung bedacht werden. Es gibt einige stachellose Strauchrosen, darunter die Bourbonrose 'Kathleen Harrop', hellrosa, 2 bis 3 m; 'Complicata', rosa, 2 m; 'Chloris', zartrosa, 2 m.

### ANSPRÜCHE AN BODEN UND STANDORT

Kartoffel-Rosen gedeihen auf jedem guten Gartenboden.

### GESTALTERISCHE VERWENDUNG

Kartoffel-Rosen eignen sich sehr gut für Hecken, sind aber auch einzeln oder in Gruppen gepflanzt sehr dekorativ.

# Roseneibisch

*Hibiscus syriacus*

MALVENGEWÄCHSE

## HEIMAT / VORKOMMEN

China, Indien

## BESCHREIBUNG

Sommergrüner, aufrecht wachsender, buschiger bis 2,5 m hoher Strauch; Blätter eiförmig bis rautenförmig, 5 bis 10 cm lang, 3-lappig; Blüten einzeln, achselständig, 7 bis 9 cm breit; Wildform violett; viele einfach und gefüllt blühende Sorten; die Farbpalette reicht von reinem Weiß über Rosa bis Rubinrot, Violett bis Blau. Die Frucht ist eine 5-klappige Kapsel; Blütezeit August bis Oktober.

## WEITERE ARTEN UND SORTEN

Empfohlene Sorten: *Hibiscus syriacus* 'Woodbridge', rot; 'William R. Smith', reinweiß, einfach; 'Speciosus', weiß mit dunkelroten Flecken; 'Rubis', rubinrot mit dunkler Mitte; 'Oiseau Bleu', blau; 'Lady Stanley', weiß-rosa gerandet, Mitte tiefrot, halbgefüllt; 'Hannabo', blassrosa, Mitte karminrot, einfach; 'Coelestis', blauviolett mit dunkelroter Zeichnung, 'Ardeus', lilablau, gefüllt.

## HINWEISE AUF VERWENDUNGSEINSCHRÄNKUNGEN

Keine bekannt.

## ANSPRÜCHE AN BODEN UND STANDORT

Gedeihen auf jedem guten Gartenboden in sonniger, warmer Lage. In rauen Gegenden besser auf durchlässigem Boden mit Winterschutz. Die Pflanzung sollte besser im Frühjahr als im Herbst erfolgen, da besonders die jungen Pflanzen noch frostempfindlich sind.

## GESTALTERISCHE VERWENDUNG

Einzeln oder in gemischten Hecken.

1 *Hibiscus syriacus* 'Russian Violet' 2 *Hibiscus syriacus* 'Oiseau Bleu' 3 *Hibiscus syriacus* 'Red Heart' 4 *Hibiscus syriacus* 'Pink Giant' 5 Roseneibisch

## ERLEBNISWERT / BESONDERHEITEN

Farbvielfalt und Blütenreichtum zeichnen diesen robusten Spätblüher aus. Hibiskus-Blüten sind kurzlebig, bieten sich aber trotzdem für Spiele, z. B. als Haarschmuck, an.

# Sanddorn

*Hippophaë rhamnoides*

ÖLWEIDENGEWÄCHSE

## ERLEBNISWERT / BESONDERHEITEN

Sträucher mit attraktiven, vitaminreichen Beeren, die sich für Säfte und Marmeladen eignen. Die Fruchtzweige sind ein beliebter und lange haltbarer Vasenschmuck.

1 Sanddorn 2 Sanddorn, Blüte 3 Sanddorn, Früchte 4 Sanddorn, großfrüchtige Züchtung 5 *Hippophaë rhamnoides* 'Friesdorfer Orange' ist selbstfruchtbar.

## HEIMAT / VORKOMMEN

Europa bis Nordchina

## BESCHREIBUNG

Sommergrüne, bis 5 m hohe, aufrechte, dornige Sträucher oder kleine Bäume; Borke tiefrissig, junge Triebe silbern glänzend; Blätter schmal, weidenartig, beiderseits silbern beschuppt, bis 7 cm lang; Blüten im März bis April, zweihäusig, sehr klein, gelbgrün, in 2 cm langen, achselständigen Trauben, erscheinen meist am vorjährigen Holz vor den Blättern; Früchte 8 mm dick, kugelig, orange, von September bis April an den weiblichen Sträuchern.

## WEITERE ARTEN UND SORTEN

Reichfruchtende Sorten *Hippophaë rhamnoides* 'Dorana', 'Hergo', 'Habego', 'Frugana', 'Sirola', 'Askola' und als männlicher Pollenträger die Sorte 'Pollmix'.

## HINWEISE AUF VERWENDUNGSEINSCHRÄNKUNGEN

Lange Zweigdornen. Durch Wurzelausläufer kann sich der Sanddorn rasch ausbreiten und lästig werden.

## ANSPRÜCHE AN BODEN UND STANDORT

Gedeiht am besten auf kalkhaltigen, kiesigen, sandigen Böden, wächst selbst in Geröll gut.

## GESTALTERISCHE VERWENDUNG

In Hecken oder einzeln. Früchte bilden sich nur, wenn zu den weiblichen Pflanzen männliche Sträucher gesetzt werden. Es gibt jedoch auch selbstfruchtbare Sorten.

# Schaumspiere

*Holodiscus discolor* Wald-Schaumspiere

ROSENGEWÄCHSE

### HEIMAT / VORKOMMEN
Westliches Nordamerika

### BESCHREIBUNG
Sommergrüner, locker verzweigter, reichblühender, bis 3 m hoher Strauch; Blätter wechselständig, einfach, breit-oval, mit gezähnten Lappen, gestielt, 4 bis 10 cm lang; Blüten in bis zu 30 cm langen, überhängenden, rahmweißen Rispen; Blütezeit Juli.

### WEITERE ARTEN UND SORTEN
Wenig bekannt ist die zweite, ebenfalls attraktive Schaumspieren-Art, die Wüsten-Schaumspiere *Holodiscus dumosus* aus den Rocky Mountains.

### HINWEISE AUF VERWENDUNGSEINSCHRÄNKUNGEN
Keine bekannt.

### ANSPRÜCHE AN BODEN UND STANDORT
Gedeiht auf jedem tiefgründigen, feuchten, wasserdurchlässigen Boden in halbschattiger Lage. Vor heißer Mittagssonne muss der Strauch geschützt werden.

### GESTALTERISCHE VERWENDUNG
Einzeln stehend in Rasenflächen oder unter Bäumen mit lichter Krone und vor dunkellaubigen Gehölzen kommen die hellen Blütenstände am besten zur Geltung.

1

2

3

4

5

### ERLEBNISWERT / BESONDERHEITEN
Durch die kaskadenartig angeordneten Blütenrispen erscheint der gesamte Strauch wie von weißen Schleiern überzogen.

**1** bis **3** Wald-Schaumspiere, Blütenrispen
**4** Wald-Schaumspiere, Blüten **5** Wald-Schaumspiere

**ERLEBNISWERT / BESONDERHEITEN**
Originelle, früh blühende Sträucher; die Zweige mit den aparten, duftenden Blüten eignen sich für Tischdekorationen und zum Basteln.

1 Armblütige Scheinhasel 2 Armblütige Scheinhasel, Blüte 3 Armblütige Scheinhasel, Blüte, nah 4 Ährige Scheinhasel 5 Willmotts Scheinhasel

# Scheinhasel

*Corylopsis pauciflora* Armblütige Scheinhasel

ZAUBERNUSSGEWÄCHSE

## HEIMAT / VORKOMMEN

Japan, China, Taiwan, Sichuan.

## BESCHREIBUNG

Sommergrüne, 1,5 bis 2 m hohe Sträucher; Blätter wechselständig, haselähnlich, teils herzförmig, zweizeilig, gezähnt, tiefe Blattnerven, bläulich grün; die Blüten erscheinen im März bis April früher als die Blätter, duftend, hellgelb in achselständigen, hängenden Trauben mit großen gelben Tragschuppen; die Frucht ist eine Kapsel mit zwei hörnerähnlichen Auswüchsen.

## WEITERE ARTEN UND SORTEN

Ährige Scheinhasel *Corylopsis spicata* mit leuchtend gelben Blütenähren und roten Staubbeuteln. Blütezeit Februar bis April. Chinesische Scheinhasel *Corylopsis sinensis*, Kahle Scheinhasel *Corylopsis glabrescens*, Willmotts Scheinhasel *Corylopsis willmottiae* u. a.

## HINWEISE AUF VERWENDUNGSEINSCHRÄNKUNGEN

Keine bekannt.

## ANSPRÜCHE AN BODEN UND STANDORT

Gedeihen auf jedem nicht zu schweren, sauren, durchlässigen Gartenboden in warmer, halbschattiger Lage. In rauen Gegenden wird Winterschutz empfohlen.

## GESTALTERISCHE VERWENDUNG

Als außergewöhnliche Sträucher für Strauchrabatten oder auch einzeln. Vor fliegenden Bällen geschützt pflanzen.

# Scheinquitte

*Chaenomeles japonica*
Japanische Scheinquitte
*Chaenomeles speciosa*
Chinesische Scheinquitte

ROSENGEWÄCHSE

### HEIMAT / VORKOMMEN

*Chaenomeles japonica* in Japan; *Chaenomeles speciosa* in China. Meist sind Züchtungen aus beiden als *Chaenomeles* x *superba* mit vielen Sorten im Handel.

### BESCHREIBUNG

**Chinesische Scheinquitte:** Sommergrüne, dornige, bis 2 m hohe und breite Sträucher; Blätter wechselständig, einfach gezähnt, dunkelgrün, 4 bis 9 cm lang; Blüten im März bis April, einzeln oder in Büscheln, becherförmig, 3 bis 4,5 cm breit, leuchtend rot, rosa, lachsrosa oder weiß; Früchte apfelartig, grün oder gelblich, aromatisch duftend;
**Japanische Scheinquitte:** bis 1,5 m hoch, rot- und orangeblühend; Früchte gelb bis rotorange.

### WEITERE ARTEN UND SORTEN

Bekannte Sorten von *Chaenomeles speciosa* sind: 'Apple Blossom', dunkelrosa, großblütig; 'Falconnet Charlet', lachsrosa; 'Nivalis', weiß; 'Phylis Moore', halbgefüllte große Blütenbüschel; 'Simonii', gefüllt, dunkel blutrot; von *Chaenomeles* x *superba*: 'Crimson and Gold', dunkelrot, gelbe Staubbeutel; 'Cameo', pfirsichrosa; 'Nicoline', halbgefüllte große Blüten, scharlachrot; von *Chaenomeles* x *californica*: 'Enchantress', dunkelrosa, vielblütig, große gelbe Früchte.

### HINWEISE AUF VERWENDUNGSEINSCHRÄNKUNGEN

Besonders die Japanische Scheinquitte hat viele Dornen. Die in den Früchten enthaltenen Kerne können bei Verzehr größerer Mengen zu Magen-/Darmreizungen führen.

### ANSPRÜCHE AN BODEN UND STANDORT

Gedeihen auf jedem nährstoffreichen, nicht zu trockenen, lehmig-sandigen Boden an einem sonnigen Standort. In rauem Klima ist Winterschutz erforderlich.

### GESTALTERISCHE VERWENDUNG

Durch verschiedene Wuchsformen und Blütenfarben sind Scheinquitten sowohl für niedrige Rabatten als auch für Hecken geeignet.

### ERLEBNISWERT / BESONDERHEITEN

Eindrucksvoll ist das „Blütenfeuerwerk" am noch nahezu blattlosen Strauch im Frühling. Obwohl sie auch Zierquitten genannt werden, lässt sich aus den Früchten ein sehr schmackhaftes Gelee herstellen; auch gekocht schmecken die Früchte gut.

1 Japanische Scheinquitte 2 *Chaenomeles* x *superba* 'Cameo' 3 Weißblühende Sorte 4 Japanische Scheinquitte, Früchte 5 Chinesische Scheinquitte

# Schlehe

*Prunus spinosa*

ROSENGEWÄCHSE

### HEIMAT / VORKOMMEN

Europa, Nordafrika, Kleinasien; in Hecken, auf Steinwällen, an Wald- und Wegrändern, sehr alte Kulturpflanze.

### BESCHREIBUNG

Sommergrüner, sparrig wachsender, dorniger, bis 3 m hoher Strauch oder kleiner Baum; Zweige rotbraun; die Blätter sind elliptisch, 2 bis 5 cm lang und 1 bis 1,5 cm breit, mattgrün, fein gesägt; Blüten 4 bis 6 mm (selten 8–12 mm) lang, schneeweiß im März und April; Früchte kugelig, blau bereift, 1 bis 1,5 cm dick. Es gibt es einen schwachdornigen Typ mit größeren, bis 2 cm breiten Blüten und schwarzvioletten, 2 cm langen Früchten, vermutlich ein verwildeter Abkömmling einer alten Sorte.

### WEITERE ARTEN UND SORTEN

Die Sorte *Prunus spinosa* 'Purpurea'mit rosafarbenen Blüten und die gefüllt blühende Sorte 'Plena'.

### HINWEISE AUF VERWENDUNGSEINSCHRÄNKUNGEN

Die Triebe enden bei einigen Schlehentypen in langen Dornen, deshalb sollten sie so gepflanzt werden, dass sich niemand verletzt. Schlehensträucher sollten nicht geschnitten werden, da sie dann mit starker Wurzelbrut („Ausläufer") reagieren und größere Flächen in Besitz nehmen.

### ANSPRÜCHE AN BODEN UND STANDORT

Gedeihen in jedem Gartenboden, am besten aber in kalkhaltigem Milieu.

### GESTALTERISCHE VERWENDUNG

Als Einzelstrauch oder in Hecken, außerhalb des Spielbereichs ein dekorativer Frühblüher.

### ERLEBNISWERT / BESONDERHEITEN

Der weiße Blütenschleier, der bereits im März einsetzen kann, schafft Lichtpunkte in der sonst noch kahlen und farblosen Landschaft. Die Früchte der Schlehe, die auch Schwarzdorn genannt wird, können nach dem Frost zur Herstellung von Marmeladen und Fruchtsäften verwendet werden. Die getrockneten Blüten ergeben als Tee ein mildes Abführmittel. Wird ein sonniger, steiniger und kalkhaltiger Standort gewählt, finden sich viele Tierarten, insbesondere Schmetterlinge zur Eiablage und etliche Wildbienen, Fliegen und Käfer auf den Blüten. Dies bietet gute Gelegenheiten, Raupen, Gespinste etc. zu beobachten.

1 Schlehe 2 Schlehe, blühende Zweige 3 Schlehe, Blüte 4 Schlehe, Früchte 5 Raupe des Schlehenspinners

# Schmetterlingsstrauch

*Buddleja davidii* Sommerflieder

SOMMERFLIEDERGEWÄCHSE

### HEIMAT / VORKOMMEN

China, Japan; wächst verwildert auf Ödlandflächen, aufgegebenen Bahngleisen und Ruinen.

### BESCHREIBUNG

Sommergrüner, bis 3 m hoher Strauch mit bogig überhängenden Zweigen; Blätter lanzettlich, zugespitzt, 10 bis 25 cm lang, unterseits hellgrau behaart; Blüten in 30 bis 50 cm langen, duftenden violett-purpurnen, fliederfarbenen, lavendelrosa oder weißen Rispen; häufig gepflanzte Sorten sind *Buddleja davidii* 'Île de France', tiefviolett, 'Empire Blue', violettblau; 'Harlequin', panaschiert, rotpurpur; 'Royal Red', rotpurpur; 'Fascinating', fliederfarben; 'White Profusion', weiß. Blütezeit Juli bis Oktober.

### WEITERE ARTEN UND SORTEN

Schmalblättriger Sommerflieder *Buddleja alternifolia*: 4 m hoher Strauch mit langen gebogenen Trieben, die von fliederfarbenen, perlschnurartig aneinandergereihten Blütenbüscheln besetzt sind, duftet nach Honig; Weyers Schmetterlingsstrauch *Buddleja* x *weyeriana*: Wuchs wie *Buddleja davidii*, aber mit gelben Blütenrispen; Kugel-Sommerflieder *Buddleja globosa*: 4 m hoch, mit gelben, kugelförmigen Blütenständen.

### HINWEISE AUF VERWENDUNGSEINSCHRÄNKUNGEN

*Buddleja*-Arten enthalten das Glycosid Catalpol, das bei Kontakt mit dem Pflanzensaft bei empfindlichen Personen zu Hautreizungen führen kann.

### ANSPRÜCHE AN BODEN UND STANDORT

Gedeihen auf jedem nährstoffreichen, durchlässigen Gartenboden in sonniger Lage.

### GESTALTERISCHE VERWENDUNG

Einzeln oder in Gruppen verschiedenfarbiger Sorten sehr dekorativ. Da sich der Schmetterlingsstrauch stark ausbreitet, sollten die abgeblühten Rispen entfernt werden.

1 

2 

3 

4 

5 

1 Sommerflieder mit Distelfaltern 2 Sommerflieder mit Zitronenfalter 3 Schmalblättriger Sommerflieder 4 Weyers Schmetterlingsstrauch 5 Sommerflieder

### ERLEBNISWERT / BESONDERHEITEN

Schmetterlingssträucher üben auf Tagfalter wie Admiral, Perlmuttfalter, Tagpfauenauge, Kleiner Fuchs, Distelfalter, Schwalbenschwanz und viele andere eine große Anziehungskraft aus. Kinder stehen im Sommer staunend vor diesen Sträuchern und beobachten die Schmetterlinge.

# Schneeball

*Viburnum opulus* 'Roseum'
Gewöhnlicher Schneeball

GEISSBLATTGEWÄCHSE

### ERLEBNISWERT / BESONDERHEITEN

Schneebälle zählen zu den prächtigsten Gartensträuchern. Die hübschen weißen Blütenbälle begeistern Kinder seit rund 400 Jahren. Die Verwendung ist vielfältig: Als Blumen für die Vase oder als Kränzchen für Hals- oder Kopfschmuck. Für kinderfreundliche Anlagen sollten jedoch nur Arten und Sorten verwendet werden, die keine Früchte bilden.

### GESTALTERISCHE VERWENDUNG

Wirkt besonders gut, wenn er einzeln stehen kann. Der gefüllte Gewöhnliche Schneeball eignet sich aber auch für Hecken oder Gehölzgruppen im Verbund mit Rotdorn oder Flieder.

1 Chinesischer Schneeball 2 und 3 *Viburnum opulus* 'Roseum' 4 und 5 Japanischer Schneeball

### HEIMAT / VORKOMMEN

Europa, Zentralasien, Sibirien

### BESCHREIBUNG

Sommergrüner, bis 3 m (selten bis 4 m) hoher Strauch; Blätter ahornartig, 3-lappig, bis 10 cm lang, im Herbst rotorange; Blütenbälle steril, bis 8 cm im Durchmesser, weiß oder grün überhaucht; Blütezeit Mai bis Juni. Auch als *Viburnum opulus* 'Sterile' im Handel.

### WEITERE ARTEN UND SORTEN

Chinesischer Schneeball *Viburnum macrocephalum:* Sommergrüner, 2 bis 4 m hoher Strauch; Blätter eiförmig-elliptisch, 8 bis 10 cm lang, gesägt, dunkelgrün; Blütenbälle steril, 8 bis 15 cm im Durchmesser, schneeweiß; Blütezeit Mai.
Japanischer Schneeball *Viburnum plicatum*: Sommergrüner, breitwüchsiger, 2 bis 3 m hoher Strauch, Blätter breitoval, dunkelgrün, 6 bis 10 cm lang, tiefe Blattnerven; Herbstfärbung dunkelrot bis purpurn; Blütendurchmesser 8 bis 10 cm; Blütezeit Mai bis Juni, blüht 6 Wochen lang. Es gibt rund 150 attraktive Schneeball-Arten und -Sorten, die zum Teil betörend duften, deren Früchte aber zu Magenverstimmungen führen können.

### HINWEISE AUF VERWENDUNGSEINSCHRÄNKUNGEN

Gegen die gefüllt blühenden oder sterilen Schneeball-Arten und -Sorten, die keine Früchte bilden, gibt es keine Vorbehalte. In Osteuropa werden die Früchte des Gewöhnlichen Schneeballs nach dem Frost sogar gegessen. Allerdings enthalten auch die Rinde und die Blätter geringe Mengen an Inhaltsstoffen, die Magenreizungen hervorrufen können. Im Handel sind verschiedene Bezeichnungen für den Japanischen Schneeball verbreitet. Daher sollte man beim Kauf explizit danach fragen, ob die Pflanze Früchte bildet.

### ANSPRÜCHE AN BODEN UND STANDORT

Gedeiht auf jedem Gartenboden, am besten in leicht feuchtem Boden.

# Schneeflockenstrauch

*Chionanthus virginicus*

Virginischer Schneeflockenstrauch

ÖLBAUMGEWÄCHSE

## HEIMAT / VORKOMMEN

Ostasien, Japan, Korea, Östliche USA

## BESCHREIBUNG

Sommergrüner, bis 3 m hoher zweihäusiger Strauch; Blätter gegenständig, elliptisch, dunkelgrün, ganzrandig, glänzend, bis 20 cm lang; Blüten flockenartig, weiß, in 20 cm langen, unter den Blättern hängenden Rispen an vorjährigen Trieben; Blütezeit Juni; Steinfrüchte hart, einsamig und dunkelblau. Die Früchte reifen hierzulande nur selten aus, in Weinbaugegenden häufiger.

## WEITERE ARTEN UND SORTEN

Chinesischer Schneeflockenstrauch *Chionanthus retusus:* Blüten weiß, duftend, in 6 bis 10 cm langen Rispen; Blütezeit Juli bis August.

## HINWEISE AUF VERWENDUNGSEINSCHRÄNKUNGEN

Teuer, sonst keine bekannt. Nicht namentlich verwechseln mit der Chinesischen Winterblüte *(Chimonanthus praecox)*, ein Zierstrauch, der in den Blättern Calycanthin und Chimonanthin (das sind Alkaloide mit strychninähnlichen Eigenschaften) enthält.

## ANSPRÜCHE AN BODEN UND STANDORT

Gedeihen in jedem nährstoffreichen, nicht zu trockenen, lehmig-sandigen Boden an einem sonnigen, geschützten Standort. In Gegenden mit rauem Klima ist Winterschutz erforderlich.

## GESTALTERISCHE VERWENDUNG

Im Verbund mit Schneeball-Arten, Zieräpfeln oder Weigelien ein hübscher Lichtpunkt im Garten, aber auch einzeln sehr dekorativ.

1 und 2 Virginischer Schneeflockenstrauch, Blüten
3 Chinesischer Schneeflockenstrauch, Blüten
4 Chinesischer Schneeflockenstrauch, Früchte
5 Virginischer Schneeflockenstrauch

## ERLEBNISWERT / BESONDERHEITEN

Außergewöhnliche Sträucher mit interessanten Blüten. Zur Blütezeit im Juni wird der Strauch zu einer Wolke aus „Schneeflocken". Zahlreiche weiße Blüten mit fadenförmigen Blütenblättern zieren die herabhängenden Rispen. Der märchenhafte Strauch wird auch „Frau-Holle-Strauch" genannt.

### ERLEBNISWERT / BESONDERHEITEN

Hochwachsende Spiersträucher mit bogig überhängenden Zweigen bilden „Leuchtpunkte" im Frühlingsgarten. Übersät von schneeweißen Blütendolden erscheinen sie wie Blütenkaskaden. Die Zweige eignen sich für kleine Blumenkränzchen und für Tischdekorationen.

1 Braut-Spierstrauch 2 und 3 Braut-Spierstrauch, Blüten
4 und 5 Belgischer Spierstrauch

# Spierstrauch (hochwachsend)

*Spiraea* x *arguta* Braut-Spierstrauch
*Spiraea* x *vanhouttei* Belgischer Spierstrauch

ROSENGEWÄCHSE

### HEIMAT / VORKOMMEN

Japan, China; *Spiraea* x *arguta*, *Spiraea* x *vanhouttei* und *Spiraea prunifolia* 'Plena' sind Züchtungen.

### BESCHREIBUNG

**Braut-Spierstrauch** *Spiraea* x *arguta*: Triebe dünn, bogig überhängend; Blätter lanzettlich, 2 bis 4 cm lang, hellgrün, gesägt; Blüten schneeweiß, in vielblütigen sitzenden Dolden längs der Zweige; Blütezeit April bis Mai. **Belgischer Spierstrauch** *Spiraea* x *vanhouttei*: Wuchs ähnlich, Blätter jedoch eiförmig-rhombisch, 3- bis 5-lappig, 3 bis 4 cm lang, kerbig gesägt und dunkelgrün; Blüten schneeweiß, 8 mm breit, in Büscheln über die hängenden Zweige verteilt; Blütezeit Ende Mai bis Anfang Juni.

### WEITERE ARTEN UND SORTEN

Pflaumenblättriger Spierstrauch *Spiraea prunifolia* 'Plena': Zweige lang, rutenartig, Blätter frischgrün, fein gezähnt; Blüten 1 cm breit, stark gefüllt, schneeweiß, 3 bis 6 Blüten in sitzenden Dolden, orange bis braunrote Herbstfärbung; Blütezeit Ende April bis Mai; Thunbergs Spierstrauch *Spiraea thunbergii*: bis 1 m hoch, fein belaubt, Blüten weiß, Blütezeit April bis Mai.

### HINWEISE AUF VERWENDUNGSEINSCHRÄNKUNGEN

Keine bekannt.

### ANSPRÜCHE AN BODEN UND STANDORT

Spiersträucher sind anspruchslos und gedeihen auf jedem Gartenboden. Je sonniger der Standort, umso reicher der Blütenflor.

### GESTALTERISCHE VERWENDUNG

Einzeln oder neben anderen Gehölzen gleicher Blütezeit wie Blut-Johannisbeere, Gold-Johannisbeere und Kerrie. Viele Arten und Sorten sind für Hecken geeignet. Bei geschickter Kombination der Spiersträucher kann der Blütenflor von Anfang April bis Ende Mai anhalten.

# Spierstrauch (kleinbuschig)

*Spiraea japonica* Japanischer Spierstrauch

ROSENGEWÄCHSE

**HEIMAT / VORKOMMEN**
Japan, China

**BESCHREIBUNG**
Sommergrüne, je nach Sorte 40 bis 120 cm hohe buschige Sträucher; Triebe steif, kantig, fast kahl; Blätter spitz, länglich- oder eilanzettlich, doppelt gesägt, dunkelgrün, teils bronzefarben, unterseits graugrün, bis 10 cm lang; Blüten in bis zu 20 cm breiten Schirmrispen, rosa, karminrot, weiß oder zweifarbig rosa und weiß; Blütezeit Juni bis September.

**WEITERE ARTEN UND SORTEN**
Zahlreiche Sorten: *Spiraea japonica* 'Alba', 60 cm, hellgrüne Belaubung, weiße Blüten; 'Allgold', 40 cm, goldgelbe Belaubung, rosafarbene Blüten; 'Anthony Waterer', 120 cm, dunkelrosa Blüten; 'Bumalda', 100 cm, bronzefarbene Belaubung, rosarote Blüten; 'Froebelii', 100 cm, große flache Rispen, dunkelrosa; 'Goldflame', 70 cm, gelbe Belaubung, dunkelrosa Blüten; 'Little Princess', 40 cm, dunkelgrüne Blätter, zartrosa Blüten; 'Shirobana', 60 cm, hellgrüne Belaubung mit weißen und dunkelrosa Blüten.

**HINWEISE AUF VERWENDUNGSEINSCHRÄNKUNGEN**
Keine bekannt.

**ANSPRÜCHE AN BODEN UND STANDORT**
Spiersträucher sind anspruchslos und gedeihen auf jedem Gartenboden. Je sonniger der Standort, umso reicher der Blütenflor.

**GESTALTERISCHE VERWENDUNG**
Die Japanischen Spiersträucher sind ideal für niedrige, pflegeleichte Hecken oder für Rabatten an Gebäuden.

1

2

3

4

5

**ERLEBNISWERT / BESONDERHEITEN**
Blühfreudige, niedrig bleibende, robuste Ziersträucher in vielen Farbtönen, mit schönem Kontrast zwischen den Blatt- und Blütenfarben. Für Blumensträußchen, zur Tischdekoration und für Kränzchen gut geeignet.

1 *Spiraea japonica* 2 *Spiraea japonica* 'Gold Mound' 3 *Spiraea japonica* 'Anthony Waterer' 4 *Spiraea japonica* 'Little Princess' 5 *Spiraea japonica* 'Japanese Dwarf'

# Steinweichsel

*Prunus mahaleb*

ROSENGEWÄCHSE

### HEIMAT / VORKOMMEN
Südliches Mittelmeergebiet, Europa, Kleinasien; an Felshängen, in sonnigen, lichten Eichenbuschwäldern, Steppenheidewäldern, Trockengebüschen und Hecken; Hauptverbreitung in warmen Gebieten wie dem Mittelrheintal, Moseltal, Nahetal und Donautal.

### BESCHREIBUNG
Sommergrüner Strauch oder kleiner Baum von 1 bis 3 m (selten bis 6 m) Höhe; Zweige sparrig, leicht überhängend; Blätter gestielt, 3 bis 6 cm (selten bis 8 cm) lang, 2 bis 3 cm breit, elliptisch, zugespitzt und gekerbt-gesägt, mit deutlichen Drüsen, oberseits glänzend-grün; Blüten weiß, angenehm duftend, zu 4 bis 10 in kurzen Schirmtrauben; Kronblätter 5 bis 10 mm; Blütenstiel 10 mm lang; Frucht eiförmig, 6 bis 8 mm dick, zunächst dunkelrot, später schwarz; Blütezeit April bis Mai.

### WEITERE ARTEN UND SORTEN
Es gibt Sorten mit überhängenden Zweigen wie *Prunus mahaleb* 'Pendula' und mit gelben Früchten wie *Prunus mahaleb* 'Xanthocarpa', die jedoch selten im Handel sind.

### HINWEISE AUF VERWENDUNGSEINSCHRÄNKUNGEN
Keine bekannt. Die Kerne sollten wegen der enthaltenen Blausäureverbindungen nicht verzehrt werden.

### ANSPRÜCHE AN BODEN UND STANDORT
Gedeiht auf jedem Gartenboden, am besten aber in kalkhaltigem Boden und an einem sonnigen Standort.

### GESTALTERISCHE VERWENDUNG
Als Einzelstrauch, kleiner Baum oder in Hecken ein dekorativer Frühblüher.

### ERLEBNISWERT / BESONDERHEITEN
Die dichten Blütenbüschel zeigen sich im April als regelrechtes Blütenmeer. Besonders in warmen Weinbauregionen kann man seltene Falterarten wie den Segelfalter oder den Blaukopf am Strauch finden. Das kumarinhaltige, harte Holz duftet nach Waldmeister und wurde deshalb in der Drechslerei für Tabakpfeifen („Weichselröhrchen") verwendet. Die Kirschkerne wurden als Seifenkugeln verwendet. Die Steinweichsel gilt als alte Kulturpflanze. Bis heute dient sie als verlässliche Veredlungsunterlage für Sauerkirschen.

1 Steinweichsel 2 Steinweichsel, Blüte 3 Steinweichsel, Frucht 4 Steinweichsel, Kerne 5 Segelfalter an Steinweichsel

# Tamariske

*Tamarix parviflora* Kleinblütige Tamariske
*Tamarix chinensis* Chinesische Tamariske

TAMARISKENGEWÄCHSE

### HEIMAT / VORKOMMEN
Zentralasien, Nordafrika, Südeuropa

### BESCHREIBUNG
Sommergrüne, je nach Art oder Sorte 1,5 bis 6 m hohe Sträucher mit weit ausladenden, bogig überhängenden Zweigen mit winzigen Schuppenblättchen; Blüten klein, rosa oder weißlich-rosa in endständigen Scheinrispen; Blütezeit *Tamarix parviflora*: April bis Mai, Blütezeit *Tamarix chinensis*: Juli bis September.

### WEITERE ARTEN UND SORTEN
Kaspische Tamariske *Tamarix ramosissima* bis 5 m hoch; Viermännige Tamariske *Tamarix tetrandra* bis 3 m hoch.

### HINWEISE AUF VERWENDUNGSEINSCHRÄNKUNGEN
Keine bekannt.

### ANSPRÜCHE AN BODEN UND STANDORT
Gedeihen auf jedem frischen, durchlässigen, etwas humosen, kalkarmen Gartenboden in warmer, vollsonniger Lage. Im vollen Schatten lässt die Blühfreudigkeit nach.

### GESTALTERISCHE VERWENDUNG
Tamarisken sollen wegen ihrer ausladenden Äste frei stehen und brauchen daher viel Platz. Unter das lichte Blattwerk passen als Unterpflanzung Woll-Ziest, Blaugräser oder Heidekraut.

1

2

3

4

5

### ERLEBNISWERT / BESONDERHEITEN
Tamarisken wirken wie von rosafarbenen Schleiern behangen. Sie sind eigentümliche Dünen- und Steppenbewohner, um die sich viele Geschichten ranken. Es gibt Arten, die auf salzigen Böden Salz ausscheiden; Wüstenbewohner sammeln diese Salztropfen.

1 Kleinblütige Tamariske, Blüte 2 und 3 Kaspische Tamariske 4 Viermännige Tamariske 5 Kleinblütige Tamariske

# Weigelie

*Weigela*

GEISSBLATTGEWÄCHSE

**ERLEBNISWERT / BESONDERHEITEN**
Beliebte Ziergehölze mit glockigen Blüten in intensiven Farben. Sie überbrücken eine relativ blütenarme Zeit im Juni. Manche Sorten beginnen bereits im Mai zu blühen. Einige Arten blühen im August nach. Die Blütenbüschel eignen sich als Haarschmuck.

1 Weigelie 2 *Weigela* 'Bristol Ruby'
3 Weigelie mit panaschiertem Laub
4 *Weigela florida* 5 *Weigela* 'Snowflake'

**HEIMAT / VORKOMMEN**
Ostasien, überwiegend Züchtungen

**BESCHREIBUNG**
Sommergrüne, je nach Art und Sorte 1 bis 2 m (selten 3 m) hohe Blütensträucher; Zweige mit Mark; Blätter gegenständig, länglich bis eiförmig, gesägt, bis 10 cm lang; Blüten bis 4 cm lang, glockig bis trichterförmig, rosa, rot, seltener weiß oder gelb, in Büscheln zu 3 bis 5 an kurzen Seitentrieben aus altem Holz; Blütezeit Juni mit Nachblüte im August.

**ARTEN UND SORTEN**
Häufig gepflanzte frühblühende Sorten: *Weigela praecox* 'Floreal', karminrosa, Knospe blutrot, Mitte Mai; 'Le Printemps', pfirsichrosa, Mai; 'Eva Rathke', karminrot, alte Sorte; 'Abel Carriere', rosa-karmin, Kelch gelb, großblütig; 'Ballet', rosarot, großblütig; 'Bristol Ruby', tiefrot, großblütig; 'Candida', reinweiß; 'Conquete', hellrosa, 5 cm breite Blüten; 'Eva Suprême', tiefrot; 'Feerie', hellrosa, reichblühend; 'Styriaca', rosa, mittelgroße Blüten, reichblühend. Buntlaubige Sorten: *Weigela* 'Rubicolor', gelblaubig, große rote Blüten; *Weigela* 'Kosteriana Variegata', hellrosa, panaschiert; *Weigela* 'Monet', purpur, weißbunt; *Weigela florida* 'Elvera', rosa, weißgrün panaschiert; *Weigela florida* 'Wine and Roses', rosa, rotblättrig.

**HINWEISE AUF VERWENDUNGSEINSCHRÄNKUNGEN**
Keine bekannt.

**ANSPRÜCHE AN BODEN UND STANDORT**
Gedeihen auf jedem nährstoffreichen, nicht zu schweren Gartenboden in sonniger und halbschattiger Lage.

**GESTALTERISCHE VERWENDUNG**
Besonders prächtig wirken die Weigelien mit ihren weit ausladenden, bogig überhängenden Blütenzweigen, wenn sie einzeln stehen, aber auch attraktive Strauchgruppen lassen sich mit ihnen gestalten.

# Weißdorn

*Crataegus monogyna* Eingriffliger Weißdorn
*Crataegus laevigata* Zweigriffliger Weißdorn

ROSENGEWÄCHSE

1

2

3

4

5

### HEIMAT / VORKOMMEN:

Eingriffliger Weißdorn *Crataegus monogyna:* Europa; Zweigriffliger Weißdorn *Crataegus laevigata:* Europa bis Indien, Nordafrika. Beide Arten sind heimisch und wachsen in lichten Wäldern und Gebüschen.

### BESCHREIBUNG

Meist 2 bis 10 m hohe sommergrüne, dornige Sträucher oder kleine Bäume; Blätter einfach gezähnt oder gelappt, bis 5 cm lang, dunkelgrün; Blüten in Schirmrispen aus bis zu 10 bzw. 12 weißen, 1 bis 1,5 cm breiten Blüten; Früchte rund bis eirund, bis 6 mm breit, leuchtend rot. Blütezeit *Crataegus monogyna* Mai bis Juni, *Crataegus laevigata* im Mai.

### WEITERE ARTEN UND SORTEN

Vom Zweigriffligen Weißdorn gibt es verschiedene gefüllt blühende Sorten, darunter *Crataegus laevigata* 'Coccinea Plena', dunkelrosa; 'Crimson Cloud', karminrot; 'Plena', gefüllt, weiß. Gattung mit weltweit über 200 Arten.

### HINWEISE AUF VERWENDUNGSEINSCHRÄNKUNGEN

Dornenreiche Sträucher, die als Zäune genutzt werden können. Der Verzehr einer größeren Anzahl von Beeren kann zu Magenproblemen führen. Rotdorn-Bäume *Crataegus laevigata* 'Paul's Scarlet' eignen sich eher für Kindergärten, da sie keine Beeren bilden und ihre hohen Stämme keine Dornen besitzen. Selten kann eine Pollenallergie auftreten.

### ANSPRÜCHE AN BODEN UND STANDORT

Ideal sind tiefgründige, kalkhaltige Böden in sonniger oder halbschattiger Lage. Rotblühende Sorten sind beliebte Straßen- und Parkbäume.

### GESTALTERISCHE VERWENDUNG

Sowohl einzeln als auch als in Hecken prächtige Blütensträucher.

1 Eingriffliger Weißdorn, Blüte
2 Eingriffliger Weißdorn, Frucht
3 Rotdorn *Crataegus laevigata* 'Paul's Scarlet'
4 Zweigriffliger Weißdorn, rosablühende Sorte
5 Eingriffliger Weißdorn

### ERLEBNISWERT / BESONDERHEITEN

Dekorative und für Insekten – besonders für Blütenkäfer – attraktive Frühlingsblüher mit strengem Duft und, je nach Standort, reichem Beerenbehang. Die Beeren eignen sich zum Basteln und für Herbststräuße, sind aber auch essbar. Arzneilich als Blutdruck- und Kreislaufmittel verwendet.

# Winter-Jasmin

*Jasminum nudiflorum*

ÖLBAUMGEWÄCHSE

### ERLEBNISWERT / BESONDERHEITEN
An frostfreien Tagen öffnet der Strauch schon im Winter seine primelartigen, leuchtend gelben Blüten. Knospenbesetzte Zweige, die man im November in eine Vase stellt, blühen 2 bis 3 Wochen lang. Die traditionelle chinesische Medizin nutzt einen Extrakt aus Winter-Jasmin zur Stärkung des Immunsystems.

1 Winter-Jasmin 2 bis 4 Winter-Jasmin, Blüte
5 Winter-Jasmin als Hecke

### HEIMAT / VORKOMMEN
Westchina, an Felshängen und in Schluchtwäldern.

### BESCHREIBUNG
Sommergrüner Strauch mit überhängenden, 2 bis 5 m langen, grünen, vierkantigen Zweigen, die sparrig an Kletterhilfen hochwachsen können; Blätter gegenständig, 3-teilig gefiedert, dunkelgrün; Blüten hellgelb, selten weiß, 1 bis 2 cm breit, einzeln oder doldentraubig, erscheinen vor dem Laubaustrieb; Blütezeit Dezember bis April.

### WEITERE ARTEN UND SORTEN
Die übrigen Jasmin-Arten sind meist nicht frosthart.

### HINWEISE AUF VERWENDUNGSEINSCHRÄNKUNGEN
Keine bekannt.

### ANSPRÜCHE AN BODEN UND STANDORT
Gedeiht in jedem nährstoffreichen Gartenboden in sonniger, geschützter Lage. Am besten an einer Hauswand oder Pergola. Vor starkem Frost schützen.

### GESTALTERISCHE VERWENDUNG
Zur Begrünung von Südwänden, mit Kletterhilfen an Baumstämmen lehnend oder über Stützmauern hängend. Auch als kleine Hecken.

# Zaubernuss

*Hamamelis mollis* Chinesische Zaubernuss

ZAUBERNUSSGEWÄCHSE

### HEIMAT / VORKOMMEN

China

### BESCHREIBUNG

2 bis 4 m hohes sommergrünes, langsam wachsendes Ziergehölz; Blätter haselähnlich, breit eiförmig, 9 bis 15 cm lang, bis 10 cm breit, wechselständig, oberseits metallisch glänzend, unterseits filzig behaart; goldgelbe, fadenförmige Blütenblätter, büschelartig aus einem viereckigen Kelch, duftend; Blütezeit Januar bis März.

### WEITERE ARTEN UND SORTEN

*Hamamelis* x *intermedia* mit gelb- und rotblühenden Sorten ist eine Kreuzung aus der Japanischen Zaubernuss *Hamamelis japonica* und der Chinesischen Zaubernuss *Hamamelis mollis*. Die Virginische Zaubernuss *Hamamelis virginiana* blüht bereits im Oktober und wird in Salben verwendet. Die Frühlings-Zaubernuss *Hamamelis vernalis* bildet weniger Blüten aus, die aber stark duften.

### HINWEISE AUF VERWENDUNGSEINSCHRÄNKUNGEN

Keine bekannt.

### ANSPRÜCHE AN BODEN UND STANDORT

Geeignet ist ein gut durchlässiger und nährstoffreicher Gartenboden in warmer, sonniger oder halbschattiger Lage.

### GESTALTERISCHE VERWENDUNG

Zaubernuss-Sträucher wachsen langsam und sind daher teuer. Deshalb sollten sie einen geschützten Platz fern vom Spielbetrieb erhalten. Am besten wirken sie, wenn sie einzeln stehen. In Stein- oder Heidegärten neben rotblühender Schnee-Heide sehr dekorativ. Vor einer Kulisse aus dunkelgrünen Gehölzen wirken die gelben Blüten am besten.

1 *Hamamelis* x *intermedia*, Blüte
2 *Hamamelis* x *intermedia*, rotblühende Sorte
3 *Hamamelis*, Herbstlaub 4 *Hamamelis* x *intermedia*, Früchte 5 *Hamamelis* x *intermedia*

### ERLEBNISWERT / BESONDERHEITEN

Die Zaubernuss blüht mitten im Winter, die duftenden Blütenbüschel sind oft von „Schneehäubchen" bedeckt. Die Chinesische Zaubernuss mit verschiedenen Sorten gilt als die aparteste Art. Der Name Zaubernuss kommt von den nussartigen Früchten, deren Reife ein volles Jahr bis zur nächsten Blüte benötigt, sodass Blüten und Früchte gleichzeitig am Zweig sitzen.

# Zimt-Himbeere

| | |
|---|---|
| *Rubus odoratus* | Zimt-Himbeere |
| *Rubus* sect. *Rubus* | Brombeere |
| *Rubus idaeus* | Himbeere |

ROSENGEWÄCHSE

**ERLEBNISWERT / BESONDERHEITEN**

Hübsch blühende großblättrige Sträucher, die sich als grüne Zäune und für Verstecke verwenden lassen. Die Blüten der Zimt-Himbeere duften angenehm.

1 Zimt-Himbeere 2 Zimt-Himbeere, Blüte 3 Zimt-Himbeere, Frucht 4 Zimt-Himbeere, Herbstlaub 5 Aurorafalter an Brombeerblüte

**HEIMAT / VORKOMMEN**

Zimt-Himbeere: Östliches Nordamerika; Brombeeren, Himbeeren: Europa

**BESCHREIBUNG**

Zimt-Himbeere: Sommergrüner, bis 1,5 m hoher, aufrechter, Ausläufer treibender, locker verzweigter, reichblühender Strauch; Blätter ahornähnlich, 5-lappig, 10 bis 25 cm lang und breit, samtig behaart, an 10 cm langem Stiel; Blüten rot, bis 5 cm breit in vielblütigen Rispen, duften angenehm; Blütezeit Juni bis August; Früchte rot, aber ohne Geschmack.

**WEITERE ARTEN UND SORTEN**

Brombeeren und Himbeeren gibt es in zahlreichen Sorten mit unterschiedlichen Wuchsformen und Erntezeiten:
Brombeeren: *Rubus* sect. Rubus 'Theodor Reimers': hoher Ertrag, guter Geschmack, Ernte ab Anfang August, stark rankend, stachelig, frostempfindlich, *Rubus* sect. Rubus 'Loch Ness': stachellos, mittelstark rankend, Geschmack sehr gut, Erntezeit Ende Juli bis Mitte September
Himbeeren: *Rubus idaeus* 'Autumn Bliss': widerstandsfähige, gesunde Sorte, mehrmalige Ernte im Herbst, *Rubus idaeus* 'Fallgold' mit gelben Früchten

**HINWEISE AUF VERWENDUNGSEINSCHRÄNKUNGEN**

Brombeeren können stark wuchern und tragen – mit Ausnahme einiger Sorten – Stacheln, sonst keine Einschränkungen bekannt.

**ANSPRÜCHE AN BODEN UND STANDORT**

Gedeihen in jedem tiefgründigen, feuchten, wasserdurchlässigen Boden in halbschattiger Lage. Zimt-Himbeeren müssen vor heißer Mittagssonne geschützt werden.

**GESTALTERISCHE VERWENDUNG**

Robuste, ausläufertreibende Sträucher, die sich gut als grüne Zäune, für schattige Bereiche oder als Unterpflanzung eignen.

# Kletterpflanzen

### ERLEBNISWERT / BESONDERHEITEN

In geschützten Lagen reifen die Kiwi-Früchte, auch Chinesische Stachelbeeren genannt, Ende Oktober. Besonders wohlschmeckend ist die Sorte *Actinidia deliciosa* 'Hayward'. Der buntlaubige Kolomikta-Strahlengriffel gehört auch zur Gattung *Actinidia* und verblüfft mit seinen mehrfarbigen Blättern.

1 Kiwi 2 Kiwi, männliche Blüten 3 Kiwi, Früchte 4 Kiwi, Herbstlaub 5 Kolomikta-Strahlengriffel

# Kiwi

*Actinidia deliciosa*

STRAHLENGRIFFELGEWÄCHSE

### HEIMAT / VORKOMMEN

China

### BESCHREIBUNG

*Actinidia deliciosa*: auch als *Actinidia chinensis* bekannte sommergrüne, bis über 6 m hoch kletternde Schlingpflanze, die für Spaliere oder Pergolen geeignet ist; Blätter wechselständig, breit eiförmig bis elliptisch, kurz zugespitzt, 6 bis 15 cm lang und breit, Rand gezähnt; Blätter und Triebe während des Austriebs rostrot behaart; Blüten erdbeerähnlich, weibliche Blüten mit sternförmig abstehendem Griffel, weiß, sich später gelb verfärbend, 3 bis 4 cm breit, Blütezeit Mai bis Juni; Früchte 3 bis 5 cm lang und 3 cm breit, gelbgrünhellbraun, behaart, süß und als Kiwi-Früchte bekannt.

### WEITERE ARTEN UND SORTEN

Scharfzähniger Strahlengriffel *Actinidia arguta*, mit süßsauren Früchten; inzwischen gibt es etliche Züchtungen; besonders winterhart ist die Sorte 'Weiki'. Interessant und originell wegen der dreifarbigen Blätter ist der kletternde Kolomikta-Strahlengriffel *Actinidia kolomikta*.

### HINWEISE AUF VERWENDUNGSEINSCHRÄNKUNGEN

Keine bekannt.

### ANSPRÜCHE AN BODEN UND STANDORT:

Gedeihen auf jedem nährstoffreichen, humusreichen, gut drainierten Gartenboden in sonniger Lage.

### GESTALTERISCHE VERWENDUNG

Interessante Liane für Mauerwände, Spaliere, Pergolen; auch Obstbäume können als Kletterhilfe dienen. Wichtig bei den Kiwi-Arten ist, dass eine männliche Pflanze neben die weiblichen Pflanzen gesetzt wird, da diese sonst keine Früchte bilden. Nur manche Sorten können sich auch selbst befruchten.

# Schlingknöterich

*Fallopia baldschuanica*

Schling-Flügelknöterich

KNÖTERICHGEWÄCHSE

1 Schlingknöterich, einzelne Blüte 2 Schlingknöterich, Blütenstand 3 Schlingknöterich, Blüten und reifende Früchte 4 Schlingknöterich, Früchte 5 Schlingknöterich

## HEIMAT / VORKOMMEN

Tadschikistan

## BESCHREIBUNG

Sommergrüne, bis 8 m (selten 10 m) hoch kletternde, raschwüchsige Schlingpflanzen; Blätter wechselständig, eiförmig-oval, 4 bis 10 cm lang, Rand leicht gewellt, am Grunde spießförmig; Blüten in traubigen Rispen, weiß, auch rosa überlaufen; blütenartige Flügelfrüchte.

## WEITERE ARTEN UND SORTEN

Die bislang auch als *Polygonum aubertii* oder *Bilderdyckia baldschuanica* im Handel erhältlichen Schlingknöterich-Arten werden nach neueren Erkenntnissen alle zu *Fallopia baldschuanica* gezählt.

## HINWEISE AUF VERWENDUNGSEINSCHRÄNKUNGEN

Knöterichgewächse enthalten Anthracenderivate, die auf Haut und Schleimhäuten Reizungen hervorrufen können. Von *Fallopia baldschuanica* sind bisher keine nachteiligen Auswirkungen bekannt geworden.

## ANSPRÜCHE AN BODEN UND STANDORT

Sehr anspruchslose Art. Gedeiht auf jedem guten, nährstoffreichen Gartenboden in sonniger wie in halbschattiger Lage.

## GESTALTERISCHE VERWENDUNG

Zur Begrünung von Mauern, Pergolen, Böschungen und zur Schaffung von Nistplätzen bestens geeignet. Die Bezeichnung „Architektentrost" beschreibt die weiteren Verwendungsmöglichkeiten, wie die Begrünung architektonischer Bausünden oder von Schmutzecken.

## ERLEBNISWERT / BESONDERHEITEN

Der im Volksmund auch als Klettermaxe bezeichnete Schlingknöterich eignet sich hervorragend für Lianenwände, als Versteck oder zur Verkleidung unschöner Mauerecken. Schlingknöterich-Knäuel sind beliebte Aufenthalts- und Nistplätze für Sperlinge, Zaunkönige und andere Singvögel.

# Stauden

# Aster

*Aster*

KORBBLÜTLER

### HEIMAT / VORKOMMEN

Züchtungen verschiedener Arten, die aus Europa, Nordamerika und Asien stammen.

### BESCHREIBUNG

Die vielen Arten und Sorten der Astern werden nach der Blütezeit in zwei Gruppen unterteilt: **Frühlingsastern:** (z. B: Alpen-Aster *Aster alpinus)* 20 bis 40 cm hohe Stauden mit unterschiedlichen Wuchs- und Blattformen; Blüten margeritenartig, je nach Art oder Sorte lila, rosa, violettblau, blaupurpurfarben, dunkelblau oder weiß; mit gelber, selten schwarzbrauner Mitte; Blütezeit Mai bis Juni. **Herbstastern:** 40 cm (Berg-Astern *Aster amellus* und Kissen-Astern *Aster dumosus)* bis 1,8 m hoch (Raublatt-Astern *Aster novae-angliae* und Glattblatt-Astern *Aster novi-belgii)* mit verschiedenen Wuchs- und Blattformen; feinstrahlig-margeritenartige Blütenköpfchen; Blütenstand dicht verzweigt oder doldenrispig; Blüten der Raublatt-Astern: rot, rosa oder rotviolett; Blüten der Glattblatt-Astern: blau, rosa oder weiß, in der Mitte gelb; Blütezeit September bis Oktober. Die Goldhaar-Aster *Aster linosyris* blüht gelb.

### ARTEN UND SORTEN

Artenreiche Pflanzengattung mit 250 ausdauernden, ein- und zweijährigen sowie halbstrauchigen Arten.

### HINWEISE AUF VERWENDUNGSEINSCHRÄNKUNGEN

Astern können bei empfindlichen Personen allergische Reaktionen hervorrufen.

### ANSPRÜCHE AN BODEN UND STANDORT

Astern gedeihen in jedem nährstoffreichen Gartenboden in sonniger bis halbschattiger Lage.

### GESTALTERISCHE VERWENDUNG

Kleinwüchsige Astern wie Alpen- und Berg-Aster eignen sich für Steingärten und Trockenmauern. Die hochwüchsigen Arten sind in Gruppen gepflanzt, in Staudenrabatten und größeren Anlagen besonders wirkungsvoll. Um die Wüchsigkeit und Blühfreudigkeit der hohen Astern zu erhalten, sollten sie alle 3 Jahre umgepflanzt werden.

### ERLEBNISWERT / BESONDERHEITEN

Astern gibt es in vielen Formen und Farben, sie eignen sich hervorragend für Sträuße und Dekorationen, die Fruchtstände eignen sich auch zum Basteln. An den Blüten finden sich oft Schwebfliegen, denen Kinder gerne dabei zusehen, wie sie in der Luft zu stehen scheinen. Oft werden sie mit Bienen verwechselt.

1 Alpen-Aster 2 Raublatt-Aster 3 Goldhaar-Aster 4 Berg-Aster 5 Kissen-Aster

# Ballonblume

*Platycodon grandiflorus*
Großblütige Ballonblume

GLOCKENBLUMENGEWÄCHSE

## HEIMAT / VORKOMMEN

Korea, Japan, China, Mandschurei, Ost-Sibirien, auf Magerrasen und Gebirgswiesen.

## BESCHREIBUNG

Aufrecht und buschig wachsende, bis 60 cm hohe, ausdauernde Pflanzen, frosthart bis –25 °C; Wurzeln rübchenartig; Blätter 5 cm lang, graugrün, eiförmig oder eilanzettlich, gesägt; Blütenknospen ballonförmig; Blütenschalen mit 5- (manchmal auch 4-) oder 10-zipfeligen Blütenblättern, dunkelblau, lila, rosa oder weiß, Blütezeit Juli bis August.

## WEITERE ARTEN UND SORTEN

*Platycodon grandiflorus* 'Apoyama' 20 cm hoch, 'Mariesii' leuchtend blau, 'Perlmutterschale' rosa, 'Parks Double Blue' mit gefüllten blauen Blüten und 'Albus' mit weißen Blüten.

## HINWEISE AUF VERWENDUNGSEINSCHRÄNKUNGEN

Welke Blätter, ältere Triebe und die Rübchenwurzeln gelten als giftig.

## ANSPRÜCHE AN BODEN UND STANDORT

Gedeihen auf jedem durchlässigen, nährstoffreichen Gartenboden in sonniger und halbschattiger Lage.

## GESTALTERISCHE VERWENDUNG

Für die Randbepflanzung von Staudenrabatten und für Steingärten.

1 Ballonblume, Blütenknospen 2 Ballonblume, Blüte 3 Ballonblume, weiße Sorte 4 *Platycodon grandiflorus* 'Fuji Pink' 5 Ballonblume

## ERLEBNISWERT / BESONDERHEITEN

Hübsche Stauden mit großen Blüten und ballonartigen Blütenknospen. Als Schnittblumen lange haltbar. Die jungen Blätter werden in China und Korea als Heilpflanze und für Salate genutzt.

## ERLEBNISWERT / BESONDERHEITEN

Zerreibt man die Blätter, duften sie nach Kaugummi, daher wird das Balsamkraut auch Kaugummipflanze genannt. Schon im Mittelalter wurde es wegen der duftenden Blätter geschätzt.

1 Kampfer-Marienblatt 2 Kampfer-Marienblatt, Blüte
3 und 4 Marienblatt, Blätter 5 Marienblatt, Blüte

# Balsamkraut

*Tanacetum balsamita* Echtes Balsamkraut

KORBBLÜTLER

### HEIMAT / VORKOMMEN

Kaukasus, Türkei, Iran, Zentralasien.

### BESCHREIBUNG

Aufrecht und buschig wachsende, 50 bis 90 cm hohe Staude; Blätter an kurzen Stielen, 30 cm lang, gebuchtet, silbrig behaart; Blüten 1,5 cm breite Köpfchen mit winzigen weißen Zungenblüten und gelben Röhrenblüten in Schirmrispen. Blütezeit Juli bis August. Auch unter dem alten Namen *Chrysanthemum balsamita* im Handel.

### WEITERE ARTEN UND SORTEN

Eine weitere Duftnote bietet das Kampfer-Marienblatt *Tanacetum balsamita* var. *camphorata*, es riecht stark nach Kampfer.

### HINWEISE AUF VERWENDUNGSEINSCHRÄNKUNGEN

Hautreizungen und Kontaktallergien sind möglich.

### ANSPRÜCHE AN BODEN UND STANDORT

Gedeihen in wasserdurchlässigem, sandigem Boden, am besten im Halbschatten.

### GESTALTERISCHE VERWENDUNG

Für Kräuter- oder Duftpflanzenbeete in halbschattiger Lage.

# Bergenie

*Bergenia cordifolia* Altai-Bergenie

STEINBRECHGEWÄCHSE

**HEIMAT / VORKOMMEN**

Russland (Sibirien), Ost-Himalaja, West-China, Tadschikistan; Zahlreiche Züchtungen.

**BESCHREIBUNG**

Robuste, anspruchslose, bis 60 cm hohe Stauden mit kriechendem, dickem Wurzelstock; Blätter wechselständig, einfach, groß, 15 bis 30 cm lang und bis 30 cm breit, ganzrandig oder gesägt, breitoval, ledrig, glänzend, meist wintergrün; im Winter oft bronzepurpurrot; Blüten steinbrechartig, 1,5 bis 2,5 cm breit, in großen Trugdolden auf bis zu 50 cm hohen braunen oder roten Stielen; Blütezeit April bis Mai.

**WEITERE ARTEN UND SORTEN**

*Bergenia cordifolia* 'Morgenröte', 30 cm, rosa; 'Abendglut', 30 cm, karminrot; 'Ballawley', 30 cm, rosa; 'Schneekönigin', 45 cm, weiß; 'Wintermärchen', 30 cm, rosarot; 'Bressingham Salmon', 45 cm, lachsrosa; 'Sunningdale', 30 cm, magentarot u.a. Kaschmir-Bergenie *Bergenia ciliata*, 30 cm, rosa; Dickblatt-Bergenie *Bergenia crassifolia*, 45 cm, rosapurpur; Himalaya-Bergenie *Bergenia stracheyi*, 20 cm, rosa, duftend.

**HINWEISE AUF VERWENDUNGSEINSCHRÄNKUNGEN**

Keine bekannt.

**ANSPRÜCHE AN BODEN UND STANDORT**

Gedeihen am besten auf einem feuchten, durchlässigen, nährstoffreichen, humosen Gartenboden in voller Sonne oder im Halbschatten.

**GESTALTERISCHE VERWENDUNG**

Ideale Pflanzplätze sind schmale Rabatten an Häusern, neben Steinen und Treppenaufgängen und in Steingärten.

**ERLEBNISWERT / BESONDERHEITEN**

Robuste Stauden, die sich für viele Pflanzplätze eignen. Reiben die Blätter aneinander, klingt das wie das Quieken von Schweinen, daher werden Bergenien in England auch „pigsqueak" genannt. Bergenien enthalten Gerbstoffe, die in Sibirien und der Mongolei zum Gerben verwendet werden.

1 Altai-Bergenie 2 *Bergenia cordifolia* 'Bressingham White' 3 *Bergenia cordifolia* 'Eroica' 4 Altai-Bergenie, Herbstlaub 5 *Bergenia cordifolia* 'Britten'

# Blasenkirsche

*Physalis alkekengi* Lampionblume

NACHTSCHATTENGEWÄCHSE

## ERLEBNISWERT / BESONDERHEITEN

Die Lampionblume zählt zu den beliebtesten Trockenblumen, gilt allerdings als giftig. In getrocknetem Zustand sind die Pflanzen jedoch unproblematisch. Im Herbst kann man die Lampions trocknen und zum Basteln und für Gestecke verwenden. Die Früchte dienten als Vorbilder für Lampions. Weitere Namen für die Blasenkirsche sind Erdkirsche und Judenkirsche.

1 Lampionblume 2 Lampionblume, Frucht mit zersetztem Kelch 3 Andenkirsche, Blüte 4 Andenkirsche, Früchte 5 Mexikanische Hülsentomate

## HEIMAT / VORKOMMEN

Zentral- und Südeuropa, Westasien bis Japan, China, Korea, Japan

## BESCHREIBUNG

Die Staude wird 30 bis 60 cm, die Varietät *Physalis alkekengi* var. *franchetii* sogar bis 1 m hoch. Als 20 cm hohe Topfpflanze gibt es die Sorte 'Zwerg'. Die Blätter sind dreieckig bis eiförmig, bis 12 cm lang. Die Blüten sind weiß, glockig-sternförmig und 2 cm lang; Blütezeit Mai bis August. Die Früchte sind 5 bis 8 mm groß, orangefarben und werden von bis zu 5 cm breiten, lampionartigen Kelchhüllen umgeben.

## WEITERE ARTEN UND SORTEN

Zur Gattung *Physalis* zählen über 80 Arten. Einige einjährige Arten sind essbar und werden zur Dekoration von Speisen genutzt. Dazu zählen die Andenkirsche oder Kap-Stachelbeere *Physalis peruviana*, die Mexikanische Hülsentomate *Physalis ixocarpa*, die Mexikanische Blasenkirsche *Physalis philadelphica* und die Flaumige Blasenkirsche *Physalis pubescens*.

## HINWEISE AUF VERWENDUNGSEINSCHRÄNKUNGEN

Die grünen Pflanzenteile von *Physalis alkekengi* enthalten Alkaloide, die bei Verzehr Magenprobleme hervorrufen können. Die reifen Beeren sind essbar. Ein Verzehr größerer Mengen soll allerdings Übelkeit hervorrufen. Die übrigen einjährigen Anden- oder Blasenkirschen sind schmackhaft und leicht zu kultivieren.

## ANSPRÜCHE AN BODEN UND STANDORT

Gedeihen auf nährstoffreichem, etwas feuchtem, kalkigem Gartenboden in sonniger oder halbschattiger Lage.

## GESTALTERISCHE VERWENDUNG

Für Staudenrabatten und als Einfassung. Die Lampionblume *Physalis alkekengi* sollte nur an Stellen gepflanzt werden, die Kleinkinder nicht erreichen können.

# Blaukissen

*Aubrieta deltoidea* Griechisches Blaukissen

KREUZBLÜTLER

**HEIMAT / VORKOMMEN**
Gebirge des östlichen Mittelmeergebiets, des Balkans und Kleinasiens.

**BESCHREIBUNG**
Niedrige, kriechende, mattenbildende, 5 bis 8 cm hohe Polsterpflanzen mit kleinen, spatelförmigen, behaarten Blättern; Blüten blau, violett, selten weiß, bis 1,5 cm breit; Blütezeit April bis Mai.

**WEITERE ARTEN UND SORTEN**
Viele Sorten, die auch unter der Bezeichnung *Aubrieta* x *cultorum* angeboten werden: 'Albomarginata', silbrigweiß, gezeichnete Blätter; 'Aureovariegata', goldumrandete Blätter; 'Barkers Double', gefüllt, karminrot; 'Carnival', violett; 'Vesuv', karminrot; 'Winterberg', weiß. Wildarten sind anspruchsvoller und daher eher für Steingarten-Liebhaber geeignet.

**HINWEISE AUF VERWENDUNGSEINSCHRÄNKUNGEN**
Keine bekannt.

**ANSPRÜCHE AN BODEN UND STANDORT**
Gedeihen auf einem gut durchlässigen, kalkhaltigen, warmen Gartenboden in sonniger Lage.

**GESTALTERISCHE VERWENDUNG**
Für die Randbepflanzung von Staudenrabatten, für Steingärten, Felsspalten, Mauerfugen und ideal für Trockenmauern; schön in Kombination mit Steinkraut und Gänsekresse.

1

2

3

4

5

**ERLEBNISWERT / BESONDERHEITEN**
Reichblühende Polsterstauden mit ansprechenden Blütenfarben, einer der ersten „Farbkleckse" im Frühjahr. An den Blüten können interessante Insekten wie Schweb- und Schnabelfliegen, Hummelschweber und Wildbienen beobachtet werden.

1 Blaukissen 2 Blaukissen, rosafarbene Sorte
3 Blaukissen, weiße Sorte 4 Blaukissen, lilafarbene Sorte
5 Blaukissen mit Steinkraut und Gänsekresse

# Brandkraut

*Phlomis russeliana* Anatolisches Brandkraut

LIPPENBLÜTLER

### HEIMAT / VORKOMMEN

Europa, Nordafrika, Asien

### BESCHREIBUNG

Die meisten der 80 bis 100 weltweit vorkommenden Arten sind Stauden, manche immergrüne kleine Sträucher. Die kultivierten Arten sind zwischen 60 und 120 cm hoch, mit quirlständigen, attraktiven großen Lippenblüten. Blätter gegenständig, ganzrandig und meist filzwollig, 8 bis 20 cm lang. Am bekanntesten ist das Anatolische Brandkraut *Phlomis russeliana*, mit großen, herzförmigen, grünen, nur etwas wolligen Blättern und gelben, 3 bis 4 cm langen, helmförmigen Lippenblüten. Blütezeit Juni bis Juli.

### ARTEN UND SORTEN

Rosarote Helmblüten zeigen das Knollen-Brandkraut *Phlomis tuberosa* und das Rosablütige Brandkraut *Phlomis herba-venti*, das Kaschmir-Brandkraut *Phlomis cashmeriana* und das Griechische Brandkraut *Phlomis samia*. Das Strauchige Brandkraut *Phlomis fruticosa* wird bis 1 m hoch und breit, hat runzelig-graugrüne, unterseits wollig behaarte Blätter und goldgelbe Blüten.

### HINWEISE AUF VERWENDUNGSEINSCHRÄNKUNGEN

Keine bekannt.

### ANSPRÜCHE AN BODEN UND STANDORT

Gedeihen in jedem nährstoffreichen, durchlässigen Gartenboden in sonniger, warmer Lage. In Gebieten mit rauem Klima wird Winterschutz empfohlen.

### GESTALTERISCHE VERWENDUNG

Hübsche Rabattenstauden, die vor Gehölzen oder in Steingärten gut zur Geltung kommen.

### ERLEBNISWERT / BESONDERHEITEN

Interessante helmförmige Blüten, die von Hummeln besucht werden – ideal, um Bestäubungsabläufe zu beobachten. Die trockenen Blütenstände bleiben über den Winter erhalten und eignen sich zum Basteln.

1 Strauchiges Brandkraut 2 und 3 Anatolisches Brandkraut 4 Anatolisches Brandkraut im Winter 5 Rosablütiges Brandkraut *Phlomis herba-venti*

# Braunelle

*Prunella grandiflora* Großblütige Braunelle

LIPPENBLÜTLER

### HEIMAT / VORKOMMEN

Europa, Asien, Nordafrika und Nordamerika, auf Magerwiesen und in lichten Wäldern.

### BESCHREIBUNG

15 bis 25 cm hohe Stauden mit kriechendem Wurzelstock; Blätter lineal-lanzettlich bis eifömig, ganzrandig oder tiefgezähnt; Blüten zweilippig, weiß, rosa oder violett, in dichten Ähren. Blütezeit Juni bis August.

### WEITERE ARTEN UND SORTEN

Hübsche Sorten sind *Prunella grandiflora* 'Pink Lovelines', leuchtend rosa; 'White Lovelines', reinweiß; 'Rosea', karminrosa; 'Webbiana', blauviolett. Die Gewöhnliche Braunelle *Prunella vulgaris* wächst in Magerwiesen, auf Weiden, Brachen und an Waldrändern auf kalkarmen Böden und ist nicht so attraktiv wie die Großblütige Braunelle. *Prunella grandiflora* ssp. *pyrenaica* hat spießförmige Blätter. *Prunella laciniata* blüht cremeweiß.

### HINWEISE AUF VERWENDUNGSEINSCHRÄNKUNGEN

Keine bekannt.

### ANSPRÜCHE AN BODEN UND STANDORT

Sonnige wie halbschattige, feuchte Stellen auf jedem Gartenboden.

### GESTALTERISCHE VERWENDUNG

Beliebter Bodendecker für größere Anlagen und für Beeteinfassungen.

### ERLEBNISWERT / BESONDERHEITEN

Robuste, dichte Matten bildende Stauden mit hübschen Blütenähren. An den Blüten können Hummeln beobachtet werden. Gilt in England als wichtige Heilpflanze, der englische Name ist „Self Heal".

1 und 2 Großblütige Braunelle, Blüte 3 Gewöhnliche Braunelle 4 *Prunella laciniata* 5 Großblütige Braunelle, rosafarbene Sorte

# Chinaschilf

*Miscanthus sinensis* Silber-Chinaschilf

SÜSSGRASGEWÄCHSE

**ERLEBNISWERT / BESONDERHEITEN**
Eindrucksvolle Solitärstauden, die gute Verstecke zum Spielen bieten. Die bambusähnlichen harten Halme liefern Stöcke zum Basteln.

1 Silber-Chinaschilf 2 Amurschilf
3 Zebra-Chinaschilf 4 Chinaschilf
5 Gräser- und Staudenpflanzung mit Chinaschilf

**HEIMAT / VORKOMMEN**
China, Korea, Japan, Thailand

**BESCHREIBUNG**
Riesen-Chinaschilf *Miscanthus sinensis* 'Giganteus': Bis 4 m hoch, mit straff aufrecht wachsenden, bis 1,5 cm dicken Halmen; Blätter schilfartig, überhängend, bis 80 cm lang; Blütenrispen überhängend, bis 40 cm lang, seidig behaart mit purpurbraunen Ährchen. Blütezeit September bis Oktober.

**WEITERE ARTEN UND SORTEN**
Amurschilf *Miscanthus sacchariflorus*, 150 cm hoch, Blütenstände silberweiß, seidig glänzend, braunrote Herbstfärbung; Zebra-Chinaschilf *Miscanthus sinensis* 'Zebrinus', 120 cm hoch, gelblich quergestreift; Streifen-Chinaschilf *Miscanthus sinensis* 'Variegatus', 180 cm hoch, gelblich längsgestreift; Schmalblättriges Chinaschilf *Miscanthus sinensis* 'Gracillimus', aparte, dichtbuschige Form mit 5 mm schmalen Blättern; Silberfeder-Chinaschilf *Miscanthus sinensis* 'Silberfeder', bis 2,5 m hoch, silberstreifige Blätter und silbrige Federrispen.

**HINWEISE AUF VERWENDUNGSEINSCHRÄNKUNGEN**
Keine bekannt.

**ANSPRÜCHE AN BODEN UND STANDORT**
Gedeihen auf jedem feuchten, wasserdurchlässigen, nährstoffreichen Gartenboden in vollsonniger Lage. Einige Arten und Sorten neigen zum Wuchern.

**GESTALTERISCHE VERWENDUNG**
Attraktive Ziergräser, die besonders gut wirken, wenn sie einzeln neben Gebäuden oder auf Rasenflächen stehen. In Gruppen gepflanzt bilden sie ideale Verstecke zum Spielen.

# Currystrauch

*Helichrysum italicum* ssp. *serotinum*

KORBBLÜTLER

### HEIMAT / VORKOMMEN

Südwesteuropa auf Dünen und Sandrasen.

### BESCHREIBUNG

Buschiger, bis 40 cm hoher immergrüner Halbstrauch mit linealischen, silbergrauen, 4 cm langen, stark aromatisch duftenden Blättern; Blütenköpfchen gelb, in dichten, 8 cm breiten Schirmtrauben; Blütezeit Juni bis September.

### WEITERE ARTEN UND SORTEN

Der Currystrauch gehört zur Gattung der Strohblumen *Helichrysum* mit weltweit etwa 600 Arten. Für Steingärten eignen sich die Tian-Shan-Strohblume *Helichrysum thianschanicum*, beliebte Sorten sind 'Schwefellicht' und 'Goldkind' und die einheimische Sand-Strohblume *Helichrysum arenarium*.

### HINWEISE AUF VERWENDUNGSEINSCHRÄNKUNGEN

Keine bekannt.

### ANSPRÜCHE AN BODEN UND STANDORT

Gedeihen auf jedem durchlässigen, sandigen Gartenboden in voller Sonne, an einem windgeschützten Ort. Im Winter sollten sie vor Kälte und Nässe geschützt werden.

### GESTALTERISCHE VERWENDUNG

In Trockenbeeten, Steintrögen, Steingärten oder auf Trockenmauern in vollsonniger Lage.

### ERLEBNISWERT / BESONDERHEITEN

Aromatisches Kraut, das besonders nach Regen stark nach Curry duftet und schmeckt. Kann zum Würzen verwendet werden. Die Blüten lassen sich trocknen und eignen sich zum Basteln.

1 *Helichrysum thianschanicum* 'Goldkind'
2 *Helichrysum thianschanicum* 'Schwefellicht'
3 und 4 Sand-Strohblume 5 Currystrauch

# Dost

*Origanum vulgare* Gewöhnlicher Dost

LIPPENBLÜTLER

### HEIMAT / VORKOMMEN

Eurasien; in Deutschland wächst Dost häufig im Saum sonniger Gebüsche, an Wald- und Heckenrändern, an Wegen, Böschungen und in Magerrasen.

### BESCHREIBUNG

20 bis 60 cm hohe Staude, aufrecht, dichtbuschig, mit purpurfarbenen Stängeln; Blätter 2 bis 4 cm lang, gegenständig, graugrün bis hellgrün, stark aromatisch; Blüten in Trugdolden, karminrot oder blassrosa. Die Blütendolden tragen blattartige, purpurfarbene, 1 cm lange Tragblätter. Blütezeit Juli bis Oktober.

### WEITERE ARTEN UND SORTEN

Kleinwüchsige Sorten *Origanum vulgare* 'Compactum' und 'Heiderose', gelbblättrige Sorten 'Aureum' und 'Aureum Crispum'. Dost *Origanum vulgare* sollte – obwohl er auch als Wilder Majoran bezeichet wird – nicht mit dem Echten Majoran *Origanum majorana* verwechselt werden.

### HINWEISE AUF VERWENDUNGSEINSCHRÄNKUNGEN

Keine bekannt. Echter Majoran *Origanum majorana* enthält Eugenol, das zu Übelkeit führen kann.

### ANSPRÜCHE AN BODEN UND STANDORT

Gedeiht auf jedem nicht zu nährstoffreichen Boden in sonniger Lage. Auf kargem, vollsonnigem und trockenwarmem, steinigem Standort entwickeln sich besonders aromatische Pflanzen.

### GESTALTERISCHE VERWENDUNG

Für flächige Staudenpflanzungen in Rabatten, im Heide- und Steingarten, Kräutergarten und auf Trockenmauern in sonniger Lage. Gelbblättrige Sorten wirken besonders schön im Verbund mit rotblättrigen Stauden wie Purpurglöckchen, hohen Fetthenne-Sorten und Günsel-Sorten.

### ERLEBNISWERT / BESONDERHEITEN

Dost ist auch als Oregano bekannt. Als Duftpflanze und als selbstgepflücktes Gewürz für Pizza sehr beliebt. Dost zieht Schmetterlinge, Schwebfliegen und Bienen an, die sich auf diese Weise gut beobachten lassen. Dost kann zum Färben verwendet werden und ergibt eine braune Farbe.

1 Dost am Wegesrand 2 und 3 Dost, Blüten 4 Dost, gelblaubige Sorte 5 Tagpfauenauge an Dost

# Dreimasterblume

*Tradescantia* x *andersoniana*

Garten-Dreimasterblume

COMMELINENGEWÄCHSE

## HEIMAT / VORKOMMEN

Züchtung aus Kreuzungen dreier Wildformen; Heimat der Kreuzungspartner ist Nordamerika.

## BESCHREIBUNG

Büschelig wachsende, bis 60 cm hohe Stauden; Blätter grasartig, lanzettlich, teilweise bogig überhängend, bis 30 cm lang, mittelgrün, etwas dickfleischig, oft auch blau bereift, an aufrechten Trieben; Blüten 3 bis 4 cm breit, aus drei ausgebreiteten Blütenblättern mit behaarten Staubblättern, Blütenfarben von Blau über Purpurfarben, Rosa bis Weiß; Blütezeit Mai bis September.

## WEITERE ARTEN UND SORTEN

Zur Gattung *Tradescantia* gehören über 70 Arten; die meisten sind nicht frosthart, aber beliebte Zimmerpflanzen mit buntblättrigen und behaarten Arten und Sorten. Dekorative Sorten für den Garten sind *Tradescantia* x *andersoniana* 'Karminglut', karminrot; 'Iris Prichard', weiß, lila; 'J.C. Weguelin', blassblau; 'Purewell Giant', purpurrosa; 'Zwanenburg Blue', dunkelblau; 'Red Cloud', kirschrot. Ebenfalls für den Garten eignet sich die Virginische Dreimasterblume *Tradescantia virginiana*.

## HINWEISE AUF VERWENDUNGSEINSCHRÄNKUNGEN

Bei den Zimmerpflanzen *Tradescantia pallida* und *Tradescantia spathacea* kann es bei Berührung mit dem Pflanzensaft zu Hautreizungen kommen.

## ANSPRÜCHE AN BODEN UND STANDORT

Gedeihen auf jedem nährstoffreichen, etwas feuchten Gartenboden in sonniger, aber auch halbschattiger Lage.

## GESTALTERISCHE VERWENDUNG

Interessante Stauden für Rabatten oder gewässernahe Ufer.

1

2

3

4

5

## ERLEBNISWERT / BESONDERHEITEN

Außergewöhnliche Pflanzen mit einer interessanten, dreiteiligen Blütenform.

1 *Tradescantia* x *andersoniana* 'Concord Grape'
2 *Tradescantia* x *andersoniana* 'Blue Stone'
3 *Tradescantia* x *andersoniana* 'Innocence'
4 *Tradescantia* x *andersoniana* 'Sweet Kate'
5 *Tradescantia* x *andersoniana* 'Rubra'

# Duftnessel

*Agastache foeniculum* Anis-Duftnessel

LIPPENBLÜTLER

## HEIMAT / VORKOMMEN

Nordamerika, Kanada, in Grassteppen und Magerrasen, an Berghängen.

## BESCHREIBUNG

Aufrecht und buschig wachsende, 0,6 bis 1,5 m hohe Staude mit eilanzettlichen, 5 bis 8 cm langen Blättern; Blüten in 4 bis 8 cm langen, dichten blauen Blüten mit violetten Hochblättern. Blütezeit Juli bis September.

## WEITERE ARTEN UND SORTEN

Von den rund 30 aromatischen *Agastache*-Arten wurden einige als Zier- und Teepflanzen eingeführt. Dazu zählen Limonen-Ysop *Agastache mexicana* mit Minzgeschmack; Orangen-Duftnessel *Agastache cana* für Sommerblumenrabatten; sie wehrt Stechmücken ab und wird daher auch Moskitopflanze genannt; Purpurne Riesen-Duftnessel *Agastache scrophulariifolia* mit Anis-Duft; Rote Duftnessel *Agastache barberi* mit Limonengeschmack, mit den Sorten 'Firebird' kupferrot, 'Tangerine Dream' purpurrosa und 'Tutti Frutti' rotviolett, und der Ostasiatische Riesenysop *Agastache rugosa*.

## HINWEISE AUF VERWENDUNGSEINSCHRÄNKUNGEN

Keine bekannt.

## ANSPRÜCHE AN BODEN UND STANDORT

Gedeihen auf fruchtbarem, wasserdurchlässigem Boden, am besten in voller Sonne. Einige Arten müssen frostfrei überwintern.

## GESTALTERISCHE VERWENDUNG

Für Kräuter- oder Duftpflanzenbeete und Staudenrabatten in voller Sonne.

## ERLEBNISWERT / BESONDERHEITEN

Die Duftnessel, auch Anis-Ysop genannt, riecht nach Anis und Fenchel, sie wurde schon von den Indianern als Heilpflanze mit entzündungshemmender und verdauungsfördernder Wirkung und zum Anlocken von Bienen verwendet. Kinder beobachten gerne Schmetterlinge, die an den Blüten Nektar saugen. Junge Blätter und Blüten eignen sich – dezent dosiert – als Beigabe zu Salaten und für Fischsuppen. Mit den Blättern lässt sich Tee kochen und Schwarztee aromatisieren.

1 *Agastache foeniculum* 'Alabaster'
2 *Agastache rugosa* 'Heatwave'
3 *Agastache mexicana* 'Cotton Candy'
4 *Agastache barberi* 'Summer Glow'
5 Kleiner Fuchs an *Agastache rugosa* 'Blue Fortune'

# Duft-Veilchen

*Viola odorata* März-Veilchen

VEILCHENGEWÄCHSE

### HEIMAT / VORKOMMEN

Europa, Balkan, Irak, Iran, Kaukasus, Kanaren, in Gebüschen an lichten Wald- und Wegrändern in Siedlungsnähe.

### BESCHREIBUNG

Ausläufer treibende, 5 bis 20 cm hohe Staude, Blätter in einer Rosette, herzförmig bis rundlich, gesägt, bis 6 cm lang, immergrün, Blüten dunkelviolett, 2 cm breit, mit bis zu 5 mm langem Sporn, öffnen sich oft schon im späten Winter oder zeitigen Frühjahr; Blütezeit März bis April.

### WEITERE ARTEN UND SORTEN

Große Blüten besitzt die Sorte *Viola odorata* 'Königin Charlotte'; 'Albiflora' blüht weiß, 'Sulphurea' aprikosengelb, die Sorte 'Red Charme' violettrot, 'Mrs. Lloyd George' hat halbgefüllte Blüten.

### HINWEISE AUF VERWENDUNGSEINSCHRÄNKUNGEN

Die Blätter enthalten Triterpensaponine. Beim Verzehr größerer Mengen – ab circa 8 Blättern – können sie Magenschmerzen und Kreislaufprobleme hervorrufen.

### ANSPRÜCHE AN BODEN UND STANDORT

Gedeihen in fruchtbarer, humusreicher, feuchter, wasserdurchlässiger Erde in voller Sonne oder im Halbschatten.

### GESTALTERISCHE VERWENDUNG

Hübsch unter Gehölzgruppen und Hecken.

1 *Viola odorata* 'Alba' 2 *Viola odorata* 'Red Charm' 3 *Viola odorata* 'Melanie' 4 Veilchenstrauß 5 *Viola odorata*

### ERLEBNISWERT / BESONDERHEITEN

Das Duft-Veilchen bezaubert durch seinen kleinen Wuchs und die violetten Blüten, die schon früh im März erscheinen. Es zählt zu den volkstümlichsten Pflanzen, wurde schon im Altertum kultisch genutzt und auch im mittelalterlichen Brauchtum. Die kandierten Blüten gelten in England und Frankreich als Delikatesse. Veilchensamen besitzen ein fett- und zuckerhaltiges Anhängsel, Elaiosom genannt, das bei Ameisen sehr begehrt ist. Kinder beobachten gerne die Ameisen, wenn diese die Samen verschleppen. In der Volksmedizin wird das Duft-Veilchen bei Halsentzündungen, Bronchitis und Keuchhusten verwendet.

# Eberraute

*Artemisia abrotanum*

KORBBLÜTLER

## ERLEBNISWERT / BESONDERHEITEN

Alte, stark duftende Heilpflanze mit verschiedenen Duftvarianten von Zitrone, Cola und Kampfer. Die Eberraute wird auch Zitronenkraut genannt.

1 Eberraute 2 Eberraute, Laub 3 Eberraute, Blüten 4 Absinth 5 Pontischer Beifuß

## HEIMAT / VORKOMMEN

Südeuropa, Westasien, Sibirien, vielerorts aus Bauerngärten verwildert.

## BESCHREIBUNG

Dicht verzweigter Halbstrauch, bis 120 cm, selten 150 cm hoch, die Stängel sind aufrecht, an den oberen Teilen rispig verzweigt. Blätter doppelt fiederspaltig, graugrün, 3 bis 6 cm lang, fadenförmig, unterseits grau behaart. Blüht selten, in blassgelben dichten Rispen, Blütezeit Juli bis Oktober.

## WEITERE ARTEN UND SORTEN

Die Französische Eberraute *Artemisia abrotanum* 'Courson' besitzt besonders feine, blaugrüne Blätter. Zur Gattung *Artemisia* zählen weitere aromatisch duftende Arten wie Echter Wermut *Artemisia absinthium*, auch als Absinth bekannt, Einjähriger Beifuß *Artemisia annua*, Kampfer-Wermut *Artemisia alba* und der Pontische Beifuß *Artemisia pontica*.

## HINWEISE AUF VERWENDUNGSEINSCHRÄNKUNGEN

Echter Wermut *Artemisia absinthium* gilt als giftig.

## ANSPRÜCHE AN BODEN UND STANDORT

Sonnige, nährstoffreiche, feuchte Gartenböden.

## GESTALTERISCHE VERWENDUNG

Für Duftpflanzenbeete, in hohen Staudenrabatten, für Kräutergärten oder als Einzelpflanzen.

# Eibisch

*Althaea officinalis* Echter Eibisch

MALVENGEWÄCHSE

### HEIMAT / VORKOMMEN

Süd- und Osteuropa, Türkei, Iran, Tunesien, Afghanistan, Ost- und Westsibirien, in feuchten Mulden und auf Wiesen an Gewässern, liebt salzige Böden.

### BESCHREIBUNG

Aufrechte, strauchartig wachsende Staude, die bis zu 150 cm hoch wird. Die Blätter sind spiralig am Stängel angeordnet, 3- bis 5-lappig, unregelmäßig gekerbt und besitzen eine filzige Behaarung; Blüten 3 bis 5 cm breit, weißlich rosa, in büscheliger Anordnung; Blütezeit Juni bis August.

### WEITERE ARTEN UND SORTEN

Der Hanfblättrige Eibisch *Althaea cannabina* ist eine bis zu 3 m hohe, stattliche Staude. Die Blätter sind hanfartig, graufilzig, die Blüten 1,5 bis 2 cm breit und rosa. Medizinisch nutzbar wie der echte Eibisch; beliebte Bienenweidepflanze, die früher wie Hanf zur Fasergewinnung genutzt wurde.

### HINWEISE AUF VERWENDUNGSEINSCHRÄNKUNGEN

Keine bekannt.

### ANSPRÜCHE AN BODEN UND STANDORT

Sonnige, nährstoffreiche, feuchte Gartenböden.

### GESTALTERISCHE VERWENDUNG

Für hohe Staudenrabatten, Kräutergärten oder als Einzelpflanzen.

### ERLEBNISWERT / BESONDERHEITEN

Uralte Heilpflanze, die als Tee bei Bronchitis, Husten, Magen- und Darmbeschwerden angewendet wird. Mit Anisöl versetzt, ergibt Eibisch einen schmackhaften Hustensaft für Kinder. Aus den Wurzeln wurde früher Schaumzucker gewonnen, daher haben „Marshmallows" ihren Namen (Marsh Mallow = englisch für Eibisch, wörtlich „Sumpf-Malve"). An den charakteristisch duftenden Blüten finden sich Honigbienen, Wildbienen und Schmetterlinge ein. Die Raupe des Malvendickkopfes frisst an den Blättern.

1 und 2 Echter Eibisch 3 geschnittene Eibischwurzeln als Heilmittel 4 Hanfblättriger Eibisch 5 Echter Eibisch

# Erdbeere

*Fragaria vesca* Wald-Erdbeere

ROSENGEWÄCHSE

**ERLEBNISWERT / BESONDERHEITEN**
Kinder lieben die süßen Früchte. Die kleinen Früchte der Wald-Erdbeeren, die als Bodendecker unter Gehözen wachsen können, sind besonders aromatisch. Ziersorten überraschen mit pinkfarbenen Blüten.

**HEIMAT / VORKOMMEN**
Europa, Asien, in Waldlichtungen und an Waldrändern.

**BESCHREIBUNG**
Ausläuferbildende Staude mit Blattrosetten aus 3-fingerigen, hellgrünen, eiförmigen, gezähnten, 5 bis 8 cm langen Blättchen; Blüten weiß, 2 cm im Durchmesser, mit 5 Kronblättern an 2- bis 10-blütigen Dolden. Früchte bis 1 cm lang, dunkelrot; Blütezeit April bis Juni.

**WEITERE ARTEN UND SORTEN**
Die zahlreichen Sorten der Garten-Erdbeere *Fragaria* x *ananassa* werden auf Beeten kultiviert; Zier-Erdbeeren mit rosafarbenen Blüten wie 'Pink Panda'oder 'Lipstick' bieten sich für Staudenrabatten an.

**HINWEISE AUF VERWENDUNGSEINSCHRÄNKUNGEN**
In seltenen Fällen können Erdbeeren Allergien auslösen. Kann zudem verwechselt werden mit der ungiftigen, aber nicht gut schmeckenden Scheinerdbeere *Duchesnea indica*.

**ANSPRÜCHE AN BODEN UND STANDORT**
Sonnige, wasserdurchlässige, etwas feuchte Stellen in jedem Gartenboden.

**GESTALTERISCHE VERWENDUNG**
In Beeten, Walderdbeeren als Bodendecker oder für Beeteinfassungen unter lichten Gehölzen.

1 Wald-Erdbeere 2 Wald-Erdbeere, Blüte
3 Wald-Erdbeere, Früchte 4 *Fragaria* x *ananassa* 'Lip Stick'
5 Scheinerdbeere

# Fackellilie

*Kniphofia uvaria* Schopf-Fackellilie

AFFODILLGEWÄCHSE

### HEIMAT / VORKOMMEN
Südliches und tropisches Afrika.

### BESCHREIBUNG
Sehr dekorative, 60 bis 120 cm hohe, aufrecht wachsende, horstbildende Stauden; Blätter riemenförmig oder schilfähnlich, bei kleineren Arten grasartig, überhängend, hell- oder graugrün, 30 bis 90 cm, bei immergrünen Arten bis 130 cm lang; Blüten zylinderputzerähnliche, 10 bis 40 cm lange Ähren, die aus nach unten zeigenden, röhrenartigen, 0,3 bis 6 cm langen gelben, gelbroten, scharlachroten, weißen oder gelbgrünen Einzelblüten bestehen; Blütezeit Juni bis Oktober; zahlreiche Kreuzungen.

### WEITERE ARTEN UND SORTEN
*Kniphofia uvaria* 'Safranvogel' mit lachsfarbenen Blüten; 'Royal Standard', Blüte gelb mit Scharlachrot; Galpins Fackellilie *Kniphofia galpinii*, Orangefarbene Fackellilie *Kniphofia triangularis*

### HINWEISE AUF VERWENDUNGSEINSCHRÄNKUNGEN
Keine bekannt.

### ANSPRÜCHE AN BODEN UND STANDORT
Gedeihen auf sandigen, mittelschweren, leicht feuchten, nährstoffreichen Gartenböden in sonniger, windgeschützter Lage. Fackellilien sind für raues Klima nicht geeignet und einige Arten und Sorten benötigen Winterschutz.

### GESTALTERISCHE VERWENDUNG
Als Solitärstauden in Kiesbeeten oder Steingärten.

1 Fackellilie, Blüten 2 Fackellilie, Blüten nah 3 *Kniphofia uvaria* 'Nancy's Red' 4 *Kniphofia uvaria* 'Wrexham Buttercup' 5 Fackellilie

### ERLEBNISWERT / BESONDERHEITEN
Die Fackellilie beeindruckt durch ihre hohen farbenprächtigen Blütenstände. Sie eignet sich sehr gut als Schnittblume. Honigbienen kriechen in die engen Blütenröhren.

# Färberkamille

*Anthemis tinctoria* Färber-Hundskamille

KORBBLÜTLER

## ERLEBNISWERT / BESONDERHEITEN

Alte Färberpflanze und attraktive Schnittblume. An den Blüten kann man Honigbienen, Schwebfliegen und Blütenkäfer beobachten. Die beiden Falterarten Brauner Waldvogel und Rostfarbiger Dickkopf saugen Nektar aus den Blüten.

1 Färber-Hundskamille 2 Römische Kamille, ungefüllt 3 und 4 Römische Kamille, gefüllt 5 Echte Kamille

## HEIMAT / VORKOMMEN

Europa, Kaukasus, Türkei und Iran; in Trockenrasen, an Dämmen und Böschungen.

## BESCHREIBUNG

Bis 70 cm hohe, reichblühende Staude; Stängel einblütig, Blätter kammartig, doppelt gefiedert, unterseits dicht grau behaart; Blütenköpfe langgestielt, bis 4 cm breit, Zungen- und Scheibenblüten gelb; Blütezeit Juli bis August.

## WEITERE ARTEN UND SORTEN

*Anthemis tinctoria* 'Beauty of Grallach' mit orangegoldenen Blütenköpfchen; 'E. C. Buxton', zitronengelb, 45 cm; 'Grallach Gold', goldfarben, 60 cm; 'Kelwayi', mittelgelb, 60 cm; 'Sauce Hollandaise', dunkelgrüne Blätter, cremefarben, 60 cm; Anatolische Hundskamille *Anthemis marshalliana*, mattenbildend, 20 cm hoch, mit gelben, 1,5 cm breiten Blütenköpfchen. Nahe verwandt sind auch die Römische Kamille *Chamaemelum nobile* 'Flore Pleno' mit gefüllten weißen Blüten, 30 cm hoch, ideal für Rabatten-Einfassungen, und die Bekannteste aller Heilpflanzen, die Echte Kamille *Matricaria recutita*.

## HINWEISE AUF VERWENDUNGSEINSCHRÄNKUNGEN

Färberkamillearten enthalten Sesquiterpene und Sesquiterpenlactone, die bei Kontakt mit dem Pflanzensaft oder mit Pollen bei empfindlichen Personen allergische Reaktionen auslösen können.

## ANSPRÜCHE AN BODEN UND STANDORT

Gedeiht am besten in trockenem, sandig-humosem Boden in sonniger Lage.

## GESTALTERISCHE VERWENDUNG

Für Staudenrabatten oder als großflächige „Kamillenwiese".

# Federborstengras

*Pennisetum villosum*
Weißes Lampenputzergras

SÜSSGRASGEWÄCHSE

**HEIMAT / VORKOMMEN**
Nordost-Afrika

**BESCHREIBUNG**
Nicht ganz winterfestes und daher oft einjährig kultiviertes, locker büschelig wachsendes, apartes, bis 50 cm hohes Gras. Die Halme sind wie die schmal linealischen Blätter leicht gebogen und überhängend. Am Ende der Halme sitzt eine nickende, 12 cm lange, in flaumige Borsten eingehüllte, zylindrische, zunächst grüne und mit der Reife dann rosa- bis kupferfarbene Ähre. Blütezeit August bis September.

**WEITERE ARTEN UND SORTEN**
Afrikanisches Lampenputzergras *Pennisetum setaceum*, 90 bis 120 cm lange Halme und bis 25 cm lange Ähren, einjährig, Sorten mit braunpurpurfarbenen Blättern und karminroten „Bürsten"; Japanisches Federborstengras *Pennisetum alopecuroides*, 30 bis 60 cm lange Blätter und bis 20 cm lange, zylindrische, borstige Ähren, mehrjährig.

**HINWEISE AUF VERWENDUNGSEINSCHRÄNKUNGEN**
Keine bekannt.

**ANSPRÜCHE AN BODEN UND STANDORT**
Gedeihen auf nährstoffärmeren, gut drainierten Gartenböden in voller Sonne. In frostgefährdeten Gegenden sollten empfindliche Arten mit einer Laubdecke geschützt werden.

**GESTALTERISCHE VERWENDUNG**
Sehr dekorative Horstgräser für Einzelstellung oder in Mischrabatten.

**ERLEBNISWERT / BESONDERHEITEN**
Hübsches Gras, mit dessen Blütenständen Kinder gerne spielen. Für Frisch- und Trockensträuße und zum Basteln geeignet.

1 und 2 Japanisches Federborstengras
3 und 4 Afrikanisches Lampenputzergras
5 Weißes Lampenputzergras

### ERLEBNISWERT / BESONDERHEITEN

Felberich, auch Gilbweiderich genannt, besticht durch seine knallig gelben Blütenstände, er eignet sich als Schnittblume, ist äußerst robust und pflegeleicht und wird zum Gelbfärben verwendet.

1 Punktierter Gilbweiderich 2 *Lysimachia punctata* 'Variegata' 3 Pfennigkraut 4 *Lysimachia ciliata* 'Firecracker' 5 Entenschnabel-Felberich

# Felberich

*Lysimachia punctata*
Punktierter Gilbweiderich

PRIMELGEWÄCHSE

### HEIMAT / VORKOMMEN

Südeuropa, an Flussufern und Feuchtbiotopen. In Deutschland mancherorts verwildert.

### BESCHREIBUNG

Der Punktierte Gilbweiderich wird je nach Standort 60 bis 100 cm hoch und ebenso breit. Die Stängel sind kantig und behaart. Die Blätter sind 1,5 bis 2 cm lang, in etagenartig angeordneten Quirlen, Blüten goldgelb, schalenförmig, 9 bis 12 mm breit, an kurzen Stielchen, büschelig zu 2 bis 4. Breitet sich über Ausläufer stark aus.

### WEITERE ARTEN UND SORTEN

Unter den Felberich-Arten finden sich sowohl kriechende als auch aufrecht wachsende Stauden. Entenschnabel-Felberich *Lysimachia clethroides*, 60 bis 80 cm hoch, weiße, schnabelartig gebogene Blüten, Blütezeit Juli bis September; Straußblütiger Gilbweiderich *Lysimachia thyrsiflora*, 30 bis 50 cm hoch, kleine gelbe Blüten in den Blattachseln; Blütezeit Mai bis Juli, für feuchte Plätze; Pfennigkraut *Lysimachia nummularia*, kriechend, bis 50 cm lange Ausläufer, Blüten sattgelb, pfenniggroß, Blütezeit Mai bis Juli, für Feuchtwiesen oder als Bodendecker; goldblättrige Sorte 'Aurea', Bewimperter Felberich *Lysimachia ciliata*, 60 bis 120 cm hoch, hellgelbe Blüten; Sorte 'Firecracker' mit kupferroten Blättern, die gelben Blüten kontrastieren sehr schön mit dem dunklen Laub, für feuchte Böden in sonniger oder schattiger Lage geeignet.

### HINWEISE AUF VERWENDUNGSEINSCHRÄNKUNGEN

Keine bekannt.

### ANSPRÜCHE AN BODEN UND STANDORT

Feuchte bis leicht feuchte, nährstoffreiche, humushaltige Böden sowohl in sonniger als auch in schattiger Lage.

### GESTALTERISCHE VERWENDUNG

Wertvoller Dauerblüher; Punktierter Gilbweiderich gilt als unverwüstliche Staude für Rabatten, schattige Standorte unter Bäumen und für Teichufer.

# Fetthenne, Mauerpfeffer

*Sedum*

DICKBLATTGEWÄCHSE

### HEIMAT / VORKOMMEN

Ein Großteil der Arten kommt in der nördlichen Hemisphäre oder in Trockengebieten Südamerikas vor. Am Rand trockener Gebüsche, Felsrasen, Geröllfluren, Silikat- und Kalk-Magerrasen sowie sandigen Ruderalstellen.

### BESCHREIBUNG

Sukkulente, niedrige, rasenbildende (3 bis 10 cm), mittelhohe (10 bis 30 cm) oder hohe (bis 50 cm) Stauden mit dickfleischigen, zylindrischen oder flachen Blättern und Stängeln. Die meist 5-strahligen, sternförmigen gelben, weißen, rosa oder roten Blüten erscheinen einzeln oder in Trugdolden. Blütezeit je nach Art von Mai bis September.

### ARTEN UND SORTEN

Rasenartig wachsende und polsterbildende Arten: Weiße Fetthenne *Sedum album*, Milder Mauerpfeffer *Sedum sexangulare*, Tripmadam *Sedum rupestre*, Chinesische Fetthenne *Sedum floriferum*, Kamtschatka-Fetthenne *Sedum kamtschaticum*, Colorado-Fetthenne *Sedum spathulifolium*, Kaukasus-Fetthenne oder Teppich-Sedum *Sedum spurium* mit vielen Sorten.

Mittelhohe und hohe Sedum-Arten: Dickblatt-Fetthenne *Sedum aizoon*, Pappelblättrige Fetthenne *Sedum populifolium*, Schöne Fetthenne *Sedum spectabile*, Große Fetthenne *Sedum telephium* ssp. *maximum*, Arends-Fetthenne *Sedum* 'Herbstfreude'.

### HINWEISE AUF VERWENDUNGSEINSCHRÄNKUNGEN

Der auf Felsrasen und an Straßenrändern wachsende Scharfe Mauerpfeffer *Sedum acre* enthält Piperidin-Alkaloide, die bei Verzehr Reizungen in Mund und Rachen sowie Erbrechen hervorrufen können.

### ANSPRÜCHE AN BODEN UND STANDORT

Die niedrigwachsenden Fetthennen- oder Mauerpfeffer-Arten gedeihen am besten auf durchlässigen, warmen Böden in sonniger Lage (Steingarten, Trockenmauer). Kamtschatka-Fetthenne oder Teppich-Sedum sind mit normalem Gartenboden zufrieden.

### GESTALTERISCHE VERWENDUNG

Für Staudenrabatten, Steingärten, Trockenmauern, Lärm- und Sichtschutzwände mit Pflanzröhren und für Einfassungen oder als Bodendecker.

1 Kamtschatka-Fetthenne 2 Weißer Mauerpfeffer
3 Schöne Fetthenne 4 Schöne Fetthenne im Winter
5 Colorado-Fetthenne

### ERLEBNISWERT / BESONDERHEITEN

Dickblattgewächse mit sternförmigen Blüten, die sich in kleine Tröge oder kleine löcherige Felsbrocken (Dolomit) pflanzen und gut auch im Zimmer beobachten lassen: z. B. Colorado-Fetthenne *Sedum spathulifolium* 'Cape Blanco', Dickblättrige Fetthenne *Sedum dasyphyllum*. Weißer Mauerpfeffer *Sedum album* ist Futterpflanze des stark gefährdeten Apollofalters. In der Volksmedizin werden die Blätter als Wundauflagen genutzt.

# Fingerkraut

*Potentilla*

ROSENGEWÄCHSE

### ERLEBNISWERT / BESONDERHEITEN

Die flach wachsenden, Matten bildenden Arten und Sorten bilden hübsche „goldbestickte" Blütenteppiche. Unter den hohen Arten gibt es sehr farbintensive rote, orangefarbene und goldgelbe Sorten für Rabatten und Blumensträuße. Fingerkraut ist robust und anspruchslos.

1 Frühlings-Fingerkraut 2 Großblütiges Fingerkraut 3 Blutrotes Fingerkraut 4 Weißes Fingerkraut 5 Nepal-Fingerkraut

### HEIMAT / VORKOMMEN

Europa, Kaukasus, Sibirien, Himalaja. Auf sonnigen Magerrasen, an felsigen Hängen, in lichten Kiefern-Steppenwäldern, auf Sandrasen.

### BESCHREIBUNG

Überwiegend niederliegend-aufstrebende oder Ausläufer treibende, auch rasenartig wachsende Stauden, zum Teil auch kleine Sträucher; Blätter mehrteilig gefiedert oder gefingert; Blüten meist gelb, aber auch rot und weiß, einzeln oder in trugdoldigen Blütenständen; Blütezeiten April bis August.

### ARTEN UND SORTEN

**Hohe Arten:** Blutrotes Fingerkraut *Potentilla atrosanguinea*, dunkelrot, 40 cm; Silber-Fingerkraut *Potentilla argentea*, gelb, silbergrau, 15 bis 40 cm; Nepal-Fingerkraut *Potentilla nepalensis*, lachsrosa, purpurne Adern, 60 cm; Hohes Fingerkraut *Potentilla recta* mit einigen Sorten in verschiedenen Gelbtönen, 60 cm;

**Niedrige Arten:** Gold-Fingerkraut *Potentilla aurea*, goldgelb, 10 bis 25 cm; Frühlings-Fingerkraut *Potentilla tabernaemontani*, goldgelb, 15 cm; Weißes Fingerkraut *Potentilla alba*, weiß, 25 cm; große Blüten besitzt das Großblütige Fingerkraut *Potentilla megalantha*.

### HINWEISE AUF VERWENDUNGSEINSCHRÄNKUNGEN

Keine bekannt.

### ANSPRÜCHE AN BODEN UND STANDORT

Gedeihen auf jedem nährstoffreichen, lockeren, etwas sandig-lehmigen Gartenboden in sonniger Lage. Die alpinen Arten benötigen trockene, magere Standorte.

### GESTALTERISCHE VERWENDUNG

Halbhohe und hohe Arten und Sorten sind für Staudenrabatten geeignet, niedrige Arten für Steingarten, Trockenmauer und Rasenböschungen.

# Flammenblume

*Phlox*

HIMMELSLEITERGEWÄCHSE

1

2

3

4

5

### HEIMAT / VORKOMMEN

Nordamerika, an Flussufern und in lichten Wäldern.

### BESCHREIBUNG

Straff aufrecht wachsende, 80 bis 130 cm hohe Stauden, Blätter 6 bis 10 cm lang, halbgegenständig, lanzettlich bis länglich-eiförmig. Die stieltellerförmigen, bis 2,5 cm breiten Blüten sitzen zu 15 bis 30 und mehr in einer großen Blütendolde. Die Farbtöne reichen von Weiß über Rosa, Violett bis Scharlachrot, oft zweifarbig, gefleckt, gestreift und gepunktet. Blütezeit Juni bis September.

### ARTEN UND SORTEN

Pflanzengattung mit über 60 Arten: Wiesen-Phlox *Phlox maculata* z. B. mit der Sorte 'Natascha' mit roter, windmühlenartiger Zeichnung; Polster-Phlox *Phlox douglasii* und *Phlox subulata*, der Steine überwuchert und Trockenmauern besiedelt; Sommer-Phlox *Phlox drummondii* in vielen Farben; Stauden-Phlox *Phlox paniculata* mit vielen bewährten Sorten wie 'Nelkendom', rosalila; 'Schwerins Flagge', rot-weiß-gebändert; 'Eva Foerster', lachsrosa mit weiß; 'Graf Zeppelin', weiß mit rotem Zentrum; 'Mrs. Prichard', lila; 'Undine', porzellanblau; 'Nordlicht', lachs mit dunklem Auge; 'Septemberschnee', weiß; 'Lord Raleigh', tiefblau; 'A. L. Schlageter', blutrot; 'Nora Leigh', fliederfarben mit weißbunten Blättern; 'Mother of Pearl', rosaweiß; 'Bright Eyes', blassrosa mit roter Mitte. Viele bewährte Sorten entstanden in den 1930er Jahren aus der Hand des bekannten Bornimer Staudenzüchters Karl Foerster.

### HINWEISE AUF VERWENDUNGSEINSCHRÄNKUNGEN

Keine bekannt.

### ANSPRÜCHE AN BODEN UND STANDORT

Stauden-Phlox gedeiht auf nährstoffreichen, feuchten Gartenböden in luftiger, sonniger oder halbschattiger Lage. In heißen Sommern kräftig gießen.

### GESTALTERISCHE VERWENDUNG

Rabatten; große Phlox-Gruppen bilden regelrechte Blütenwolken.

### ERLEBNISWERT / BESONDERHEITEN

Hübsche, duftende Rabattenstauden, die sich gut für Blumensträuße eignen. An Phlox lassen sich saugende Nachtfalter, besonders Schwärmer und Eulenfalter, gut beobachten.

1 *Phlox paniculata* 'Augustfackel' 2 *Phlox paniculata* 'Fujiyama' 3 *Phlox paniculata* 'Rosa Spier' 4 Polster-Phlox 5 Stauden-Phlox-Rabatte

**ERLEBNISWERT / BESONDERHEITEN**
Hervorragende Schnittblumen, an denen man Hummeln, Schmetterlinge, Schwebfliegen und Blütenkäfer beobachten kann. Die interessanten Fruchtstände eignen sich auch zum Basteln, die Blüten können zum Färben verwendet werden.

1 Großköpfige Flockenblume 2 Großköpfige Flockenblume, Fruchtstand 3 Berg-Flockenblume 4 Silber-Flockenblume 5 Perücken-Flockenblume

# Flockenblume

*Centaurea*

KORBBLÜTLER

## HEIMAT / VORKOMMEN

Europa (insbesondere Mittelmeergebiet), Kaukasus, Vorderasien, Nordamerika

## BESCHREIBUNG

Büschelige, 20 bis 80 cm hohe Stauden; Blätter wechselständig, meist fiederspaltig oder fiederteilig, bei einigen Arten silbergrau behaart; Blütenstände meist ästig verzweigt, kugelig oder halbkugelig. Die Blütenköpfchen tragen je nach Art unterschiedliche Hüllblätter, die entweder stachelig, gezähnt, bewimpert oder gefranst sein können. Blüten überwiegend lila, violett, blau, weiß und gelb; Blütezeit meist Mai bis Juli; einige Arten blühen auch im August, September und Oktober.

## ARTEN UND SORTEN

Großköpfige Flockenblume *Centaurea macrocephala*, mit großen gelben Blüten. Berg-Flockenblume *Centaurea montana* mit blauen, weißen, rosafarbenen oder violetten Blüten. Besonders attraktive Arten sind die Kaukasische Flockenblume *Centaurea dealbata*, die Silber-Flockenblume *Centaurea pulcherrima* und die Perücken-Flockenblume *Centaurea pseudophrygia*, alle mit rosafarbenen Blüten.

## HINWEISE AUF VERWENDUNGSEINSCHRÄNKUNGEN

Flockenblumen enthalten Sesquiterpene, die bei empfindlichen Menschen beim Pflücken allergische Reaktionen wie Hautrötung, Schwellungen und Entzündungen auslösen können.

## ANSPRÜCHE AN BODEN UND STANDORT

Gedeihen auf jedem guten Gartenboden, auch an trockenen Standorten.

## GESTALTERISCHE VERWENDUNG

Flockenblumen eignen sich für den Naturgarten: für Blumenwiesen insbesondere die Skabiosen-Flockenblume *Centaurea scabiosa* und die Wiesen-Flockenblume *Centaurea jacea*, für Steingärten die Berg-Flockenblume *Centaurea montana* und Federige Flockenblume *Centaurea uniflora* ssp. *nervosa*. Für Staudenrabatten eignen sich die großbuschigen Arten wie *Centaurea macrocephala* und *Centaurea dealbata*.

# Frauenmantel

*Alchemilla mollis* Weicher Frauenmantel
*Alchemilla xanthochlora* Gelbgrüner Frauenmantel
ROSENGEWÄCHSE

### HEIMAT / VORKOMMEN

Weicher Frauenmantel: Ost-Karpaten, Kaukasus, Türkei.
Gelbgrüner Frauenmantel: Europa, Nordamerika.

### BESCHREIBUNG

Weicher Frauenmantel *Alchemilla mollis*: Für den Garten die wertvollste Art aus der Gattung Frauenmantel, bis 60 cm hoch und breit, mit graugrünen, bis 15 cm großen, 10-lappigen, gezähnten und dicht weich behaarten Blättern. Die Blütenstände wirken wie hellgelbe Blütenschleier, Blütezeit Juni.

### WEITERE ARTEN UND SORTEN

Alpen-Frauenmantel *Alchemilla alpina*, Hoppes Frauenmantel *Alchemilla hoppeana* u. a.

### HINWEISE AUF VERWENDUNGSEINSCHRÄNKUNGEN

Keine bekannt.

### ANSPRÜCHE AN BODEN UND STANDORT

Gedeihen auf jedem nährstoffreichen Gartenboden. Alpine Arten (z. B. Hoppes Frauenmantel) benötigen einen durchlässigen Kalkboden.

### GESTALTERISCHE VERWENDUNG

Robuste Stauden für Wildblumengärten, Staudenrabatten und Kiesbeete; geeignet für schattige, halbschattige und sonnige Plätze.

1 Weicher Frauenmantel, Blüten
2 Weicher Frauenmantel, Guttation
3 Alpen-Frauenmantel 4 Bergwiesen-Frauenmantel
5 Weicher Frauenmantel

### ERLEBNISWERT / BESONDERHEITEN

Die interessant geformten Blätter sind morgens mit märchenhaft glitzernden Tautropfen geschmückt. Daher rührt auch der Name „Taumantel“. Bei feuchtem Wetter sitzt an jedem der zahlreichen Zacken am Blattrand ein kleiner Guttationstropfen. Weicher und Gelbgrüner Frauenmantel sind hervorragende Schnittblumen. Zudem kann der Frauenmantel zum Braunfärben verwendet werden. In der Volksmedizin wird der Frauenmantel unter anderem bei Magen- und Darmbeschwerden verwendet.

## ERLEBNISWERT / BESONDERHEITEN

Funkien zählen zu den dekorativsten und anspruchslosesten Blattschmuckstauden. Die großen bunten Blätter eignen sich für Gestecke, Tischdekorationen, zum Basteln und für Spiele. Hummeln und Honigbienen können den ganzen Tag über an den Blüten beobachtet werden.

1 Funkien 2 *Hosta undulata* 'Univittata' 3 *Hosta sieboldiana* 'Elegance' 4 *Hosta* 'Green Acres' 5 *Hosta*, Blüte

# Funkie

*Hosta*

FUNKIENGEWÄCHSE

### HEIMAT / VORKOMMEN

China, Korea, Japan

### BESCHREIBUNG

Stauden mit attraktiven, dickfleischigen, lanzettlichen bis breit herzförmigen Blättern. Diese können einfach grün, stahlblau oder blau bereift, weiß- oder gelbbunt sein und z. B. bei der Blaublatt-Funkie bis zu 50 cm lang werden; Blüten in mehr oder weniger einseitswendigen Trauben, glockig, violettblau, weiß, selten rötlich, bis 5 cm lang, an meist blattlosen, bei einigen Arten bis 120 cm hohen Stielen; Blütezeit Juni bis August.

### ARTEN UND SORTEN

Gattung mit über 70 Arten und mehreren hundert Sorten: Blaublatt-Funkie *Hosta sieboldiana*, Lanzenblatt-Funkie *Hosta lancifolia*, Schmalblatt-Funkie *Hosta sieboldii*, Frühlingsgold-Funkie *Hosta* 'Albopicta Aurea', Lilien-Funkie *Hosta plantaginea*, Goldblatt-Funkie *Hosta* 'Gold Standard', Glocken-Funkie *Hosta ventricosa*, Schneefeder-Funkie *Hosta undulata*.

### HINWEISE AUF VERWENDUNGSEINSCHRÄNKUNGEN

Keine bekannt.

### ANSPRÜCHE AN BODEN UND STANDORT

Gedeihen in nährstoffreichen, etwas feuchten Gartenböden in schattiger Lage. Panaschierte (weiß- oder gelbgemusterte Sorten) benötigen etwas hellere Standorte. Der Boden sollte nicht austrocknen.

### GESTALTERISCHE VERWENDUNG

Besonders schön an kleinen Wasserläufen oder neben verschiedenen Waldstauden wie Geißbart, Astilbe, Schaumblüte oder Rodgersie, einzeln oder in Gruppen.

# Gänsekresse

*Arabis x arendsii* Arends-Gänsekresse

KREUZBLÜTLER

## HEIMAT / VORKOMMEN

Züchtung aus *Arabis aubrietoides* und *Arabis caucasica*, diese stammen aus dem Taurusgebirge und dem Kaukasus.

## BESCHREIBUNG

Niedrige, 10 bis 20 cm hohe, kriechende Stauden mit rasenartigem Wuchs, elliptischen bis eiförmigen, gezähnten, graubehaarten Blättern; Blüten rosa in kurzen Trauben; Blütezeit April bis Mai; die Früchte sind längliche Schoten.

## WEITERE ARTEN UND SORTEN

*Arabis* x *arendsii* mit zahlreichen Sorten, z. B. 'Atrorosea', dunkelpurpurrosa, 'Coccinea', purpurrosa, 'Rosabella', dunkelrosa. Kaukasische Gänsekresse *Arabis caucasica* 'Plena' mit gefüllten weißen Blüten, 'Variegata', mit gelb gerandeten Blättern; Purpurrote Gänsekresse *Arabis blepharophylla* 'Frühlingszauber'. Als Bodendecker eignen sich die Mazedonische Gänsekresse *Arabis ferdinandi-coburgii* und die Ungarische Gänsekresse *Arabis procurrens*.

## HINWEISE AUF VERWENDUNGSEINSCHRÄNKUNGEN

Keine bekannt.

## ANSPRÜCHE AN BODEN UND STANDORT

Gedeihen in gut durchlässigem Gartenboden in sonniger Lage.

## GESTALTERISCHE VERWENDUNG

Für die Randbepflanzung von Staudenrabatten, für Steingärten, Felsspalten, Mauerfugen und ideal für Trockenmauern.

## ERLEBNISWERT / BESONDERHEITEN

Frühlingsblüher mit ansprechenden Blütenfarben. Kinder beobachten gerne Hummelschweber, Schwebfliegen und Wildbienen an den Blüten.

1 Kaukasische Gänsekresse
2 *Arabis* x *arendsii* 'Compinkie'
3 *Arabis blepharophylla* 'Frühlingszauber'
4 Mazedonische Gänsekresse
5 *Arabis* x *arendsii* 'Rosabella'

# Geißbart

*Aruncus dioicus* Wald-Geißbart

ROSENGEWÄCHSE

## ERLEBNISWERT / BESONDERHEITEN

Wertvolle Gartenstauden; die schleierartigen Blütenrispen eigenen sich als langlebige Schnittblumen. Die Blüten locken Blütenkäfer und Wespenarten an, die lange verweilen und daher gut beobachtet werden können. Die ganz jungen Triebe sind etwas bitter, aber essbar und gelten kandiert als Delikatesse.

1 und 2 Wald-Geißbart 3 Kleiner Geißbart 4 Chinesischer Geißbart 5 Blütenkäfer an Geißbart

## HEIMAT / VORKOMMEN

Europa; in Schluchtwäldern, an schattigen Steilhängen und in Hochstaudenfluren.

## BESCHREIBUNG

Bis 2 m hohe, kräftige zweihäusige Staude mit bis zu 1 Meter langen, 2- bis 3-fach gefiederten, doppelt dreizähligen gezähnten Blättern und eiförmigen Fiederblättchen; Blüten weiß in bis zu 50 cm langen, lockeren, reichblühenden Rispen. Die weiblichen Blütenstände sind stärker überhängend und gelblich weiß, die männlichen reinweiß. Blütezeit Juni bis Juli.

## WEITERE ARTEN UND SORTEN

Der Geschlitztblättrige Geißbart *Aruncus dioicus* 'Kneiffii' besitzt fein geschlitzte Blätter. Der Kleine Geißbart *Aruncus aethusifolius* wird nur 25 bis 40 cm hoch, ist zierlicher und hat winzige Blüten. Interessante Wuchstypen mit verschiedenen Blütenformen zeigt der Chinesische Geißbart *Aruncus sinensis*.

## HINWEISE AUF VERWENDUNGSEINSCHRÄNKUNGEN

Keine bekannt.

## ANSPRÜCHE AN BODEN UND STANDORT

Gedeiht auf jedem Gartenboden, besonders aber auf humosem, leicht feuchtem Boden in halbschattiger Lage.

## GESTALTERISCHE VERWENDUNG

Attraktive, wertvolle Gartenstaude, die als Einzelpflanze vor dunklem Hintergrund, z. B. vor Koniferen, besonders gut wirkt.

# Glockenblume

*Campanula*

GLOCKENBLUMENGEWÄCHSE

### HEIMAT / VORKOMMEN

Gemäßigte Zone der Nordhalbkugel (Mittelmeerländer, Balkanhalbinsel und Kaukasus). Nur wenige Vorkommen sind aus dem Himalaja, aus Ostasien und Nordamerika bekannt.

### BESCHREIBUNG

Formenreiche Gattung mit unterschiedlichen Wuchsformen, mit büscheligem oder hängendem, kriechendem oder aufrechtem Wuchs. Die Blätter sind meist wechselständig, ungeteilt, ganzrandig oder gezähnt. Die Blüten sind stets fünfzipfelige Glocken, aber in der Form sehr variabel, sie können bauchig, engröhrig oder stern- und schalenförmig sein. Die Blütenstände sind rispig, traubig oder walzenförmig. Blütezeit Juni bis August.

### ARTEN UND SORTEN

**Hohe Arten:** Knoblauchrauken-Glockenblume *Campanula alliariifolia*, weiß, bis 50 cm; Knäuel-Glockenblume *Campanula glomerata*, blau und weiß, bis 60 cm; Riesen-Dolden-Glockenblume *Campanula lactiflora*, weiß, rosa, blau, bis 180 cm; Wald-Glockenblume *Campanula latifolia*, viollettblau, weiß, bis 150 cm; Pfirsichblättrige Glockenblume *Campanula persicifolia*, weiß, blau, gefüllt, bis 100 cm.
**Niedrige Arten:** Karpaten-Glockenblume *Campanula carpatica*, blau, weiß, gefüllt, bis 20 cm; Zwerg-Glockenblume *Campanula cochleariifolia* weiß, blau, lila, bis 15 cm; Dalmatiner Glockenblume *Campanula portenschlagiana*, violett, bis 15 cm; Hängepolster-Glockenblume *Campanula poscharskyana*, lavendelblau, mit kräftigem Wuchs.

### HINWEISE AUF VERWENDUNGSEINSCHRÄNKUNGEN

Von der Marien-Glockenblume *Campanula medium* sind einige Fälle entzündlicher Hautreaktionen bekannt geworden.

### ANSPRÜCHE AN BODEN UND STANDORT

Die meisten Arten sind robust und gedeihen in jedem einfachen Gartenboden. Alpine Arten sollten auf steinigen Böden in voller Sonne stehen.

### GESTALTERISCHE VERWENDUNG

Die hohen Arten eignen sich für Staudenrabatten neben Schafgarben, Nachtkerzen, Mädchenauge, Astilben und Polsternelken. Die niedrigen Arten wirken am besten im Steingarten, Kiesbeet oder als überhängende Kaskade in Trockenmauern.

### ERLEBNISWERT / BESONDERHEITEN

Die zierlichen glockenförmigen Blüten regen die Fantasie an und kommen in vielen Märchen vor; Feen und Elfen werden oft mit Mützchen aus Glockenblumen dargestellt. An den Blüten kann man Wildbienen und Honigbienen beobachten.

1 Pfirsichblättrige Glockenblume 2 Zwerg-Glockenblume 3 Karpaten-Glockenblume 4 Glockenblumen im Märchen 5 Dalmatiner Glockenblume

# Goldnessel

*Lamium galeobdolon* Echte Goldnessel

LIPPENBLÜTLER

## ERLEBNISWERT / BESONDERHEITEN

Robuste Bodendecker. Zupft man die einzelnen Blüten ab, kann man den süßen Nektar saugen. Die Blütenform ist besonders an die Bestäubung durch Hummeln angepasst.

1 Echte Goldnessel 2 Echte Goldnessel, panaschierte Sorte 3 Weiße Taubnessel 4 Gefleckte Taubnessel 5 Großblütige Taubnessel

## HEIMAT / VORKOMMEN

Europa, Westasien; krautreiche Laub- und Nadelmischwälder, Auenwälder und Gebüsche.

## BESCHREIBUNG

Ausläufertreibende, bis 50 cm hohe, sehr wuchskräftige Staude; Blätter breit eiförmig, leicht gefleckt, frischgrün, 6 cm lang; Blüten gelb, außen behaart, in wirtelig stehenden Ähren, Blütezeit Mai bis Juni.

## WEITERE ARTEN UND SORTEN

*Lamium galeobdolon* 'Hermann's Pride', mit kleinen, 3 cm langen, silbern gemusterten Blättchen; 'Silver Angel', ebenfalls silberne Blätter. Weiße Taubnessel *Lamium album* mit mehreren Sorten, die unterschiedlich gefleckte Blätter und rosafarbene oder weiße Blüten tragen; Gefleckte Taubnessel *Lamium maculatum* mit silbernen oder rosafarbenen Flecken; Großblütige Taubnessel *Lamium orvala* mit 4 cm langen roten oder weißen Blüten.

## HINWEISE AUF VERWENDUNGSEINSCHRÄNKUNGEN

*Lamium*-Arten enthalten Harpagid, das zu Hautreizungen führen kann.

## ANSPRÜCHE AN BODEN UND STANDORT

Goldnessel und Gefleckte Taubnessel sind anspruchslose Bodendecker und gedeihen in jedem Gartenboden in halbschattiger Lage.

## GESTALTERISCHE VERWENDUNG

Ideale Bodendecker für große Flächen unter lichten Bäumen oder für die Begrünung halbschattiger Böschungen.

# Grasnelke

*Armeria maritima* Gewöhnliche Grasnelke

BLEIWURZGEWÄCHSE

### HEIMAT / VORKOMMEN
Europa, Skandinavien, Nordrussland; in Salzwiesen, Trockenrasen und alpinen Rasen.

### BESCHREIBUNG
Bis 15 cm (selten bis 30 cm) hohe Stauden; Blätter linealisch, grasartig, grau- oder lauchgrün; Blütenköpfchen langgestielt, karminrosa; Blütezeit Mai bis Juni.

### WEITERE ARTEN UND SORTEN
*Armeria maritima* 'Alba', weißblühend; 'Laucheana', karminrosa; 'Bloodstone', dunkel-blutrot; 'Vindictive' mit großen rosafarbenen Blütenköpfchen. Wegerich-Grasnelke *Armeria arenaria*, vormals *Armeria alliacea*; *Armeria* 'Bees Ruby' mit rosa Blütenköpfchen auf 30 cm hohen Stängeln. *Armeria juniperifolia* bildet dichte Polster.

### HINWEISE AUF VERWENDUNGSEINSCHRÄNKUNGEN
Keine bekannt.

### ANSPRÜCHE AN BODEN UND STANDORT
Gedeihen auf jedem Gartenboden; auch auf Sandböden in voller Sonne.

### GESTALTERISCHE VERWENDUNG
Zur Randbepflanzung von Staudenrabatten, zur Bepflanzung von Trockenmauern, Steingärten, Heidegärten und für Beeteinfassungen.

### ERLEBNISWERT / BESONDERHEITEN
Hübsche Stauden für Blumensträußchen und zum Dekorieren.

1 Gewöhnliche Grasnelke 2 Grasnelke, weißblühende Sorte 3 Grasnelke, Sorte 'Joystick Red' 4 *Armeria juniperifolia* 5 Grasnelke, Sorte 'Bloodstone'

# Günsel

*Ajuga reptans* Kriechender Günsel

LIPPENBLÜTLER

### ERLEBNISWERT / BESONDERHEITEN
Robuster Bodendecker, der auch in Maßen betreten werden kann. Neben Hummeln kann man an den Blüten das Taubenschwänzchen, einen Falter, beobachten.

1 Kriechender Günsel, rotblättrig 2 Kriechender Günsel, blaublühende Sorte 3 Kriechender Günsel, rosablühende Sorte 4 Kriechender Günsel, panaschierte Sorte 5 Genfer Günsel

### HEIMAT / VORKOMMEN
Europa und Asien; in Wäldern, auf Wiesen und in lichten Gebüschen.

### BESCHREIBUNG
Kriechende immergrüne Stauden; ungeteilte, gegenständige, eiförmige bis länglich-spatelförmige dunkelgrüne Blätter, 9 cm lang, die eine Rosette bilden; Blüten dunkelblau, seltener rosa oder weiß, in aufrecht stehenden Blütenähren, bis 18 cm lang; Ausläufer mit raschem Wachstum; zahlreiche Sorten mit mehrfarbigen, braunroten oder bronzefarbenen Blattrosetten; Blütezeit Mai bis Juni.

### WEITERE ARTEN UND SORTEN
Pyramiden-Günsel *Ajuga pyramidalis*, Genfer Günsel *Ajuga genevensis* u. a.

### HINWEISE AUF VERWENDUNGSEINSCHRÄNKUNGEN
Bekannte Heilpflanze, die Aucubin enthält, das bei Verzehr mehrerer Blätter zu Übelkeit und Erbrechen führen kann.

### ANSPRÜCHE AN BODEN UND STANDORT
Gedeiht auf jedem Gartenboden, am besten an leicht feuchten Orten.

### GESTALTERISCHE VERWENDUNG
Robuster Bodendecker, der kahle Flächen unter Bäumen rasch begrünt; verträgt auch sonnige Plätze. Die Wildart mit ihren Sorten neigt zum Wuchern. Weniger wuchernde Sorten sind *Ajuga reptans* 'Burgundy Glow', ' Catlin's Giant', 'Multicolor', 'Pink Elf', 'Variegata' oder 'Rainbow'.

# Himmelsleiter

*Polemonium caeruleum* Blaue Himmelsleiter

HIMMELSLEITERGEWÄCHSE

### HEIMAT / VORKOMMEN

Europa, Nordasien, Nordamerika; auf Feuchtwiesen, an Ufern, Steinschuttfluren, in Grauerlenwäldern; oft aus Gärten verwildert.

### BESCHREIBUNG

Fiederblättrige, bis 80 cm hohe Staude; Blätter 40 cm lang, unpaarig gefiedert, etwa 19 einzelne Fiederblättchen; Blüten radförmig, 1 bis 1,5 cm breit, himmelblau, seltener weiß, in endständigen Rispen. Blütezeit Juni bis Juli.

### WEITERE ARTEN UND SORTEN

Die Sorte *Polemonium caeruleum* 'Purple Rain' hat rote Blätter; weiß gerandete Blätter haben die Sorten 'Brise d'Anjou' und 'Snow and Sapphires'. *Polemonium caeruleum* 'Album' hat weiße Blüten. *Polemonium* x *richardsonii* wird nicht größer als 25 cm.

### HINWEISE AUF VERWENDUNGSEINSCHRÄNKUNGEN

Keine bekannt.

### ANSPRÜCHE AN BODEN UND STANDORT

Gedeihen auf jedem nährstoffreichen, feuchten, wasserdurchlässigen Boden in sonniger Lage.

### GESTALTERISCHE VERWENDUNG

Für Rabatten und Wildblumengärten.

### ERLEBNISWERT / BESONDERHEITEN

Der Name Himmelsleiter kommt von den leiterförmigen Fiederblättern; ein weiterer Name, „Sperrkraut“, müsste eigentlich „Speerkraut“ lauten. Der Name „*Polemonium*“ leitet sich aus dem griechischen „Polemos“ für „Krieg“ ab. Mancherorts heißt die Pflanze auch Jakobsleiter. An den Blüten finden sich Honigbienen und Hummeln.

1 und 2 Blaue Himmelsleiter 3 *Polemonium caeruleum* 'Album' 4 Blaue Himmelsleiter, rotlaubige Sorte 5 *Polemonium caeruleum* 'Brise d'Anjou'

# Hornkraut

*Cerastium tomentosum* Filziges Hornkraut

NELKENGEWÄCHSE

**ERLEBNISWERT / BESONDERHEITEN**
Die silbergrauen Triebe mit den weißen Blüten eignen sich für kleine Blumenkränzchen.

1 Filziges Hornkraut 2 Filziges Hornkraut, Blüte 3 Acker-Hornkraut 4 Silber-Hornkraut, Blatt 5 Silber-Hornkraut, Blüte

### HEIMAT / VORKOMMEN

Italien, vielerorts verwildert.

### BESCHREIBUNG

Mattenbildende, niedrige Stauden mit weißfilzigen, lanzettlichen Blättern und weißen endständigen Blüten. Blütengröße bis 2,5 cm breit; Blütezeit Mai bis Juni.

### WEITERE ARTEN UND SORTEN

Niedriges Acker-Hornkraut *Cerastium arvense* 'Compactum' mit reichem Blütenflor im Mai; Alpen-Hornkraut *Cerastium alpinum* für Steingärten und Trockenmauern, Blütezeit Juli bis August; Silber-Hornkraut *Cerastium biebersteinii*, bis 10 cm hohe Polster, Blütezeit Mai/Juni.

### HINWEISE AUF VERWENDUNGSEINSCHRÄNKUNGEN

Keine bekannt.

### ANSPRÜCHE AN BODEN UND STANDORT

Anspruchslose Stauden für sonnige, trockene Lagen. Alpine Arten benötigen einen durchlässigen Boden und aufmerksamere Pflege.

### GESTALTERISCHE VERWENDUNG

Auf sonnigen Trockenmauern, als Bodendecker auf steinigen Böschungen, Fugenfüller zwischen Steinplatten. Wirkt durch die silbergrauen Blätter und die reichliche Blüte besonders schön.

# Immenblatt

*Melittis melissophyllum*

LIPPENBLÜTENGEWÄCHSE

**HEIMAT / VORKOMMEN**
Europa ohne Skandinavien; in Laubwäldern.

**BESCHREIBUNG**
20 bis 40 cm hohe, büschelig wachsende Staude; Blätter eiförmig, gekerbt, weich behaart, 7 bis 15 cm lang; Blüten 20 bis 40 mm lang, weitglockig aufgeblasen, rosa oder weiß mit purpurnen Flecken. Blütezeit Mai bis Juni.

**WEITERE ARTEN UND SORTEN**
*Melittis melissophyllum* 'Royal Velvet Distinction' hat besonders interessante Blüten mit roter Lippe.

**HINWEISE AUF VERWENDUNGSEINSCHRÄNKUNGEN**
Keine bekannt.

**ANSPRÜCHE AN BODEN UND STANDORT**
Benötigt kalkhaltigen, humosen, schattigen Boden, wärmebedürftig.

**GESTALTERISCHE VERWENDUNG**
Für schattige und halbschattige Rabatten und Wildblumengärten in mildem Klima.

**ERLEBNISWERT / BESONDERHEITEN**
Zweifarbige Blüten, aus denen sich zuckersüßer Saft saugen lässt. „Imme" ist ein alter Name für Biene, aber auch Hummeln und Tagfalter lassen sich an den Blüten beobachten. In der Volksmedizin werden die krampflösenden und beruhigenden Eigenschaften bei Magenbeschwerden, Schlafstörungen oder Nervosität genutzt.

1 und 2 Immenblatt, zweifarbige Sorten
3 Immenblatt mit Zeichnung auf der Unterlippe
4 Immenblatt, rosablühende Sorte 5 Immenblatt

# Indianernessel

*Monarda*

LIPPENBLÜTLER

## ERLEBNISWERT / BESONDERHEITEN

Indianernesseln blühen sehr lange. Sie ziehen Honigbienen und Hummeln an und eignen sich für angenehm duftende Sträuße und Dekorationen. Aus einigen Arten werden Tees hergestellt.

1 *Monarda fistulosa* 'Cambridge Scarlet'
2 *Monarda fistulosa* 'Schneewittchen'
3 *Monarda fistulosa* 'Prärienacht' 4 *Monarda fistulosa*
5 *Monarda didyma* 'Blue Stocking'

## HEIMAT / VORKOMMEN

Nordamerika; in lichten Wäldern und Prärien.

## BESCHREIBUNG

Buschige, 90 bis 130 cm hohe, aromatisch duftende Stauden mit straffen, vierkantigen Stängeln; Blätter gegen- oder wechselständig, meist gezähnt, bei manchen Arten auch ganzrandig, dunkel-, rot- oder hellgrün; Blüten salbeiartig, in endständigen Quirlen, rosa, rot, violett oder weiß mit attraktiven Hochblättern; Blütezeit Juni bis September.

## ARTEN UND SORTEN

Scharlach-Indianernessel *Monarda didyma*; Späte Indianernessel *Monarda fistulosa* und die aus Kreuzungen hervorgegangenen Sorten 'Adam', kirschrot, 100 cm; 'Cambridge Scarlet', scharlachrot, 90 cm; 'Croftway Pink', hellrosa, 90 cm; 'Blaustrumpf', dunkelviolett und purpurn, 90 cm; 'Mahogany', weinrot, 90 cm; 'Prärienacht', weinrot und grün, 90 cm; 'Schneewittchen', weiß und grün, 90 cm. Punktierte Indianernessel *Monarda punctata*, auch Pferdeminze genannt, rosa-weiß, 60 cm, wird für Tee verwendet; Russels Indianernessel *Monarda russeliana* Blüten klein, rosa, 80 cm.

## HINWEISE AUF VERWENDUNGSEINSCHRÄNKUNGEN

Von der Punktierten Indianernessel *Monarda punctata* sind sehr selten Hautreizungen bekannt geworden.

## ANSPRÜCHE AN BODEN UND STANDORT

Gedeihen auf jedem guten humusreichen, feuchten Gartenboden ohne Staunässe in sonniger oder halbschattiger Lage.

## GESTALTERISCHE VERWENDUNG

Wertvolle Schnitt- und Rabattenstauden.

# Kaukasus-vergissmeinnicht

*Brunnera macrophylla*
Großblättriges Kaukasusvergissmeinnicht

RAUBLATTGEWÄCHSE

**HEIMAT / VORKOMMEN**
Kaukasus, Türkei, Libanon, Irak und Iran; in Nadelwäldern.

**BESCHREIBUNG**
Aufrecht und buschig wachsende, bis 50 cm hohe Staude; Blätter langgestielt, 20 cm breit, oval-herzförmig, bis 14 cm lang; Blütenstand bis 50 cm hoch, verzweigt mit kleinen blauen Blüten. Blütezeit April bis Juni.

**WEITERE ARTEN UND SORTEN**
*Brunnera macrophylla* 'Variegata' mit silbrigweißen, unregelmäßigen Blatträndern; 'Hadspe Cream', cremefarbene Blattränder, 'Langtrees', silbergrau gepunktete Blätter, 'Jack Frost', silbergraue Blätter, von dunkelgrünen Blattnerven durchzogen; 'Looking Glass', helle cremefarbene Blätter mit grünen Adern.

**HINWEISE AUF VERWENDUNGSEINSCHRÄNKUNGEN**
Keine bekannt.

**ANSPRÜCHE AN BODEN UND STANDORT**
Benötigt feuchten, humosen Boden in halbschattiger, kühler Lage.

**GESTALTERISCHE VERWENDUNG**
Für schattige und halbschattige Rabatten. Die weißbunten Sorten bilden schöne Kontraste.

**ERLEBNISWERT / BESONDERHEITEN**
Große herzförmige Blätter, zum Teil mit silbrig glänzenden Blattzeichnungen. Die Blüten sind denen des Vergissmeinnicht ähnlich.

1 *Brunnera macrophylla* 'Looking Glass'
2 *Brunnera macrophylla* 'Jack Frost' 3 *Brunnera macrophylla* 'Variegata' 4 *Brunnera macrophylla*, Wildform 5 *Brunnera macrophylla* 'Langtrees'

# Lauch

*Allium christophii* Sternkugel-Lauch

LAUCHGEWÄCHSE

### ERLEBNISWERT / BESONDERHEITEN

Sternkugel-Lauch hat große, runde, langgestielte Blütenstände, die ein bisschen einem Feuerwerk ähneln. Sie eignen sich hervorragend zum Basteln und sind essbar. An den Blüten lassen sich neben Hummeln und Bienen auch Falter wie der Dickkopffalter, der Zitronenfalter und der Kohlweißling beobachten.

1 Riesen-Lauch 2 Sternkugel-Lauch 3 Sternkugel-Lauch, Blüten 4 Sternkugel-Lauch, Blütenstand getrocknet 5 Schnittlauch

### HEIMAT / VORKOMMEN

Türkei, Zentral-Asien

### BESCHREIBUNG

Eine 20 cm breite Blütenkugel, mit bis zu 80 kleinen, sternförmigen, metallisch glänzenden lilafarbenen Blüten, sitzt auf einem 40 cm hohen Stiel. Die Blätter sind riemenförmig, blaugrün, unterseits weiß behaart, bis 45 cm lang, bis 4 cm breit; sie sterben ab, wenn die Blüte erscheint. Blütezeit Juni bis Juli.

### WEITERE ARTEN UND SORTEN

Riesen-Lauch *Allium giganteum*, 80 cm hoch, Blütenkugel 10 cm breit, lila; die Sorte *Allium* 'Globemaster', 80 cm hoch, 20 cm breite Blütenkugel, tiefviollett. Schnittlauch *Allium schoenoprasum* gehört zur selben Gattung und bereichert, im Kräuterbeet oder auf dem Fensterbrett gezogen, die Küche. Weitere Laucharten werden in der Volksmedizin verwendet.

### HINWEISE AUF VERWENDUNGSEINSCHRÄNKUNGEN

Viele Laucharten, insbesondere die essbaren wie Knoblauch, Bärlauch und Speisezwiebel, enthalten Alliin, das bei Personen mit Lauch-Allergie Reaktionen auslösen kann, wenn sie Zwiebeln verzehren oder häufig Kontakt mit dem Pflanzensaft haben. Getrocknete Pflanzenteile rufen hingegen kaum allergische Reaktionen hervor.

### ANSPRÜCHE AN BODEN UND STANDORT

Gedeihen auf jedem guten, tiefgründigen Gartenboden in sonniger oder halbschattiger Lage.

### GESTALTERISCHE VERWENDUNG

Die Blütenkugeln kommen einzeln oder in Staudenrabatten besonders gut zur Geltung.

# Löwenzahn

*Taraxacum officinale* Wiesen-Löwenzahn

KORBBLÜTLER

1

2

3

4

5

### HEIMAT / VORKOMMEN
Europa; auf Wiesen und Weiden, Unkrautfluren, an Wegrändern.

### BESCHREIBUNG
10 bis 40 cm hohe Staude mit Pfahlwurzel; Blätter in einer Rosette, länglich, schrotsägeförmig; Stängel einköpfig, hohl, Blütenköpfe aus 30 bis 40 spiralig angeordneten gelben Blütenblättern. Diese sind von einem Kreis aus Hüllblättern umgeben, der sich bei Nacht, Regen oder Trockenheit schließt und so den Blütenstand schützt. Samen an haarigen Flugschirmen, die durch den Wind verbreitet werden. Blütezeit April bis Juli.

### WEITERE ARTEN UND SORTEN
Zahlreiche Unterarten; die bisher als *Taraxacum officinale* bekannten Arten werden inzwischen als *Taraxacum* sect. *Ruderalia* zusammengefasst.

### HINWEISE AUF VERWENDUNGSEINSCHRÄNKUNGEN
Der Milchsaft kann allergische Reaktionen und Hautreizungen auslösen, bei Verzehr großer Mengen sind Magen-Darm-Reizungen möglich. In seltenen Fällen sind Pollenallergien möglich.

### ANSPRÜCHE AN BODEN UND STANDORT
Gedeihen auf jedem durchlässigen, nährstoffreichen Gartenboden in sonniger und halbschattiger Lage.

### GESTALTERISCHE VERWENDUNG
Sofern der Löwenzahn nicht wild im Garten vorkommt, kann er in Töpfen oder Trögen gepflanzt werden.

1 Löwenzahn, Blattrosette 2 und 3 Löwenzahn, Blüten 4 gerollte Löwenzahnstängel 5 Löwenzahn, Fruchtstand (Pusteblume)

### ERLEBNISWERT / BESONDERHEITEN
Als Pusteblume bei allen Kindern bekannt und beliebt. Der Stängel ergibt längs eingeschnitten eine kleine Kindertrompete, und ins Wasser gelegt entstehen Spiralen. Die Blüten gelten als Wetterpropheten: Wenn schlechtes Wetter bevorsteht, öffnen sie sich nicht. Die jungen Blätter werden gebleicht für Salat verwendet. An den Blüten finden sich neben Hummeln und Bienen viele Tagfalter wie Schwalbenschwanz, Postillon, Zitronenfalter, Kohlweißling, Aurorafalter und Admiral.

# Lungenkraut

*Pulmonaria*

BORRETSCHGEWÄCHSE

**ERLEBNISWERT / BESONDERHEITEN**
Die Blüten erscheinen schon früh im März. Schön zu beobachten ist, wie die anfangs roten Blüten allmählich blau werden. Für Frühlingssträußchen sehr beliebt. Breite gefleckte Blätter. Die Volksmedizin verwendet Lungenkraut bei Halsentzündungen, Husten und als schweißtreibende Arznei. An den Blüten finden sich Hummeln, Honigbienen, Zitronenfalter und Rapsweißlinge ein.

1 Echtes Lungenkraut 2 Ziegelrotes Lungenkraut 3 Weiches Lungenkraut 4 Schmalblättriges Lungenkraut 5 *Pulmonaria longifolia* 'Roy Davidson'

**HEIMAT / VORKOMMEN**
Europa und Asien; in Kiefer- und Laubmischwäldern, Bergwäldern, an Waldrändern, in Hecken und Gebüschen.

**BESCHREIBUNG**
Niedrige, bis 30 cm hohe, rauhaarige Stauden mit kriechendem Wurzelstock; Grundblätter rosettenartig, einfach, herzförmig-lanzettlich, langgestielt; viele Arten und Sorten mit auffälligen weißen oder silbernen Flecken. Die Stängelblätter sind deutlich kleiner als die Grundblätter. Blüten rund, trichterförmig, glockig, 5 bis 10 mm breit, rot, violett, blau, seltener weiß; Blütezeit März bis Mai.

**ARTEN UND SORTEN**
Pflanzengattung mit etwa 14 Arten und über 50 Sorten: Echtes Lungenkraut *Pulmonaria officinalis*, rosa bis rötlich blau; Schmalblättriges Lungenkraut *Pulmonaria angustifolia*, sattblau; Langblättriges Lungenkraut *Pulmonaria longifolia*, blaupurpur, in vielen Sorten; Großgeflecktes Lungenkraut *Pulmonaria saccharata*, rotviolett, weiß; Ziegelrotes Lungenkraut *Pulmonaria rubra*, rot; Weiches Lungenkraut *Pulmonaria mollis*, violett.

**HINWEISE AUF VERWENDUNGSEINSCHRÄNKUNGEN**
In sehr seltenen Fällen wurden bei empfindlichen Personen bei Kontakt mit Pflanzenteilen Hautrötungen beobachtet.

**ANSPRÜCHE AN BODEN UND STANDORT**
Gedeihen in humosem, nährstoffreichem, feuchtem Boden in schattiger und halbschattiger Lage.

**GESTALTERISCHE VERWENDUNG**
Ideale Bodendecker für schattige oder halbschattige Plätze unter Bäumen oder in Staudenrabatten.

# Mädchenauge

*Coreopsis*

KORBBLÜTLER

### HEIMAT / VORKOMMEN

Nord- und Zentralamerika, Mexiko.

### BESCHREIBUNG

Aufrecht und buschig wachsende, 25 bis 60 cm hohe, zum Teil als Sommerblumen kultivierte Stauden; Blätter frischgrün, langgestielt, gegenständig, einfach und ganzrandig, gefiedert oder gefingert, auch nadelförmig; Blüten margeritenartig, meist leuchtend gelb, einige mit brauner Mitte; Blütezeit Juni bis September.

### ARTEN UND SORTEN

Netzblattstern *Coreopsis verticillata*, Großblumiges Mädchenauge *Coreopsis grandiflora*, Dunkelgelbes Mädchenauge *Coreopsis auriculata*, Lanzettblättriges Mädchenauge *Coreopsis lanceolata*, Hohes Mädchenauge *Coreopsis tripteris*; Färber-Mädchenauge *Coreopsis tinctoria*. Neue Züchtungen mit bisher nicht bekannten Blütenfarben: 'Mango Punch' orange, 'Sangria' dunkelrot, 'Pink Lady' rosa, *Coreopsis rosea* 'Sweet Dreams' rosa mit roter Mitte.

### HINWEISE AUF VERWENDUNGSEINSCHRÄNKUNGEN

Selten können Pollenallergien auftreten.

### ANSPRÜCHE AN BODEN UND STANDORT

Gedeihen auf jedem nährstoffreichen, durchlässigen Gartenboden in sonniger und halbschattiger Lage.

### GESTALTERISCHE VERWENDUNG

Reich- und langblühende Rabatten-Stauden für sonnige und halbschattige Standorte. Die meisten Arten oder Sorten werden einjährig kultiviert. Schön als Kontrast zu violett blühenden Nachbarpflanzen.

### ERLEBNISWERT / BESONDERHEITEN

Wertvolle, langlebige Schnittblumen, an den Blüten lassen sich Schwebfliegen und Hummeln beobachten. Läßt sich zum Färben für kräftiges Gelb verwenden.

1 *Coreopsis grandiflora* 'Domino' 2 *Coreopsis grandiflora* 'Presto' 3 *Coreopsis tinctoria* 4 *Coreopsis rosea* 'Sweet Dreams' 5 *Coreopsis verticillata*

# Mädesüß

*Filipendula ulmaria* Echtes Mädesüß

ROSENGEWÄCHSE

### HEIMAT / VORKOMMEN
Europa, Westasien; auf Feuchtwiesen, an Ufern, in Röhricht.

### BESCHREIBUNG
Buschige, 50 bis 150, seltener 200 cm hohe Staude; Wurzelstock kriechend, Stängel kantig und rot überlaufen; Blätter ulmenähnlich, 3 bis 4 cm lang, dunkelgrün, unterseits flaumig behaart, gefiedert und stark geadert; Blütenstände doldenrispig, 25 cm im Durchmesser, weiß oder gelblich; Blütezeit Juni bis September.

### WEITERE ARTEN UND SORTEN
*Filipendula ulmaria* 'Aurea' hat gelbes Laub, die Sorte 'Flore Pleno' hat gefüllte Blüten. 'Variegata' ist eine Sorte mit gelbgestreiften Blättern. Rosa blühen das Japanische Mädesüß *Filipendula purpurea* 'Elegans' und das Prärie-Mädesüß *Filipendula rubra* 'Venusta Magnifica', das bis zu 2,5 m hoch wird.

### HINWEISE AUF VERWENDUNGSEINSCHRÄNKUNGEN
Keine bekannt.

### ANSPRÜCHE AN BODEN UND STANDORT
Gedeihen auf jedem feuchten, durchlässigen und nährstoffreichen Gartenboden.

### GESTALTERISCHE VERWENDUNG
In hohen Staudenrabatten oder an Gartenteichen.

### ERLEBNISWERT / BESONDERHEITEN
Die weißen bis gelblich weißen Blüten duften nach Vanille, sie eigenen sich gut für Sträuße. Früher wurden die Pflanzen wegen des Duftes in Wohnräumen verstreut und zum Gelbfärben verwendet. Die Pflanze enthält Acetylsalicylsäure und wurde in der Volksmedizin bei Fieber genutzt. Der Name „Aspirin" leitet sich vom alten Namen der Pflanze – *Spiraea ulmaria* – ab. Hinter hochwachsenden Sorten kann man sich verstecken. An den Blüten können Honigbienen, Wildbienen und Blütenkäfer beobachtet werden sowie Zitronenfalter und Tagpfauenaugen.

1 Echtes Mädesüß, panaschiert
2 *Filipendula purpurea* 'Elegans'
3 *Filipendula rubra* 4 *Filipendula ulmaria* 'Aurea'
5 *Filipendula ulmaria* 'Flore Pleno'

# Mannstreu

*Eryngium*

DOLDENBLÜTLER

## HEIMAT / VORKOMMEN

Europa bis Kaukasus und Iran, Zentralasien.

## BESCHREIBUNG

50 bis 70 cm hohe Staude mit tiefgehendem, fleischigem Wurzelstock. Stängel im oberen Teil stahlblau; Grundblätter in einer Rosette, langgestielt, herzförmig, zugespitzt, Stängelblätter rundlich, an der Spitze gelappt; 3 bis 5 Blütenköpfe, zylindrisch, 4 cm lang, mit stahlblauen oder weißen Blüten und fiederspaltigen, bestachelten, 6 cm langen Hochblättern; Blütezeit Juli bis August.

## ARTEN UND SORTEN

Besonders attraktive Blüten besitzen Spanischer Mannstreu *Eryngium bourgatii*, Elfenbein-Mannstreu *Eryngium giganteum*, Flachblättriger Mannstreu *Eryngium planum* und Alpen-Mannstreu *Eryngium alpinum*.

## HINWEISE AUF VERWENDUNGSEINSCHRÄNKUNGEN

Die Pflanzen sind stachelig.

## ANSPRÜCHE AN BODEN UND STANDORT

Gedeihen in jedem durchlässigen, leicht feuchten, nährstoffreichen Gartenboden in voller Sonne.

## GESTALTERISCHE VERWENDUNG

In Staudenrabatten oder Steingärten.

## ERLEBNISWERT / BESONDERHEITEN

Alle Mannstreu-Arten sind ideale Schnitt- und Trockenblumen. Die bizarren, distelähnlichen Blütenformen erinnern an aus Zinkblech oder Alufolie gestanzte Kunstwerke. Für kreatives Basteln geeignet. An den Blüten finden sich Honigbienen, Hummeln, Wildbienen, Schwebfliegen und Falter wie Wiesenvögelchen und Bläulinge.

1 Elfenbein-Mannstreu 2 Spanischer Mannstreu
3 Flachblättriger Mannstreu 4 Alpen-Mannstreu
5 Elfenbein-Mannstreu

## ERLEBNISWERT / BESONDERHEITEN

Imposante Staude mit bäumchenartigem, reichverzweigtem Blütenstand. Wegen der filigranen Blüten auch „Riesenschleierkraut" genannt.

1 und 2 Herzblättriger Meerkohl
3 Herzblättriger Meerkohl, Blüte
4 Küsten-Meerkohl 5 Küsten-Meerkohl, Blüte

# Meerkohl

*Crambe cordifolia* Herzblättriger Meerkohl

KREUZBLÜTLER

### HEIMAT / VORKOMMEN

Nordkaukasus; an felsigen Berghängen.

### BESCHREIBUNG

Aus einem Büschel dunkelgrüner, herzförmiger, borstig behaarter, schwach gelappter, 35 cm langer Blätter ragt ein bis zu 2 m hoher und 1,5 m breiter, reichverzweigter Blütenstand hervor. Blüten 1,2 bis 1,4 cm groß, weiß, duftend; Frucht kugelig, 4 bis 5 mm im Durchmesser; Blütezeit Mai bis Juli.

### WEITERE ARTEN UND SORTEN

Der einheimische Küsten-Meerkohl *Crambe maritima* ist eher für die Küche interessant. Die Blätter schmecken blanchiert wie Kohlrabi.

### HINWEISE AUF VERWENDUNGSEINSCHRÄNKUNGEN

Der Kontakt mit dem Pflanzensaft kann bei empfindlichen Personen zu Hautreizungen führen.

### ANSPRÜCHE AN BODEN UND STANDORT

Gedeihen auf jedem durchlässigen, leicht feuchten, nährstoffreichen Gartenboden in voller Sonne.

### GESTALTERISCHE VERWENDUNG

In Staudenrabatten oder einzeln, im Rasen oder an Mauern oder Gebäudeecken.

# Minze

*Mentha* x *piperita* Pfefferminze

LIPPENBLÜTLER

### HEIMAT / VORKOMMEN

Pfefferminze *Mentha* x *piperita* ist eine Kreuzung aus Wasser-Minze und Ähriger Minze *Mentha aquatica* x *Mentha spicata,* die beide in Europa, Nordafrika und Vorderasien beheimatet sind.

### BESCHREIBUNG

Aromatisch duftende, rhizombildende, buschige, 30 bis 80 cm hohe Staude mit verholzenden Wurzelstöcken; Blätter länglich-eiförmig, 4 bis 8 cm lang, am Rand grob gezähnt, dunkelgrün, an sonnigen Standorten rötlichpurpurn bis bronzefarben; Blüten 4 mm lang, rosarot in dichten, etagenartig unterteilten, ährenartigen Blütenständen. Blütezeit Juni bis Juli.

### WEITERE ARTEN UND SORTEN

Zahlreiche Arten und Sorten mit unterschiedlichen Duftnoten: Orange, Zitrone, Ananas, Apfel, Schokolade, Eau de Cologne, Bergamotte. Wildarten sind Acker-Minze *Mentha arvensis*, Wasser-Minze *Mentha aquatica*, Ross-Minze *Mentha longifolia* und Rundblättrige Minze *Mentha suaveolens*.

### HINWEISE AUF VERWENDUNGSEINSCHRÄNKUNGEN

Bei Kontakt mit dem Pflanzensaft können sich bei empfindlichen Personen Hautreaktionen zeigen.

### ANSPRÜCHE AN BODEN UND STANDORT

Gedeihen am besten in feuchtem Gartenboden.

### GESTALTERISCHE VERWENDUNG

Geeignet für kleine Kräutergärten oder Kräuterspiralen. Sorten mit zweifarbigen Blättern und besonders attraktiven Blüten eignen sich auch für Staudenrabatten.

1 

2 

3 

4 

5 

### ERLEBNISWERT / BESONDERHEITEN

Beliebte Teepflanze mit intensivem Duft, der sich auch beim Trocknen kaum verliert. Neben der Pfefferminze gibt es viele weitere Minze-Arten mit interessanten Duftnoten. An den Blüten finden sich Hummeln, Honigbienen und verschiedene Falter wie Zitronenfalter, Postillon, Tagpfauenauge, Kleiner Fuchs, Landkärtchen und C-Falter. An den Blättern können blau schillernde Blattkäfer beobachtet werden.

1 Wasser-Minze 2 Ährige Minze 3 *Mentha suaveolens* 'Variegata' 4 Rundblättrige Minze, Blüte 5 Pfefferminze

# Mohnbrötchenpflanze

*Scrophularia chrysantha*
Gelbblütige Braunwurz

BRAUNWURZGEWÄCHSE

### HEIMAT / VORKOMMEN

Südkaukasus, Nordtürkei, Aserbaidschan; auf Felsfluren, in Felsspalten, an Küstenfelsen.

### BESCHREIBUNG

Ausdauernde, 15 bis 60 cm hohe Pflanze; Stängel vierkantig, drüsig-zottig behaart; Blätter gegenständig, dreieckig-herzförmig, runzlig, mit weichen Haaren besetzt, Blattrand unregelmäßig gezähnt; Blüten goldgelb, röhrig, in knäuelförmigen Blütenständen, die Staubblätter ragen aus den Blüten heraus; Blütezeit Mai bis Juni.

### WEITERE ARTEN UND SORTEN

Sehr ähnlich ist die Frühlings-Braunwurz *Scrophularia vernalis*, die aber nicht duftet.

### HINWEISE AUF VERWENDUNGSEINSCHRÄNKUNGEN

Keine bekannt.

### ANSPRÜCHE AN BODEN UND STANDORT

Sonnige, nährstoffreiche, steinige Gartenböden.

### GESTALTERISCHE VERWENDUNG

Für Steingärten oder Steinbeete.

### ERLEBNISWERT / BESONDERHEITEN

Die Pflanze duftet wie ein frisches Mohnbrötchen.

1 und 2 Mohnbrötchenpflanze
3 bis 5 Mohnbrötchenpflanze, Blüten

# Nachtkerze

*Oenothera*

NACHTKERZENGEWÄCHSE

## HEIMAT / VORKOMMEN

Nord- und Südamerika

## BESCHREIBUNG

Aufrechte oder niedrige Stauden und viele zweijährige Arten; Blätter wechselständig, lanzettlich bis eirund oder fiederteilig, ganzrandig oder gesägt; Blüten achselständig, becher- oder schalenförmig, 5 bis 8 cm breit, meist gelb, seltener weiß und rosa; überwiegend Nachtblüher, einige Arten oder Sorten blühen am Tage.

## ARTEN UND SORTEN

Missouri-Nachtkerze *Oenothera macrocarpa*, niederliegend, blüht tagsüber; Rotstängelige Nachtkerze *Oenothera fruticosa*, aufrecht, blüht tagsüber; *Oenothera fruticosa* 'Fyrverkeri', goldgelbe Sorte, rötliche Stiele; 'Hohes Licht', leuchtend gelb, langanhaltende Blüte; 'Sonnenwende', goldgelb, großblumig. 'Lemon Drop' bildet niedrige Polster, 20 bis 30 cm hoch, reichblühend. Blütezeit Mai bis August. Die Rotkelchige Nachtkerze *Oenothera glazioviana* ist auch als *Oenothera erytrocephala* im Handel, sie blüht von Juni bis September. *Oenothera speciosa* hat rosafarbene Blüten, die Gewöhnliche Nachtkerze *Oenothera biennis* findet sich oft auf Ruderalflächen.

## HINWEISE AUF VERWENDUNGSEINSCHRÄNKUNGEN

Beim Entfernen verwelkter Blüten der Rotkelchigen Nachtkerze kann bei empfindlichen Personen die Haut zwischen den Fingern jucken.

## ANSPRÜCHE AN BODEN UND STANDORT

Gedeihen auf jedem nicht zu nährstoffreichen, etwas feuchten Gartenboden in sonniger Lage.

## GESTALTERISCHE VERWENDUNG

Nachtkerzen blühen lang und reichhaltig. Niedrige Arten wie die Missouri-Nachtkerze passen in den Steingarten, höhere können in Staudenrabatten als „Aufheller" gepflanzt werden.

1 Roststängelige Nachtkerze 2 Rosa Nachtkerze *Oenothera speciosa* 3 Gewöhnliche Nachtkerze 4 Polsterförmige Sorte 'African Sun' 5 Rotkelchige Nachtkerze

## ERLEBNISWERT / BESONDERHEITEN

Nachtkerzen bestechen durch schwefelgelbe, große Blüten, die sich bei vielen Arten erst abends öffnen. Der Rotkelchigen Nachtkerze *Oenothera glazioviana*, auch „Halbzehnuhr-Blume" genannt, kann man zusehen, wie sie mit Beginn der Dämmerung die Blüten öffnet. Kommen Bienen vorbei, wird es besonders amüsant, da lange Pollenfäden an den Beinen kleben bleiben und die Bienen mit diesen Anhängseln geschmückt in den Bienenstock zurückkehren. Die Samen der Nachtkerze sind essbar, ebenso wie die Rhizome. In der Volksmedizin bei Husten, Verdauungsbeschwerden und Rheuma verwendet.

# Nelke

*Dianthus*

NELKENGEWÄCHSE

### ERLEBNISWERT / BESONDERHEITEN

Zarte Blüten in kräftigen Farben mit intensivem Duft, für Blumensträußchen und Kränzchen sehr gut geeignet. Die Blüten ziehen etwa 25 verschiedene Tagfalterarten an, darunter Schwalbenschwanz, Kleiner Fuchs, Zitronenfalter und Distelfalter.

1 Geröll-Nelke 2 Bart-Nelke
3 Heide-Nelke 4 und 5 Pfingst-Nelke

### HEIMAT / VORKOMMEN

Europa, Mittelmeergebiet, Balkan-Halbinsel, Kleinasien; an sonnigen, trockenen Orten in Magerrasen, Gebüschen oder auf Felsen.

### BESCHREIBUNG

Niedrige, rasen- oder polsterförmige, straff aufrecht wachsende Stauden mit grasartigen Blättern, die am Grunde scheidenartig verwachsen sind; Blüten einzeln, trugdoldig, kopfig oder in Rispen; Blütezeit Juni bis August.

### ARTEN UND SORTEN

Geröll-Nelke *Dianthus petraeus*, weiß; Bart-Nelke *Dianthus barbatus*, 30 bis 50 cm, in vielen Sorten; Karthäuser-Nelke *Dianthus carthusianorum*, purpurrosa, 30 cm; Sand-Nelke *Dianthus arenarius* weiß, 20 cm; Heide-Nelke *Dianthus deltoides*, dunkelrosa, 15 cm, mit den Sorten 'Arctic Fire', weiß mit roter Mitte, 'Cherry', rot; 'Leuchtfunk' und 'Flashing Light', dunkelrot, 'Albiflorus', weiß; 'Brillant', hellrot; Pfingst-Nelke *Dianthus gratianopolitanus*, tiefrosa, 15 cm; Feder-Nelke *Dianthus plumarius*, weiß oder rosa, 25 cm; Schwefel-Nelke *Dianthus knappii*, gelb, 30 cm.

### HINWEISE AUF VERWENDUNGSEINSCHRÄNKUNGEN

Empfindliche Personen können beim Pflücken der Garten-Nelke *Dianthus caryophyllus* entzündliche Hautreaktionen zeigen. Von Polsternelken sind diese Reaktionen nicht bekannt.

### ANSPRÜCHE AN BODEN UND STANDORT

Anspruchslose Stauden für sonnige, trockene Lagen. Alpine Arten benötigen durchlässigen Boden und aufmerksamere Pflege.

### GESTALTERISCHE VERWENDUNG

Nelken eignen sich für sonnige Trockenmauern, als Bodendecker auf steinigen Böschungen oder als Fugenfüller zwischen Steinplatten und im Steingarten. Sie wirken besonders durch die silbergrauen Blätter und die Blütenfülle.

# Nelkenwurz

*Geum*

ROSENGEWÄCHSE

1 Berg-Nelkenwurz, Blüte 2 Berg-Nelkenwurz, Fruchtstand 3 *Geum* 'Flames of Passion' 4 Bach-Nelkenwurz 5 *Geum chiloense* 'Feuerball'

### HEIMAT / VORKOMMEN

Europa, Asien, Nord- und Südamerika.

### BESCHREIBUNG

20 bis 50 cm hohe Stauden; Blätter in einer Rosette, unregelmäßig gefiedert bis fiederteilig, faltig, Fiederblättchen gezähnt oder mit gebuchteten Rändern; Blüten aufrecht, selten glockig hängend, mit 5 Kronblättern, einzeln oder in Trugdolden, teils zottig behaart, in Gelb, Orange, Rosa, Braun, Karminrot oder Rot; Blütezeit Juni bis September; Samenstand schopfig oder fedrig.

### ARTEN UND SORTEN

Chile-Nelkenwurz *Geum chiloense* 40 cm, Blüte karminrot, halbgefüllt; Rote Nelkenwurz *Geum coccineum*. Einheimische Arten für den Naturgarten: Bach-Nelkenwurz *Geum rivale*; Kriechende Nelkenwurz *Geum reptans*; Berg-Nelkenwurz *Geum montanum*.

### HINWEISE AUF VERWENDUNGSEINSCHRÄNKUNGEN

Keine bekannt.

### ANSPRÜCHE AN BODEN UND STANDORT

Die hohen Arten und Sorten verlangen sonnige Plätze und einen guten Gartenboden. Alpine Arten wie *Geum montanum* sind anspruchsvoll und benötigen feuchte, steinige Standorte.

### GESTALTERISCHE VERWENDUNG

Die hohen Arten und Sorten eignen sich für Staudenrabatten und Steingärten. Die alpinen Arten schmücken Steingärten und Trockenmauern.

### ERLEBNISWERT / BESONDERHEITEN

Stauden mit leuchtend roten, gelben oder orangefarbenen Blüten; als Schnittblumen und für Tischdekorationen geeignet.

# Pfeifengras

*Molinia caerulea* Blaues Pfeifengras

SÜSSGRÄSER

## HEIMAT / VORKOMMEN

Europa, Asien; auf Moorwiesen, Streuwiesen, in abgetorften Mooren, lichten Wäldern und Heiden.

## BESCHREIBUNG

Horstgras mit 60 bis 120 cm hohen, steifen Halmen und blaugrünen Blättern; Blütenrispen aus purpurfarbenen, gelb gestielten Ährchen; Blütezeit Juni bis August.

## WEITERE ARTEN UND SORTEN

Das Rohr-Pfeifengras *Molinia arundinacea* erreicht eine Höhe von 2 Metern. In Gärten findet man häufig die straff aufrecht wachsenden Sorten *Molinia arundinacea* 'Karl Foerster', *Molinia caerulea* 'Moorhexe' mit dunkelpurpurnen Ährchen sowie die weiß-bunt gestreifte Sorte *Molinia caerulea* 'Variegata'.

## HINWEISE AUF VERWENDUNGSEINSCHRÄNKUNGEN

Der Pollenflug im Juni bis August kann in seltenen Fällen Heuschnupfen auslösen.

## ANSPRÜCHE AN BODEN UND STANDORT

Gedeiht auf jedem frischeren Gartenboden. Optimal auf anmoorigen Böden in sonniger und halbschattiger Lage.

## GESTALTERISCHE VERWENDUNG

Als einzelne Horste oder in Gruppen gepflanzt. Die weißbunte, etwa 40 cm hohe Sorte *Molinia caerulea* 'Variegata' eignet sich für Einfassungen oder zur Aufhellung in Rabatten.

## ERLEBNISWERT / BESONDERHEITEN

Das Blaue Pfeifengras und andere Gräser bereichern Staudenrabatten und lockern Pflanzungen auf. Mit hochwachsenden Arten lassen sich Verstecke schaffen. Halme und Blätter bieten sich zum Basteln an, besonders im Herbst, wenn sie goldgelb gefärbt sind. Der Riedteufel, ein Schmetterling, ist auf das Pfeifengras angewiesen, da sich seine Raupen fast nur davon ernähren.

1 Blaues Pfeifengras 2 Blaues Pfeifengras im Herbst 3 Rohr-Pfeifengras 4 *Molinia arundinacea* 'Karl Foerster' 5 *Molinia caerulea* 'Variegata'

# Prachtkerze

*Gaura lindheimeri* Lindheimer-Prachtkerze

NACHTKERZENGEWÄCHSE

## HEIMAT / VORKOMMEN

Die Wildform stammt aus Texas und Louisiana. Dort wächst sie in Prärien, lichten Kiefernwäldern und verwildert auf Brachflächen.

## BESCHREIBUNG

Die Pflanzen werden 50 bis 150 cm hoch und bis 90 cm breit. Die wechselständigen, schmal lanzettlichen Blätter sind bis 7,5 cm lang, graugrün und 1 cm breit. An langen, binsenartigen, dünnen und bogig überhängenden Trieben sitzen weiße, rosa, oder hellrote, 2,5 bis 3 cm lange Blüten. Die vier X-förmig abstehenden Blütenblätter erinnern an Schmetterlinge. Die Staubfäden sind lang und weiß, die Staubbeutel purpurfarben. Die lange Blütezeit reicht von Mai bis Oktober.

## WEITERE ARTEN UND SORTEN

*Gaura lindheimeri* 'Whirling Butterflies', weiß; 'Siskiyou Pink', dunkelrosa; 'Pink Lady', dunkelrosa; 'Blaze', dunkelrosa und rotlaubig; 'Sunny Butterflies', rosa; 'Blushing Butterflies', hellrosa mit weiß; 'Crimson Butterflies', rosa; 'Corries Gold', weißblühend mit roten Blatträndern; 'Jo Adela', weißblühend mit gelbbuntem Laub. Duftende Prachtkerze *Gaura coccinea* mit kleineren roten Blüten.

## HINWEISE AUF VERWENDUNGSEINSCHRÄNKUNGEN

Keine bekannt.

## ANSPRÜCHE AN BODEN UND STANDORT

Ideale Standorte sind leicht feuchte, nährstoffreiche, humose Böden in sonniger Lage. Frosthart bis minus 20 °C.

## GESTALTERISCHE VERWENDUNG

Prachtkerzen wirken einzeln oder zu mehreren in Staudenrabatten.

## ERLEBNISWERT / BESONDERHEITEN

Die Prachtkerzen werden in ihrer Heimat „Whirling Butterflies", also „wirbelnde" Schmetterlinge genannt, da die lockeren Blütenstände an einen Schwarm von Schmetterlingen erinnern. Zudem finden sich an den Blüten viele nektarsammelnde Insekten, die dabei gut beobachtet werden können. Besonders langrüsselige Bienen, Hummeln sowie Tag- und Nachtfalter finden an diesen Blüten reiche Nahrung.

1 *Gaura lindheimeri* 2 *Gaura lindheimeri* 'Rosyjane' 3 *Gaura lindheimeri* 'Siskiyou Pink' 4 *Gaura lindheimeri* 'Pink Star' 5 Lindheimer-Prachtkerze

# Prachtspiere

*Astilbe*

STEINBRECHGEWÄCHSE

**ERLEBNISWERT / BESONDERHEITEN**
Die Blütenstände der Astilben sehen aus wie bunte Federbüsche; sie sind als Schnittblumen, zum Basteln und für Tischdekorationen geeignet.

1 Beet mit Prachtspieren und Funkien 2 *Astilbe japonica* 'Bremen' 3 *Astilbe simplicifolia* 'Praecox Alba' 4 *Astilbe japonica* 'Möwe' 5 *Astilbe* x *arendsii* 'Fanal'

## HEIMAT / VORKOMMEN

Wildformen stammen meist aus Südostasien oder Nordamerika. Für Pflanzungen verwendete Astilben sind meist Züchtungen aus verschiedenen Arten. Zu den bekanntesten zählen die Arendsii- und Simplicifolia-Kreuzungen.

## BESCHREIBUNG

Je nach Art oder Sorte 40 bis 110 cm hohe Stauden mit gefiederten Blättern und federartigen, 20 bis 35 cm langen Blütenrispen, Blätter meist 20 bis 30 cm lang, 2- oder 3-fach dreifingerig, Blättchen jeweils in 3 bis 5 gezähnte Lappen unterteilt. Die Farbpalette der winzig kleinen Blüten reicht von weiß, rosa, purpurfarben bis leuchtendrot. Blütezeit Mitte Juni bis September.

## ARTEN UND SORTEN

Blütezeit Juli: 'Amethyst', violettrosa, 100 cm; 'Brautschleier', weiß, 60 cm; 'Fanal', dunkelkarminrot, 60 bis 70 cm; 'Irrlicht', weiß, 50 cm; 'Granat', tiefrot, 60 cm; 'Gloria', dunkelrosa; 'Venus', leuchtend rosa, 100 cm; Blütezeit Juli bis August: 'Bergkristall', weiß, 100 cm; 'Hyazinth', dunkelrosa, 100 cm; 'Aphrodite', rosa, 40 bis 60 cm; 'Tamarix', rosa, 80 bis 100 cm; 'Bressingham Beauty', leuchtend rosa, 90 cm; Blütezeit August bis September: 'Cattleya', dunkelrosa, 110 cm; 'Federsee', tiefrosa, 60 cm; 'Weiße Gloria', weiß, 100 cm.
Neben den oben genannten Züchtungen aus der Arendsii- und Simplicifolia-Gruppe gibt es noch zahlreiche Sorten von *Astilbe japonica* und *Astilbe chinensis*.

## HINWEISE AUF VERWENDUNGSEINSCHRÄNKUNGEN

Keine bekannt.

## ANSPRÜCHE AN BODEN UND STANDORT

Ideale Standorte sind leicht feuchte, nährstoffreiche Humusböden in halbschattiger bis schattiger Lage. Auch an Ufern.

## GESTALTERISCHE VERWENDUNG

Astilben bringen leuchtende Farben in schattigere Ecken.

# Purpurglöckchen

*Heuchera sanguinea* Blut-Purpurglöckchen

STEINBRECHGEWÄCHSE

### HEIMAT / VORKOMMEN

Nordamerika

### BESCHREIBUNG

Buschige immergrüne oder halbimmergrüne Stauden mit verholzenden Wurzelstöcken; Blätter langgestielt, rundlich bis herzförmig, 5- bis 9-lappig, teilweise gezähnt, breit geadert, grün oder grau marmoriert, rotbraun oder bronzerot, auch hellgelb; Blüten 2 bis 10 mm lang, in lockeren Trugdolden auf dünnen, straffen Stielen; die Blütenfarben reichen von leuchtend Rot über Blassrosa, Gelbgrün bis Weiß; Blütezeit Mai bis Juni.

### WEITERE ARTEN UND SORTEN

Obwohl sich Gattungen normalerweise nicht miteinander kreuzen lassen, gibt es hier eine Ausnahme: Es gibt mit der Bastardschaumblüte x *Heucherella tiarelloides* Gattungsbastarde aus Schaumblüte *Tiarella* und Purpurglöckchen *Heuchera*. Viele Sorten gibt es zudem von *Heuchera* x *brizoides* und *Heuchera micrantha*.

### HINWEISE AUF VERWENDUNGSEINSCHRÄNKUNGEN

Keine bekannt.

### ANSPRÜCHE AN BODEN UND STANDORT

Gedeihen auf jedem nährstoffreichen, leicht feuchten, humosen, möglichst neutralen Gartenboden.

### GESTALTERISCHE VERWENDUNG

Für Steingärten, Trockenmauern, in Wildstaudenrabatten zusammen mit Schleierkraut, Berg-Astern, Nachtkerzen, Blauer Katzenminze und Salbei.

1 Purpurglöckchen, Blüte 2 *Heuchera* 'Lime Rickey' 3 *Heuchera* 'Sparkling Burgundy' 4 *Heuchera*-Sorte mit bronzefarbenem Laub 5 *Heuchera* x *brizoides*

### ERLEBNISWERT / BESONDERHEITEN

Kleine, aber auffällig leuchtende rote Blütenglöckchen an filigranen Blütenständen, die über den niedrigen Blättern zu schweben scheinen. Gut als Schnittblumen geeignet. Die Blätter in Farben von Dunkelrot bis Gelb bilden farbenfrohe Pflanzenteppiche.

# Schafgarbe

*Achillea millefolium* Wiesen-Schafgarbe

KORBBLÜTLER

## HEIMAT / VORKOMMEN

Europa und Westasien; auf Wiesen, trockenen Magerrasen, an Straßen- und Wegrändern und Bahnböschungen.

## BESCHREIBUNG

Mattenbildende Stauden, die sich stark ausbreiten. Blätter linealisch bis lanzettlich, fiederteilig, hellgrün bis graugrün; Blüten in Schirmrispen, 7 bis 12, zuweilen bis 20 cm breit, Wildform weiß. Blütezeit Juni bis Oktober.

## WEITERE ARTEN UND SORTEN

Viele Züchtungen in Gelb- und Rottönen, z. B. *Achillea millefolium* 'Cerise Queen' magentarosa, 'Burgundy' tiefrot, 'Lilac Beauty' fliederfarben, 'Paprika' orangerot, 'Bressingham Beauty' leuchtend rosa, 'Fanal' rot. Gold-Garbe *Achillea filipendulina* in vielen Sorten z. B. 'Golden Plate', 'Altgold', 'Cloth of Gold'; ferner die Goldquirl-Garbe *Achillea clypeolata*, Gelbe Schafgarbe *Achillea tomentosa* und Hybriden mit *Achillea* 'Summerwine', 'Lachsschönheit' u. a.

## HINWEISE AUF VERWENDUNGSEINSCHRÄNKUNGEN

Triebe, Blätter und Pollen der Schafgarbe beinhalten Sesquiterpene und Sesquiterpenlactone, die bei empfindlichen Personen allergische Reaktionen (Hautrötung, Schwellungen) auslösen können. Sie gilt aber auch als wichtige Heilpflanze.

## ANSPRÜCHE AN BODEN UND STANDORT

Gedeihen auf jedem normalen Gartenboden in sonniger, warmer Lage.

## GESTALTERISCHE VERWENDUNG

Schafgarben bereichern Staudenrabatten mit ihrer Farbenvielfalt.

## ERLEBNISWERT / BESONDERHEITEN

Getrocknete Schafgarben-Blüten können zum Basteln – z. B. als Zwergbäumchen für Modelleisenbahnen – verwendet werden. Bunte Arten eignen sich besonders als haltbare Schnittblumen und zum Färben. Bedeutende Heilpflanze zur Wundheilung und gegen Entzündungen sowie Magen-Darm-Beschwerden und als Mundwasser. Die Blüten werden von Honigbienen, Wildbienen und Blütenkäfern besucht, aber auch, je nach Lebensraum, von über 40 verschiedenen Tagfalterarten.

1 Gold-Garbe 2 *Achillea millefolium* 'Summerwine' 3 *Achillea millefolium* 'Cerise Queen' 4 Goldquirl-Garbe 5 *Achillea* 'Forncett Candy'

# Schaumblüte

*Tiarella*

STEINBRECHGEWÄCHSE

### HEIMAT / VORKOMMEN
Nordamerika

### BESCHREIBUNG
Niedrige, rhizombildende, 20 bis 35 cm hohe Waldstauden, je nach Art oder Sorte Blätter grundständig, lang gestielt, handförmig gelappt oder geteilt, herzförmig bis dreieckig oder breit eiförmig, 3- bis 5- oder sogar bis 9-lappig oder 3-fingerig; frischgrün, hellgrün, olivgrün oder mattgrün; einige am Grunde braun gefleckt oder mit auffälliger Blattzeichnung; Blüten zierlich, 5 bis 10 mm lang, in weißen oder rosaweißen, 15 bis 50 cm langen, ährenartigen, lockeren Rispen; Blütezeit April bis Juni.

### ARTEN UND SORTEN
Herzblättrige Schaumblüte *Tiarella cordifolia*, Dreiblättrige Schaumblüte *Tiarella trifoliata*, Wherrys Schaumblüte *Tiarella wherryi* und Sorten wie *Tiarella* 'Maple Leaf' und 'Dunvegan'.

### HINWEISE AUF VERWENDUNGSEINSCHRÄNKUNGEN
Keine bekannt.

### ANSPRÜCHE AN BODEN UND STANDORT
Gedeihen am besten in lockerem, leicht feuchtem Humusboden.

### GESTALTERISCHE VERWENDUNG
Als Bodendecker unter Gehölzen oder für schattige Rabatten.

### ERLEBNISWERT / BESONDERHEITEN
Die kleinen, sternförmigen, flauschigen Blüten bilden unter Bäumen regelrechte „Schaumteppiche“.

1 und 2 Herzblättrige Schaumblüte 3 *Tiarella* 'Neon Lights' 4 *Tiarella* 'Iron Butterfly' 5 Wherrys Schaumblüte, Blüte

# Scheinsonnenhut

*Echinacea purpurea* Roter Scheinsonnenhut

KORBBLÜTLER

## HEIMAT / VORKOMMEN

Nordamerika; in lichten Wäldern und Prärien.

## BESCHREIBUNG

Aufrechte, bis 120 cm hohe Stauden mit straffen, rötlich angelaufenen Stielen und schwarzen Wurzelstöcken mit Rhizomen; Blätter grundständig, langgestielt, eiförmig oder lanzettlich, gezähnt oder ganzrandig, auch tief fiederspaltig, borstig behaart, bis 15 cm lang. Blütenköpfchen margeritenartig, 12 bis 15 cm breit, Zungenblüten rosa, rot, purpurfarben oder weiß mit gelbem, orangefarbenem oder goldbraunem, zapfen- oder eiförmigem Blütenzentrum; Blütezeit Juli bis September.

## WEITERE ARTEN UND SORTEN

Schmalblättriger Scheinsonnenhut *Echinacea angustifolia*, purpurrosa oder weiß, 120 cm; Roter Scheinsonnenhut *Echinacea purpurea* purpurrot, 60 bis 120 cm, mit den Sorten 'Leuchtstern', purpurrot, 80 cm; 'Magnus', tief purpur, 18 cm breite, waagerecht abstehende Blüten, 60 cm; 'Robert Bloom', karminrot, 80 cm; 'White Lustre', cremeweiß, 80 cm; 'White Swan', weiß, 60 cm.

## HINWEISE AUF VERWENDUNGSEINSCHRÄNKUNGEN

Scheinsonnenhut-Arten enthalten Pyrrolizidin-Alkaloide, die bei empfindlichen Personen Hautrötungen hervorrufen können, wenn sie mit dem Pflanzensaft oder Wurzeln in Berührung kommen.

## ANSPRÜCHE AN BODEN UND STANDORT

Gedeihen auf jedem guten, tiefgründigen Gartenboden in sonniger oder halbschattiger Lage.

## GESTALTERISCHE VERWENDUNG

Scheinsonnenhut-Stauden sind wertvolle Schnitt- und Rabattenpflanzen.

## ERLEBNISWERT / BESONDERHEITEN

Wandernde Falter wie der Distelfalter finden in den Blüten des Scheinsonnenhuts Nahrung für ihre weiten Flüge nach Norditalien und Nordafrika. Auch für die Eireifung benötigen die Falter reichlich Nektar. Neben den Faltern saugen an den Blüten auch Honigbienen, Hummeln, Schwebfliegen und viele andere Insekten. Zudem ist der Sonnenhut sehr dekorativ und eignet sich als Schnittblume und zum Basteln. Hinter hochwachsenden Sorten kann man sich verstecken. Bei den indianischen Ureinwohnern Nordamerikas gegen Zahnschmerzen genutzt, heute zur Stärkung des Immunsystems.

1

2

3

4

5

1 und 2 Roter Scheinsonnenhut
3 Scheinsonnenhut, weißblühende Sorte
4 *Echinacea* 'Tomato Soup'
5 Scheinsonnenhut, rosablühende Sorte

# Schildblatt

*Darmera peltata*

STEINBRECHGEWÄCHSE

### HEIMAT / VORKOMMEN
USA (Oregon, Kalifornien); an Ufern, in Mischwäldern.

### BESCHREIBUNG
Aus finger- und armdicken Rhizomen sprießen 60 bis 100 cm hohe Stängel mit doldentraubigen, leuchtend rosafarbenen oder weißen Blütenständen. Die Einzelblüten sind 1,5 cm breit. Blütezeit April bis Mai. Anschließend entwickeln sich 30 bis 60 cm breite, tellerartige, auffällig geaderte dunkelgrüne Blätter. Zum Teil noch unter dem alten Namen *Peltiphyllum peltatum* im Handel.

### WEITERE ARTEN UND SORTEN
Keine bekannt.

### HINWEISE AUF VERWENDUNGSEINSCHRÄNKUNGEN
Keine bekannt.

### ANSPRÜCHE AN BODEN UND STANDORT
Gedeihen auf jedem durchlässigen, leicht feuchten, nährstoffreichen Gartenboden in voller Sonne oder Halbschatten.

### GESTALTERISCHE VERWENDUNG
An flachen Teichen oder Gräben, aber auch in Staudenrabatten.

### ERLEBNISWERT / BESONDERHEITEN
Die Blüten erscheinen im Frühjahr an hohen Stängeln, noch bevor die Blätter austreiben. Die großen Blätter erinnern an Regenschirme, daher wird das Schildblatt auch „Regenschirmpflanze" genannt.

1 und 2 Schildblatt, Blätter 3 und 4 Schildblatt, Blüten
5 Ufer mit Schildblatt

# Schleierkraut

*Gypsophila paniculata* Rispiges Gipskraut

NELKENGEWÄCHSE

**ERLEBNISWERT / BESONDERHEITEN**
Sehr dekorative Solitärstaude, beliebte Schnittblume.

1 Schleierkraut 2 und 3 *Gypsophila paniculata*
4 und 5 *Gypsophila repens*

## HEIMAT / VORKOMMEN

Südosteuropa, Kaukasus, Sibirien, Nordwestchina; sandige Steppengebiete.

## BESCHREIBUNG

Vielstängelige, bis 1 m hohe Staude, die zur Blütezeit einen schleierartigen, vielblütigen, kugeligen Busch bildet. Blätter lineal-lanzettlich; Blüten weiß-rosa, 6 mm, langgestielt. Blütezeit Juli bis August. Auch Gipskraut genannt.

## WEITERE ARTEN UND SORTEN

Besonders empfehlenswerte Sorten sind *Gypsophila paniculata* 'Flamingo', rosa gefüllt und 'Bristol Fairy' weiß gefüllt. Die Kreuzung 'Rosenschleier' ist für Trockenmauern und Steingärten besonders geeignet. Die übrigen Schleierkraut-Arten wie *Gypsophila aretioides*, *Gypsophila petraea*, *Gypsophila repens*, *Gypsophila tenuifolia* sind als Polsterstauden für Trockenmauer oder Steingarten geeignet.

## HINWEISE AUF VERWENDUNGSEINSCHRÄNKUNGEN

Keine bekannt.

## ANSPRÜCHE AN BODEN UND STANDORT

Gedeihen auf jedem durchlässigen, leicht feuchten, nährstoffreichen Gartenboden in voller Sonne.

## GESTALTERISCHE VERWENDUNG

Hohe Schleierkrautarten wirken als Solitärstauden an Treppenaufgängen, in Staudenrabatten oder einzeln in Rasenflächen. Niedrige Arten eignen sich für den Steingarten.

# Schleifenblume

*Iberis sempervirens*
Immergrüne Schleifenblume

KREUZBLÜTLER

**HEIMAT / VORKOMMEN**
Südeuropa, Kreta, Kleinasien; auf Kalkfelsen und kalkhaltigem Magerrasen.

**BESCHREIBUNG**
Polsterbildende Staude, Blätter immergrün, lanzettlich, lederartig, dunkelgrün; Blüten strahlend weiß, in dichten vieltriebigen Büscheln, oft die ganze Pflanze bedeckend.

**WEITERE ARTEN UND SORTEN**
Beliebte Sorten sind *Iberis sempervirens* 'Schneeflocke', 30 cm hoch; 'Nana', 15 cm; 'Elfenreigen', großblütig, blendend weiß, 'Zwergschneeflocke', 15 bis 20 cm hoch. Die größten Blüten besitzt die Sorte 'Masterpiece'. Blütezeit April bis Mai. Die Doldige Schleifenblume *Iberis umbellata* mit zahlreichen Sorten ist ein- oder zweijährig und wird als Sommerblume genutzt. Die Bittere Schleifenblume *Iberis amara* zählt zu den wirksamsten Magenmitteln bei Verdauungsstörungen oder Sodbrennen. Die Sorte *Iberis amara* 'Iceberg' hat weiße, pyramidenartige Schirmtrauben. Bei der Felsen-Schleifenblume *Iberis saxatilis* handelt es sich um eine weiße Zwergform, die kleine, flache Polster bildet, sie blüht 3 Wochen früher als *Iberis sempervirens*.

**HINWEISE AUF VERWENDUNGSEINSCHRÄNKUNGEN**
*Iberis amara* kann bei Verzehr zu Bauchschmerzen führen.

**ANSPRÜCHE AN BODEN UND STANDORT**
Gedeihen auf jedem durchlässigen, kalkhaltigen Gartenboden in voller Sonne.

**GESTALTERISCHE VERWENDUNG**
Robuste Polsterstauden zur Randbepflanzung von Rabatten, für Steingärten und Trockenmauern.

**ERLEBNISWERT / BESONDERHEITEN**
Hübscher, auffälliger Frühjahrsblüher. An den Blüten finden sich unter anderem Honigbienen, Schwebfliegen, Hummelschweber und Schnabelfliegen.

1 Felsen-Schleifenblume 2 Immergrüne Schleifenblume 3 *Iberis sempervirens* 'Masterpiece' 4 *Iberis sempervirens* 'Snowflake' 5 *Iberis sempervirens* 'Tahoe'

# Schweißfußpflanze

*Patrinia gibbosa*

BALDRIANGEWÄCHSE

### ERLEBNISWERT / BESONDERHEITEN

Die Pflanzen verströmen einen unangenehmen Geruch nach Schweißfüßen. In einem Duftpflanzenbeet sorgen sie für Abwechslung und Überraschungen. Ein weiterer Name ist Goldbaldrian.

1 Schweißfußpflanze 2 junge Schweißfußpflanze 3 Schweißfußpflanze, Blütenstand 4 Schweißfußpflanze, Blüten 5 Schweißfußpflanze, Früchte

### HEIMAT / VORKOMMEN

Japan, auf alpinen Rasen.

### BESCHREIBUNG

20 bis 25 Zentimeter hohe Staude, Blätter grundständig, kreisrund bis eiförmig, gezähnt. Die gelben Blüten sind in Schirmrispen angeordnet. Blütezeit Mai bis Juni.

### WEITERE ARTEN UND SORTEN

Der Skabiosenblättrige Goldbaldrian *Patrinia scabiosifolia* stammt aus dem Amurgebiet, wird 80 Zentimeter hoch und blüht in breiten gelben Schirmtrauben im Mai und Juni.

### HINWEISE AUF VERWENDUNGSEINSCHRÄNKUNGEN

Keine bekannt.

### ANSPRÜCHE AN BODEN UND STANDORT

Gedeiht in fruchtbarem, humusreichem, feuchtem Boden in sonniger oder halbschattiger Lage. Alpine Arten sind anspruchsvoll und gedeihen nur an feuchten, geröllreichen Standorten.

### GESTALTERISCHE VERWENDUNG

Als Überraschung zwischen anderen Duftpflanzen.

# Segge

*Carex*

SAUERGRASGEWÄCHSE

### HEIMAT / VORKOMMEN
Europa, Neuseeland, Nordamerika.

### BESCHREIBUNG
Vielgestaltige, horstbildende Stauden, mit dunkel- oder hellgrünen, weißbunten oder gelbgestreiften Blättern. Die Blätter umschließen an der Blattbasis dreikantige, im Gegensatz zu Süßgräsern knotenlose Stängel. Die meist einhäusigen Seggen tragen Rispen aus kleinen gelben, grünen oder braunen Blüten in kurzen oder bis zu 12 cm langen, auch hängenden, pendelnden Ähren. Blütezeit Juni. Die Fruchtstände ähneln bei einigen Arten kleinen Morgensternen.

### ARTEN UND SORTEN
Sehr arten- und sortenreiche Pflanzengattung: Hänge-Segge *Carex pendula*, Sommergrüne Breitlaub-Segge *Carex siderosticta* mit der gestreiften Sorte 'Variegata', Hachijo-Segge *Carex hachijoensis* 'Everest', Fuchsrote Segge *Carex buchananii*, Morgenstern-Segge *Carex grayi*, Gelbstreifige Japan-Segge *Carex morrowii* 'Fisher', Weiße Segge *Carex alba*, Gelbstreifige Polster-Segge *Carex firma* 'Variegata', Vogelfuß-Segge, *Carex ornithopoda* u. a.

### HINWEISE AUF VERWENDUNGSEINSCHRÄNKUNGEN
Blühende Seggen können Heuschnupfen auslösen.

### ANSPRÜCHE AN BODEN UND STANDORT
Je nach ihrer natürlichen Herkunft benötigen Seggen unterschiedliche Böden. Die meisten Arten gedeihen in feuchten, am besten anmoorigen Gartenböden.

### GESTALTERISCHE VERWENDUNG
In Staudenrabatten wirken bunte Seggen als „Aufheller" und die lockeren Horste schaffen im Verbund mit Süßgräsern, Funkien, Lungenkräutern, Purpurglöckchen, Frauenmantel und Astilben schöne Strukturen.

### ERLEBNISWERT / BESONDERHEITEN
Seggen tragen interessante Fruchtstände, die zum Beispiel an Morgensterne erinnern. Sie eignen sich zum Basteln und für Trockensträuße.

1 *Carex hachijoensis* 'Everest' 2 Morgenstern-Segge 3 Hänge-Segge 4 Vogelfuß-Segge 5 Seggenhorste im Staudenbeet

# Silberdistel

*Carlina acaulis*

KORBBLÜTLER

### ERLEBNISWERT / BESONDERHEITEN

Die Silberdistel, auch Eberwurz oder Wetterdistel genannt, gilt als eine der schönsten einheimischen Wildstauden; auch getrocknet gut haltbar, zum Basteln geeignet, besonders für weihnachtliche Dekorationen. Die Blüten schließen sich, wenn Regen bevorsteht. An ihnen lassen sich Hummeln und Honigbienen und die Falter Kleiner Fuchs, Kaisermantel, Tagpfauenauge, Ochsenauge, Mohrenfalter und viele andere beobachten.

1 Silberdistel 2 Silberdistel, geschlossene Blüte
3 Acanthusblättrige Eberwurz
4 und 5 Gewöhnliche Golddistel

### HEIMAT / VORKOMMEN

Süd- und Osteuropa; auf Halbtrockenrasen, alpinen und subalpinen Kalkrasen.

### BESCHREIBUNG

Distelartige, ornamentale, gezacktblättrige Rosette, die flach auf dem Boden aufliegt. Bei *Carlina acaulis* befindet sich eine Blüte im Zentrum, die Unterart *Carlina acaulis* ssp. *caulescens* trägt mehrere Blüten auf 20 bis 30 cm hohen Stielen. Die Blätter sind bis 60 cm lang. Die silberstrahligen Blütenköpfe sind im Durchmesser 12 bis 15 cm groß und öffnen sich nur bei Sonnenschein. Blütezeit Juli bis September.

### WEITERE ARTEN UND SORTEN

Ebenfalls attraktiv für Steingärten oder Trockenmauern ist die Acanthusblättrige Eberwurz *Carlina acanthifolia* aus Südeuropa, ihre Blütenköpfe sind strohfarben. Im Gegensatz zur einheimischen Silberdistel stirbt die zweijährige Gewöhnliche Golddistel *Carlina vulgaris* nach der Blüte meistens ab.

### HINWEISE AUF VERWENDUNGSEINSCHRÄNKUNGEN

Dornige Pflanze!

### ANSPRÜCHE AN BODEN UND STANDORT

Gedeihen in jedem durchlässigen, kalkhaltigen, nährstoffreichen Gartenboden in voller Sonne.

### GESTALTERISCHE VERWENDUNG

Für Staudenrabatten an den Rändern, für Steingärten und Trockenmauern.

# Silberwurz

*Dryas octopetala* Weiße Silberwurz

ROSENGEWÄCHSE

## HEIMAT / VORKOMMEN

Die Silberwurz ist in den meisten Gebirgen der Nordhalbkugel und in der Arktis in mehreren Arten verbreitet. In Deutschland wächst sie in den Alpen auf Moränenböden, Felsvorsprüngen, Schutt- und Blockhalden, Zwergstrauchheiden und alpinen Rasen, meist zwischen 1200 und 2400 m. Als „Schwemmling" wird sie mit den herabstürzenden Schneewassermassen bis in die Täler gespült und bildet z. B. auf den Kiesflächen der Isar große Polster.

## BESCHREIBUNG

Die Silberwurz ist ein Halbstrauch mit holzigem Wurzelstock. Die ca. 10 cm langen Triebe bilden flache, verzweigte Matten. Die Laubblätter sind bis 4 cm lang, derb, halbimmergrün, mit silberweißer Unterseite und erinnern an kleine Eichenblätter. Die Blüten sind 5 bis 10 cm breit, langgestielt, schalenförmig, cremeweiß, mit 8 Kronblättern. Blütezeit Mai/Juni; fedrige grauweiße Samenschöpfe.

## WEITERE ARTEN UND SORTEN

Die Gelbe Silberwurz *Dryas drummondii* ist eine Gebirgspflanze aus Nordamerika. Sündermanns Silberwurz *Dryas* x *suendermannii* ist eine Kreuzung aus *Dryas drummondii* und *Dryas octopetala*.

## HINWEISE AUF VERWENDUNGSEINSCHRÄNKUNGEN

Keine bekannt.

## ANSPRÜCHE AN BODEN UND STANDORT

Gedeihen in wasserdurchlässigem Boden. Sonnige Plätze mit kalkhaltigem Boden sind optimal.

## GESTALTERISCHE VERWENDUNG

Zur Bepflanzung von Steingärten und Mauern oder für die Randbepflanzung von Rabatten.

## ERLEBNISWERT / BESONDERHEITEN

Aus den weißen Blütensternen der Silberwurz bilden sich fedrig-wollige Fruchtstände, die sich zum Basteln eignen. Die Silberwurz ist in den Alpen wichtiges Winterfutter für Hirsche, Rehe und Gämsen. Aus den Blättern wird der sogenannte Kaisertee bereitet, der herzstärkend wirken soll.

1 und 2 Weiße Silberwurz 3 Sündermanns Silberwurz, Blüte 4 Sündermanns Silberwurz, Blätter 5 Sündermanns Silberwurz, Fruchtstände

# Skabiose

*Scabiosa caucasica* Große Skabiose

KARDENGEWÄCHSE

## ERLEBNISWERT / BESONDERHEITEN

Blühfreudige Rabattenstaude; die lang gestielten Blüten eignen sich für Sträuße und werden von Schmetterlingen besucht.

1 Große Skabiose 2 *Scabiosa caucasica* 'Perfecta Alba' 3 Samt-Skabiose 4 Gelbe Skabiose 5 Tauben-Skabiose

## HEIMAT / VORKOMMEN

Kaukasus, Nordost-Türkei, Nordiran; subalpine steinige Rasen.

## BESCHREIBUNG

Bis 60 cm hohe, büschelig wachsende Staude; Blätter graugrün, Grundblätter meist ungeteilt lanzettlich, Stängelblätter fiederspaltig; Stängel wenig verzweigt; Blütenköpfe 4 bis 6 cm breit, flach, mit großen Randblüten. Blütezeit Juli bis September.

## WEITERE ARTEN UND SORTEN

Beliebte Sorten sind *Scabiosa caucasica* 'Miss Willmott' rahmweiß, 'Nachtfalter' dunkelviolett, 'Kompliment' hellblau, 'Perfekta Alba' weiß, 'Stäfa' hellblau. Grasblättrige Skabiose *Scabiosa graminifolia*, 40 cm hoch, silberseidige Blätter, helllila, Blütezeit Juni bis September, für Trockenmauern; Japanische Skabiose *Scabiosa japonica*, 50 cm hoch, violettblau, Blütezeit September bis Oktober, für Steingärten; Gelbe Skabiose *Scabiosa ochroleuca*, bis 80 cm hoch, gelbe Blüten an langen Stängeln, Blütezeit Juni bis Oktober, Samt-Skabiose *Scabiosa atropurpurea* und Tauben-Skabiose *Scabiosa columbaria*.

## HINWEISE AUF VERWENDUNGSEINSCHRÄNKUNGEN

Keine bekannt.

## ANSPRÜCHE AN BODEN UND STANDORT

Gedeihen auf jedem durchlässigen, kalkhaltigen Gartenboden in voller Sonne.

## GESTALTERISCHE VERWENDUNG

In Trockenbeeten, Steingärten oder auf Trockenmauern.

# Sonnenauge

*Heliopsis helianthoides*

KORBBLÜTLER

### HEIMAT / VORKOMMEN

USA (New York und Süd-Ontario, North Carolina, Illinois bis Minnesota); auf Prärien, in lichten Wäldern und Trockengebüschen.

### BESCHREIBUNG

Sonnenblumenartige, bis 1,5 m hohe, Büsche bildende Stauden; Blätter dunkelgrün, oval-lanzettlich bis länglich-oval. Auf langen Stielen sitzen einzelne endständige Blütenköpfchen, meist gelb, bis 8 cm im Durchmesser. Blütezeit Juni bis September.

### WEITERE ARTEN UND SORTEN

Es gibt zahlreiche Sorten, u. a. *Heliopsis helianthoides* 'Gigantea' mit halbgefüllten goldgelben Blüten, 1,2 m; 'Incomparabilis', gefüllt blühend, mit zinnienartigen, orangegelben Köpfchen, bis 8 cm breit; 'Mars', mit großen, ungefüllten, gelborangefarbenen Köpfchen, 1,5 m; *Heliopsis helianthoides* var. *scabra* 'Sommersonne', ungefüllte bzw. teilgefüllte Blütenköpfchen mit goldgelben Zungenblüten und braunen Röhrenblüten, 'Goldgefieder' mit gefüllten Köpfchen und goldgelben Zungenblüten sowie grünen Röhrenblüten.

### HINWEISE AUF VERWENDUNGSEINSCHRÄNKUNGEN

Keine bekannt.

### ANSPRÜCHE AN BODEN UND STANDORT

Gedeihen auf jedem durchlässigen, humosen, feuchten Gartenboden in voller Sonne.

### GESTALTERISCHE VERWENDUNG

In Staudenrabatten; geeignete Nachbarn sind Indianernesseln, Astern, Ehrenpreis, Staudenphlox und Feinstrahl-Astern.

### ERLEBNISWERT / BESONDERHEITEN

Robuste, hohe Stauden mit langlebigen Blüten, die sich sehr gut für Sträuße eignen. An den Blüten finden sich Honigbienen, Hummeln und Falter ein, darunter Admiral, Distelfalter, Kleiner Fuchs, Ochsenauge und Kohlweißling.

1 *Heliopsis helianthoides* var. *scabra* 'Venus'
2 *Heliopsis helianthoides* var. *scabra* 'Sommersonne'
3 Hummel auf Sonnenaugenblüte 4 *Heliopsis helianthoides* var. *scabra* 'Hohlspiegel' 5 Sonnenauge

# Sonnenblume

*Helianthus decapetalus*

KORBBLÜTLER

Stauden-Sonnenblume

**ERLEBNISWERT / BESONDERHEITEN**

Wirkungsvolle, hohe, robuste Stauden, langlebige Schnittblumen, Präriepflanze. Honigbienen, Hummeln und Falter, darunter Admiral, Distelfalter, Kleiner Fuchs und Kohlweißling finden sich an den Blüten.

1 Geäugte Sonnenblume 2 Stauden-Sonnenblume
3 Topinambur 4 und 5 Weidenblättrige Sonnenblume

## HEIMAT / VORKOMMEN

Nordamerika, in lichten Wäldern und Trockengebüschen, auf Kahlschlägen.

## BESCHREIBUNG

Bis 1,5 m hohe, buschig wachsende Staude mit kriechendem, stark verdicktem Rhizom; Blätter eiförmig bis lanzettlich, oberseits fast kahl, unterseits rau borstig, lang gestielt; Strahlenblüten hellgelb. Blütezeit Juli bis Oktober.

## WEITERE ARTEN UND SORTEN

*Helianthus decapetalus* 'Capenoch Star', reichblühende Sorte, 1,2 m hoch, einfach blühend, zitronengelb, sehr beliebte Schnittblume; 'Meteor', 1,5 m hoch, halbgefüllt, mit dicht stehenden breiten Strahlenblüten; 'Soleil d'Or', 1,2 m hoch, großblumig, gefüllt, reingelb.

Die Knollen von Topinambur *Helianthus tuberosus* werden ähnlich wie Kartoffeln gegessen.

*Helianthus* x *laetiflorus* 'Morning Sun', 1,2 m hoch, von Juli bis Oktober mit großen, halbgefüllten, goldgelben Zungen- und krausen Röhrenblüten, breitet sich über die Rhizome aus; Weidenblättrige Sonnenblume *Helianthus salicifolius,* 5 bis 7 cm breite Blütenköpfchen, 2,5 m hoch, *Helianthus* x *multiflorus,* bis 2 m hoch und 90 cm breit, Büsche bildend, mit 12 cm breiten Blütenköpfchen, Geäugte Sonnenblume *Helianthus atrorubens*. Einjährige Sommerblumen siehe Seite 229.

## HINWEISE AUF VERWENDUNGSEINSCHRÄNKUNGEN

Kontakt mit Pflanzensaft, Blättern oder Pollen kann allergische Reaktionen hervorrufen.

## ANSPRÜCHE AN BODEN UND STANDORT

Gedeihen auf jedem durchlässigen, humosen und feuchten Gartenboden in voller Sonne.

## GESTALTERISCHE VERWENDUNG

Als Rabatten- oder Solitärpflanzen. *Helianthus salicifolius* eignet sich besonders zur Bepflanzung von Gewässerrändern oder an Hausecken.

# Sonnenhut

*Rudbeckia*

KORBBLÜTLER

#### HEIMAT / VORKOMMEN

Nordamerika; auf feuchten Wiesen und Prärien.

#### BESCHREIBUNG

Aufrechte, buschige, 60 bis 200 cm hohe Stauden mit straffen Stielen. Die Blätter sind wechselständig, je nach Art unterschiedlich, einfach bis fiederspaltig oder ungeteilt, lanzettlich, teils an der Spitze gesägt. Blütenköpfchen margeritenartig, lang gestielt mit schirmartig zurückgeschlagenen gelben Zungenblüten und schwarzen, rotbraunen oder gelbgrünen Röhrenblüten über einem stark gewölbten Blütenboden; Blütezeit Juli bis September.

#### ARTEN UND SORTEN

*Rudbeckia fulgida* 'Goldsturm', gelb, 60 cm; Schlitzblättriger Sonnenhut *Rudbeckia laciniata* 'Goldquelle', gelb, gefüllt, 90 cm; Glänzender Sonnenhut *Rudbeckia nitida* 'Herbstsonne', gelb, 10 bis 12 cm breite Blüten, 200 cm. Die Roten Scheinsonnenhut-Arten *Echinacea purpurea*, *Echinacea angustifolia* u. a. zählten früher ebenfalls zur Gattung *Rudbeckia*. Sie sind attraktive Schnittblumen und wichtig für Schmetterlinge. Der Dreiblättrige Sonnenhut *Rudbeckia triloba* ist ein- oder zweijährig.

#### HINWEISE AUF VERWENDUNGSEINSCHRÄNKUNGEN

Sonnenhut-Arten enthalten Pyrrolizidin-Alkaloide, die bei häufigem Hautkontakt bei empfindlichen Personen Hautrötungen hervorrufen können.

#### ANSPRÜCHE AN BODEN UND STANDORT

Gedeihen auf jedem guten, tiefgründigen Gartenboden in sonniger oder halbschattiger Lage.

#### GESTALTERISCHE VERWENDUNG

Für großflächige Pflanzungen in Staudenrabatten oder als Einzelstauden; *Rudbeckia nitida* 'Herbstsonne' oder *Rudbeckia laciniata* 'Goldball' am Rande von Gartenhäuschen oder an Teichen.

#### ERLEBNISWERT / BESONDERHEITEN

Die langlebigen großen Blüten eignen sich für Sträuße und zum Basteln, sie locken Schmetterlinge und andere Insekten an.

1 Dreiblättriger Sonnenhut 2 *Rudbeckia nitida* 'Herbstsonne' 3 *Rudbeckia laciniata* 'Goldball' 4 Glänzender Sonnenhut 5 *Rudbeckia fulgida*

# Sonnenröschen

*Helianthemum nummularium*
Gewöhnliches Sonnenröschen

ZISTROSENGEWÄCHSE

**ERLEBNISWERT / BESONDERHEITEN**
Hübsche, zwergige Halbsträucher mit einer breiten Palette an Blütenfarben. Durch täglich sich neu öffnende Knospen hält die Blütezeit wochenlang an. Auf sonnigen Trockenmauern oder in Steingärten gepflanzt, entfalten sie ihren besonderen Reiz.

1 Gewöhnliches Sonnenröschen 2 Gewöhnliches Sonnenröschen, rosablühende Sorte 3 Graues Sonnenröschen 4 und 5 Apenninen-Sonnenröschen

**HEIMAT / VORKOMMEN**
Europa, Mittelmeergebiet und Zentralasien; einige Arten auch in Nordost-Afrika sowie in Nord- und Südamerika; in Felstrockenrasen, lichten Heiden und offenen Trockenwäldern sowie alpinem Rasen.

**BESCHREIBUNG**
10 bis 20 cm hoher, formenreicher immergrüner Halbstrauch; Blätter bis 15 mm lang, gegenständig, elliptisch-eiförmig, oberseits grau oder graugrün, borstig behaart, unterseits weißfilzig. Blüten ähneln kleinen Wildrosenblüten, in einseitswendigen Trauben, gelb, Blütenblätter 8 bis 12 mm (selten bis 18 mm) lang; Blütezeit Mai bis September.

**WEITERE ARTEN UND SORTEN**
Weitere heimische Arten für den Steingarten sind Apenninen-Sonnenröschen *Helianthemum apenninum*, Graues Sonnenröschen *Helianthemum canum* und Alpen-Sonnenröschen *Helianthemum oelandicum* ssp. *alpestre*. Eindrucksvoll sind die 30 cm hohen Hybriden mit bis zu 2,5 cm breiten Blüten. Einige bewährte Sorten: 'Cerise Queen' rosarot, 'Eisbär' weiß, 'Feuerbrand' rot, 'Fire Dragon' orangerot, 'Frau Bachthaler' karminrot, 'Golden Queen' goldgelb, 'Lawrenson's Pink' rosa, 'Raspberry Ripples' weiß mit purpurfarbener Mitte, 'Rubin' dunkelrot, 'Sterntaler' gelb, einfach.

**HINWEISE AUF VERWENDUNGSEINSCHRÄNKUNGEN**
Keine bekannt.

**ANSPRÜCHE AN BODEN UND STANDORT**
Gedeihen am besten in durchlässigen, trockenen, kalkreichen Böden. Standort unbedingt sonnig! Im Winter mit Fichtenzweigen bedecken.

**GESTALTERISCHE VERWENDUNG**
Für Steingärten, Trockenmauern, Heidegärten; wertvolle Dauerblüher.

# Spornblume

*Centranthus ruber* Rote Spornblume

BALDRIANGEWÄCHSE

## HEIMAT / VORKOMMEN

Südeuropa und Nordafrika, Türkei; an trockenen, sonnigen Hängen mit kalkhaltiger Erde.

## BESCHREIBUNG

Locker büschelig wachsende, vielästige, bis 90 cm hohe Stauden; graugrüne, fleischige Blätter, bis 8 cm lang; Blüten rot, rosa oder weiß mit kurzem Sporn, in endständigen, dichten Trugdolden; Blütezeit Juni bis Juli.

## WEITERE ARTEN UND SORTEN

*Centranthus ruber* 'Alba' mit weißen Blüten, 'Coccineus' mit himbeerroten Blüten. Schmalblättrige Spornblume *Centranthus angustifolius,* Habitus und Blüten ähnlich wie *Centranthus ruber*, Blätter schmaler.

## HINWEISE AUF VERWENDUNGSEINSCHRÄNKUNGEN

Keine bekannt.

## ANSPRÜCHE AN BODEN UND STANDORT

Gedeihen auf durchlässigem, kalkhaltigem Boden in voller Sonne.

## GESTALTERISCHE VERWENDUNG

In Trockenbeeten, Steingärten oder auf Trockenmauern.

## ERLEBNISWERT / BESONDERHEITEN

Langblühende Stauden für Mauerkronen und in Steingärten, hübsche Schnittblume.

1 Rote Spornblume, Blütenstand 2 Rote Spornblume, Blüte 3 *Centranthus ruber* 'Coccineus' 4 *Centranthus ruber* 'Alba' 5 Rote Spornblume

# Stachelnüsschen

*Acaena microphylla*

Braunblättriges Stachelnüsschen

ROSENGEWÄCHSE

**ERLEBNISWERT / BESONDERHEITEN**

Stachelnüsschen-Früchte besitzen Klettstacheln und eignen sich gut zum Basteln und Spielen. Robuste Bodendecker, die mäßigen Tritt vertragen.

1 *Acaena microphylla* 'Grünteppich'
2 *Acaena microphylla* 'Kupferteppich'
3 Magellan-Stachelnüsschen
4 Rotblättriges Stachelnüsschen
5 Piripiri-Stachelnüsschen

**HEIMAT / VORKOMMEN**

Neuseeland

**BESCHREIBUNG**

Immergrüne, kriechende, mattenbildende, 5 bis 10 cm hohe, ausdauernde Polsterpflanzen mit kleinen bronzefarbenen Blättern, diese bis 3 cm lang, 3- bis 5-paarig gefiedert, mit bis zu 19 ovalen Fiederblättchen; Blütenköpfchen kugelig. Blütezeit Juni. Die Früchte tragen leuchtend rote Kelchstacheln auf zottigen Kugelköpfchen.

**WEITERE ARTEN UND SORTEN**

Blaugrünes Stachelnüsschen *Acaena buchananii*, silbergraugrün, 5 cm; Piripiri-Stachelnüsschen *Acaena novae-zelandiae*, frischgrün, Kelchstacheln rot, 15 cm, Magellan-Stachelnüsschen *Acaena magellanica*.

**HINWEISE AUF VERWENDUNGSEINSCHRÄNKUNGEN**

Keine bekannt.

**ANSPRÜCHE AN BODEN UND STANDORT**

Gedeihen auf jedem normalen Gartenboden in sonniger, aber auch halbschattiger Lage.

**GESTALTERISCHE VERWENDUNG**

Anspruchsloser Bodendecker für Stein- und Heidegarten.

# Steinbrech

*Saxifraga* x *arendsii* Arends Steinbrech

STEINBRECHGEWÄCHSE

### HEIMAT / VORKOMMEN

Weltweit verbreitete Gattung; vor allem in Gebirgen der Nordhemisphäre, auf Felsen, auf Wiesen und in Wäldern.

### BESCHREIBUNG

Meist mattenbildende immergrüne, halbimmergrüne oder laubabwerfende Stauden. Arends Steinbrech *Saxifraga* x *arendsii* gehört zu den sogenannten Moos-Steinbrecharten. Grüne, weichblättrige Rosetten bilden niedrige, dichte Polster. Die Blätter sind 1 cm lang, 3-lappig und fein behaart. Auf 8 bis 15 cm hohen Stängeln sitzen kleine rote, rosafarbene oder weiße Blüten. Blütezeit Mai.

### WEITERE ARTEN UND SORTEN

Die über 400 Steinbrecharten werden in 15 Sektionen unterteilt. Für den Garten eigenen sich neben den vielen Sorten von *Saxifraga* x *arendsii* unter anderen Strauß-Steinbrech *Saxifraga cotyledon* und Judenbart *Saxifraga stolonifera*.

### HINWEISE AUF VERWENDUNGSEINSCHRÄNKUNGEN

Keine bekannt.

### ANSPRÜCHE AN BODEN UND STANDORT

Gedeihen auf jedem durchlässigen, kalkhaltigen Gartenboden, je nach Art in sonniger oder schattiger Lage.

### GESTALTERISCHE VERWENDUNG

In Trockenbeeten, Steingärten oder auf Trockenmauern.

### ERLEBNISWERT / BESONDERHEITEN

Niedrige, reichblühende Stauden, die dichte Polster bilden.

1 *Saxifraga* x *arendsii* 'Schneeteppich'
2 *Saxifraga* x *arendsii* 'Rosenzwerg'
3 *Saxifraga cotyledon*
4 *Saxifraga stolonifera*
5 *Saxifraga* x *arendsii* 'Adebar'

# Steinkraut

*Alyssum montanum* Berg-Steinkraut

KREUZBLÜTLER

**ERLEBNISWERT / BESONDERHEITEN**
Reichblühende, niedrige Staude, die im Frühjahr goldgelbe Akzente im Garten setzt.

1 Berg-Steinkraut 2 Berg-Steinkraut, Blüten 3 Steinkresse 4 *Aurinia saxatilis* 'Sulphureum' 5 Dorn-Steinkraut

## HEIMAT / VORKOMMEN
Zentral- und Südeuropa, Südostalpen, Balkan, Nordafrika, Iran; an Felswänden, in Sand-Magerrasen.

## BESCHREIBUNG
Bis 20 cm hohe und breite Stauden mit Rosetten aus schmal-lanzettlichen, grau-weichfilzigen, je nach Standort 1 bis 2,5 cm langen Blättern; Blüten in leuchtend goldgelben Schirmrispen, Blütezeit April bis Mai.

## WEITERE ARTEN UND SORTEN
Die bekannteste Sorte von *Alyssum montanum* ist 'Berggold'. Das Mauer-Steinkraut *Alyssum murale*, 50 bis 70 cm hoch, blüht goldgelb, Blütezeit Mai bis Juni; Steinkresse *Aurinia saxatilis* ist noch unter dem alten Namen *Alyssum saxatile* im Handel, da sie früher zu den Steinkräutern gezählt wurde; es gibt gelb- und weißblühende Sorten. Dorn-Steinkraut *Alyssum spinosum* blüht rosa.

## HINWEISE AUF VERWENDUNGSEINSCHRÄNKUNGEN
Steinkraut enthält Senföle, die bei empfindlichen Personen Hautentzündungen hervorrufen können.

## ANSPRÜCHE AN BODEN UND STANDORT
Gedeiht auf normalem Gartenboden und durchlässigem Schotterboden in sonniger Lage.

## GESTALTERISCHE VERWENDUNG
Für die Randbepflanzung von Staudenrabatten, für Steingärten und Trockenmauern, dekorativ in Pflanzröhren von Lärm- und Sichtschutzwänden.

# Stockrose

*Alcea rosea* Bauerngarten-Stockrose

MALVENGEWÄCHSE

### HEIMAT / VORKOMMEN

Europa und Asien; oft in Schutt- oder Unkrautfluren oder an Dorfangern verwildert.

### BESCHREIBUNG

Zwei- bis mehrjährige Stauden mit lebhaft gefärbten Trichterblüten an schlanken, bis 2,5 m hohen Blütenständen; Blätter gerundet, rauhaarig, stumpf hellgrün, 3- bis 7-lappig, 3,5 bis 30 cm lang; Blüten rosa bis schwarzrot, weiß und gelb, einfach oder gefüllt blühend. Blütezeit Juni bis Oktober.

### WEITERE ARTEN UND SORTEN

Holländische Stockrose *Alcea ficifolia*, Blütenstände bis 2,5 m hoch, Blüten gelb oder gelb gefüllt; Runzlige Stockrose *Alcea rugosa* mit gelben Blüten und filzigen Stängeln.

### HINWEISE AUF VERWENDUNGSEINSCHRÄNKUNGEN

Keine bekannt.

### ANSPRÜCHE AN BODEN UND STANDORT

Gedeihen am besten auf nährstoffreichem Gartenboden an einem sonnigen, warmen Standort. Kann im Juli direkt an die gewünschten Stellen im Garten oder in ein Beet gesät werden. Um die Blüte zu fördern, sollte sie ausreichend gedüngt werden.

### GESTALTERISCHE VERWENDUNG

Für Rabatten oder einzeln stehend an Hausecken, vor Mauern oder an Zäunen. Leider werden die Pflanzen häufig vom schwer bekämpfbaren Malvenrost *Puccinia malvacearum* befallen. Die Blätter sind dann von gelben Pusteln übersät und welken. Durchlöcherte Blätter sind oft Spuren des Malvenkäfers *Podagrica fuscicornis*. Eine gute Wasserversorgung und regelmäßige Düngung können einem stärkeren Befall vorbeugen.

1 Bauerngarten-Stockrose, rote Sorte 2 Bauerngarten-Stockrose, lilafarbene Sorte 3 Bauerngarten-Stockrose, gefranste Blüten 4 Runzlige Stockrose 5 Bauerngarten-Stockrose

### ERLEBNISWERT / BESONDERHEITEN

Eindrucksvoll hohe Pflanzen mit großen Blüten in leuchtenden Farben. Alte Bauerngarten- und Heilpflanze, die Blüten werden zum Färben und für Hustentees verwendet, die Samenkapseln eignen sich zum Basteln. An den Blüten finden sich Hummeln und Honigbienen, an den Blättern die Raupen des Malvendickkopffalters.

# Storchschnabel

*Geranium*

STORCHSCHNABELGEWÄCHSE

### ERLEBNISWERT / BESONDERHEITEN

Die länglichen, interessant geformten Früchte des Storchschnabels erinnern an die Köpfe von Störchen oder Kranichen. Die Samen werden von den Fruchtblättern katapultartig weggeschleudert, wenn diese sich bei Trockenheit zusammenziehen. Die Fruchtblätter wurden früher als Hygrometer zur Messung der Luftfeuchtigkeit genutzt. An den Blüten lassen sich Schmetterlinge beobachten. Einige Storchschnabelarten haben aromatisches Laub.

1 *Geranium robertianum*, Fruchtstände
2 *Geranium* 'Patricia' 3 Felsen-Storchschnabel 4 Horstiger Storchschnabel 5 Wiesen-Storchschnabel

### HEIMAT / VORKOMMEN

Europa, Kaukasus, Balkan, Pyrenäen, Zentralasien, Himalaja, Iran. Die gartenwürdigen heimischen Arten, wie Wald-, Wiesen- oder Sumpf-Storchschnabel kommen auf Fett- und Feuchtwiesen, der Blutrote Storchschnabel in Trockengebüschen und an sonnigen Säumen vor.

### BESCHREIBUNG

Aufrechte, je nach Art zwischen 15 und 80 cm hohe, buschige Stauden mit wechsel- oder gegenständigen, gefiederten, gefingerten, gelappten, gezähnten, oft aromatisch duftenden Blättern. Die Blüten sind schalen- oder sternförmig, seltener mit zurückgeschlagenen Kronblättern. Viele Blüten besitzen eine hübsche kontrastierende Aderung. Blütezeit Juni bis August.

### ARTEN UND SORTEN

Häufig gepflanzte robuste Arten oder Sorten mit kräftigem Wuchs: Rosa Storchschnabel *Geranium endressii*, Wiesen-Storchschnabel *Geranium pratense*, Felsen-Storchschnabel *Geranium macrorrhizum*, Horstiger Storchschnabel *Geranium platypetalum*, Magentaroter Storchschnabel *Geranium* 'Patricia'. Im Staudenhandel gibt es eine große Zahl weiterer attraktiver Arten und Sorten, auch kleinwüchsige Arten für Steinbeete. Wild wächst der Stink-Storchschnabel *Geranium robertianum*.

### HINWEISE AUF VERWENDUNGSEINSCHRÄNKUNGEN

Keine bekannt.

### ANSPRÜCHE AN BODEN UND STANDORT

Gedeihen auf jedem nicht zu schweren Gartenboden. Die Feuchtwiesen-Arten sollten einen entsprechend frischeren Boden erhalten.

### GESTALTERISCHE VERWENDUNG

Halbhohe und hohe Arten und Sorten sind für großflächige Bepflanzungen von Naturgärten oder als kleine Gruppen in Staudenrabatten geeignet, niedrigere Arten für Steingärten und Trockenmauern.

# Strauchpappel

*Lavatera olbia* Buschmalve

MALVENGEWÄCHSE

### HEIMAT / VORKOMMEN

Mittelmeergebiet, Nordwestafrika; auf felsigen Magerrasen, in Hecken, an Wegrändern.

### BESCHREIBUNG

Buschige, bis 2 m hohe Stauden mit gelappten Blättern und malvenartigen Blüten. Stängel verzweigt, verholzend. Die Blätter sind 5-lappig, die oberen 3-lappig, weich, graufilzig. Blüten 7 bis 8 cm breit, je nach Sorte purpurrosa oder weiß. Blütezeit Juli bis Oktober.

### WEITERE ARTEN UND SORTEN

Besonders apart sind die Sorten *Lavatera olbia* 'Barnsley', weiß mit rosa Auge; 'Bredon Springs', rosa; 'Eyecatcher', großblütig, rosa; 'Kew Rose', rosa, hoch, robust; 'Memories', weiß, rundliche Blüten; 'Pink Frills', gewellte rosa Blüten. Blütezeit Juni bis Oktober. Die Baum-Strauchpappel *Lavatera arborea* wird bis zu 3 m hoch, mit 3 cm breiten rosafarbenen Blüten mit dunklen Adern. In rauerem Klima empfiehlt sich als Ersatz die 1,5 m hohe Thüringer Strauchpappel *Lavatera thuringiaca* mit bis zu 8 cm breiten rosa oder weißen Trichterblüten. Blütezeit Juli bis September. Meer-Strauchmalve *Lavatera maritima*, helle Blüten mit purpurfarbenem Grund.

### HINWEISE AUF VERWENDUNGSEINSCHRÄNKUNGEN

Keine bekannt.

### ANSPRÜCHE AN BODEN UND STANDORT

Vollsonnige, gut durchlässige, nährstoffreiche Böden in windgeschützter Lage. Leider sind diese Stauden nur bedingt winterhart und benötigen daher einen Winterschutz.

### GESTALTERISCHE VERWENDUNG

In Stauden- oder Strauchrabatten, am Gartenzaun oder vor dunklen Nadelgehölzgruppen.

1

2

3

4

5

1 Buschmalve 2 *Lavatera olbia* 'Frederique' 3 Meer-Strauchmalve 4 *Lavatera thuringiaca* 5 Baum-Strauchpappel

### ERLEBNISWERT / BESONDERHEITEN

Hübsche halbimmergrüne, strauchartige Stauden mit aparten trichterförmigen Blüten. An den Blüten finden sich Hummeln und Honigbienen, an den Blättern die Raupen des Malvendickkopffalters.

# Taglilie

*Hemerocallis*

TAGLILIENGEWÄCHSE

### ERLEBNISWERT / BESONDERHEITEN

Taglilien eignen sich gut als Schnittblumen. Die Knospen und Blüten sind essbar und schmackhaft. In der asiatischen Küche werden sie ähnlich wie Bambussprossen in Wok-Gerichten verwendet.

1 Taglilie 2 *Hemerocallis* 'Cartwheels' 3 Taglilie, rotblühende Sorte 4 *Hemerocallis* 'Bonanza' 5 Gelbe Taglilie

### HEIMAT / VORKOMMEN

China, Japan.

### BESCHREIBUNG

Robuste, anspruchslose, buschige halbimmergrüne Staude, teilweise mit verdickten Wurzeln; Grundblätter rosettenartig, riemenförmig, meist überhängend, 60 bis 80 cm lang; Blüten trichterförmig, ziegelrot, zu 6 bis 12 an verzweigten Blütentrieben. Die Blüten halten jeweils nur einen Tag, es öffnen sich aber immer wieder neue. Blütezeit Juli bis August.

### ARTEN UND SORTEN

Es gibt inzwischen über 30.000 registrierte Tagliliensorten. Bahnwärter-Taglilie *Hemerocallis fulva* var. *fulva* mit den Sorten 'Kwanzo' mit gefüllten, braunrot gezeichneten Blüten, 'Kwanzo Variegata' mit weißbunten Blättern. Einfache, aber attraktive Wildformen sind Gelbe Taglilie *Hemerocallis lilioasphodelus*, 80 cm hoch, hellgelbe, glockig-trichterförmige Blüten; Zitronen-Taglilie *Hemerocallis citrina*, 110 cm hoch, hell zitronengelb, nach Maiglöckchen duftend.

### HINWEISE AUF VERWENDUNGSEINSCHRÄNKUNGEN

Giftig für Katzen.

### ANSPRÜCHE AN BODEN UND STANDORT

Gedeihen am besten auf einem feuchten, gut drainierten, nährstoffreichen, humosen Gartenboden in voller Sonne.

### GESTALTERISCHE VERWENDUNG

Ideale Plätze sind Rabatten an Häusern, neben großen Steinen und Treppenaufgängen und in Steingärten.

# Thymian

*Thymus vulgaris* Echter Thymian

LIPPENBLÜTLER

## HEIMAT / VORKOMMEN
Europa, Marokko.

## BESCHREIBUNG
Würzig duftende, bis 25 cm hohe, verholzende Büsche mit linealischen bis elliptischen, 1 bis 1,5 cm langen, behaarten, am Rand eingerollten graugrünen Blättern; Blüten purpur bis rosarot, in kopfigen Quirlen; Blütezeit Juli bis September.

## WEITERE ARTEN UND SORTEN
*Thymus vulgaris* 'Compactus', 20 cm hoch, 'Aureus', gelbblättrig; 'Silver Poesie', weißgerandete Blätter. Sand-Thymian *Thymus serpyllum* 'Annie Hall', purpurrosa; 'Coccineus', karminrot; 'Minimus', nur 5 cm hoch, rosa; 'Snowdrift', weiß. Zitronen-Thymian *Thymus* x *citriodorus* 'Golden Dwarf' mit Zitrusduft, Niedergestreckter Thymian *Thymus praecox* ssp. *britannicus*, *Thymus praecox* 'Purpurteppich', purpurrot; *Thymus doerfleri* 'Bressingham Seedling', rosa u. a.

## HINWEISE AUF VERWENDUNGSEINSCHRÄNKUNGEN
Keine bekannt.

## ANSPRÜCHE AN BODEN UND STANDORT
Gedeihen auf jedem durchlässigen Gartenboden in voller Sonne. *Thymus vulgaris* benötigt Winterschutz, Winternässe vermeiden. Nach der Blütezeit kräftig zurückschneiden.

## GESTALTERISCHE VERWENDUNG
In Trockenbeeten, Steingärten oder auf Kräuterbeeten in vollsonniger Lage.

## ERLEBNISWERT / BESONDERHEITEN
Duft-, Gewürz- und Heilpflanze. An den Blüten finden sich Honigbienen, Hummeln und etwa 40 verschiedene Tagfalterarten, darunter Wiesenvögelchen, Ochsenauge, Kleiner Feuerfalter und Bläulinge.

1 Echter Thymian 2 Sand-Thymian
3 Sand-Thymian, rotblühende Sorte
4 Zitronen-Thymian 5 Niedergestreckter Thymian

**ERLEBNISWERT / BESONDERHEITEN**
Frühblühende, hübsche und vitale Zwiebelpflanzen, die auch gelegentlichen Tritt vertragen. Auch Träubel genannt. An den Blüten finden sich Honigbienen und Hummeln sowie die Falter Rapsweißling und Kleiner Fuchs.

1 Traubenhyazinthe 2 Van-Thubergen-Traubenhyazinthe 3 Kleine Traubenhyazinthe 4 Armenische Traubenhyazinthe, Blüten 5 *Muscari macrocarpum* 'Golden Fragrance'

# Traubenhyazinthe

*Muscari*

HYAZINTHENGEWÄCHSE

## HEIMAT / VORKOMMEN
Südostasien bis Kaukasus, Mittelmeergebiet, Balkan, Irak und Nordafrika; auf wenig gemähten Wiesen, felsigen Hängen, Brachland, Weinbergen.

## BESCHREIBUNG
Krautige, mehrjährige, 10 bis 25 cm hohe Zwiebelpflanzen. Die Zwiebeln sind rundlich, dünnhäutig und fleischig und bilden zum Teil große Massen an Brutzwiebeln. Die Blätter sind schmal-linealisch, grasähnlich und mit einer Mittelfurche versehen. Die meist blauen Blüten sind röhrenförmig, glockig oder perlenförmig, 4 bis 8 mm, selten 1 cm lang und sitzen in einer dichten Traube auf kräftigen, meist kurzen Stängeln, Blütezeit März bis Juni.

## ARTEN UND SORTEN
Armenische Traubenhyazinthe *Muscari armeniacum* mit dichter azurblauer Blütentraube bereits im März. Van-Tubergen-Traubenhyazinthe *Muscari aucheri,* alter Name *Muscari tubergenianum*, die durch schöne Kontraste der Blütentrauben von Dunkelblau zu Hellblau auffällt. Kleine Traubenhyazinthe *Muscari botryoides*. Einige Arten besitzen amethystfarbene, weiße oder zartgelbe Glöckchen wie die Großfrüchtige Traubenhyazinthe *Muscari macrocarpum*.

## HINWEISE AUF VERWENDUNGSEINSCHRÄNKUNGEN
Selten sind beim Pflücken Hautreizungen durch den Pflanzensaft oder bei Kontakt mit den Zwiebeln bekannt geworden.

## ANSPRÜCHE AN BODEN UND STANDORT
Gedeihen auf jedem mäßig fruchtbaren, durchlässigen Gartenboden in voller Sonne. Winternässe vermeiden.

## GESTALTERISCHE VERWENDUNG
In Steingärten oder auf Trockenmauern in vollsonniger Lage. Für eindrucksvolle Massenpflanzungen unter Zierkirschen oder anderen Gehölzen eignet sich beispielsweise *Muscari armeniacum* 'Heavenly Blue'.

# Vergissmeinnicht

*Myosotis sylvatica* Wald-Vergissmeinnicht

BORRETSCHGEWÄCHSE

## HEIMAT / VORKOMMEN

Die Wildform des Wald-Vergissmeinnichts kommt in Europa in Hochstaudengebüschen und an Waldrändern und Lichtungen mit nährstoffreichen Böden wie Viehlagerplätzen vor. Die im Handel befindlichen Pflanzen sind meist Züchtungen mit besonderen Blütenfarben wie Blau, Rosa und Weiß.

## BESCHREIBUNG

Büschelige, behaarte, meist kurzlebige Stauden mit eiförmigen bis elliptischen, bis 12 cm langen graugrünen Blättern. Die Blüten sind meist blau, aber auch weiß oder rosa, mit gelber Mitte, bis zu 9 mm groß, stieltellerförmig. Sie erscheinen an zahlreichen Wickeln im Frühjahr bis in den Frühsommer.

## ARTEN UND SORTEN

Beliebte blaublühende Sorten sind *Myosotis sylvatica* 'Blauer Korb', tiefblau, großblumig, 25 cm hoch; 'Indigo Compacta', dunkelblau, 20 cm hoch; 'Schnittwunder', tiefblau, robust, wertvolle Schnittsorte, 30 cm hoch; 'Wagners Perfecta', intensiv dunkelblau, kompakt, 15 cm hoch; und 'Blauer Ball', leuchtend blau, mit kugeligem Wuchs, für Töpfe und Schalen, 15 cm hoch. Weitere Arten sind das Sumpf-Vergissmeinnicht *Myosotis scorpioides* mit der Sorte 'Mermaid', hellblaue Blüten mit gelber Mitte, 15 bis 20 cm hoch, und das Alpen-Vergissmeinnicht *Myosotis alpestris*. Das Bodensee-Vergissmeinnicht *Myosotis rehsteineri* ist eine zwergige Art, die kurzfristige Überflutungen unbeschadet übersteht.

## HINWEISE AUF VERWENDUNGSEINSCHRÄNKUNGEN

Die Pflanzen enthalten Pyrrolizidin-Alkaloide, die sehr selten zu Hautreizungen führen können.

## ANSPRÜCHE AN BODEN UND STANDORT

Gedeihen in nährstoffarmen, feuchten, aber wasserdurchlässigen Böden in voller Sonne.

## GESTALTERISCHE VERWENDUNG

In Sommerblumenbeeten oder Staudenrabatten in Verbindung mit gelbblühenden, niedrig wachsenden Stauden.

## ERLEBNISWERT / BESONDERHEITEN

Das Vergissmeinnicht hat kleine, aber eindrucksvoll himmelblaue Blüten. Hellblau gilt als Farbe der Treue und daher gilt auch das Vergissmeinnicht als Symbol des Gedenkens. Zum Muttertag schenken Kinder gerne Vergissmeinnicht-Sträußchen. Auf Grabstätten werden oft ausdauernde Sorten, das sehr ähnliche Gedenkemein *Omphalodes verna* oder das Großblättrige Kaukasusvergissmeinnicht *Brunnera* (siehe S. 141) gepflanzt. Um die Namensentstehung ranken sich viele Legenden.

1 Wald-Vergissmeinnicht, Blüte 2 Sumpf-Vergissmeinnicht
3 Gedenkemein 4 Alpen-Vergissmeinnicht
5 Wald-Vergissmeinnicht

# Vexiernelke

*Silene coronaria* Kronen-Lichtnelke

NELKENGEWÄCHSE

### HEIMAT / VORKOMMEN

Südosteuropa; in Gebüschen, lichten Wäldern und an sonnigen, felsigen Hängen; in Deutschland lokal verwildert.

### BESCHREIBUNG

Zweijährige oder kurzlebige, bis 80 cm hohe, reich verzweigte Staude. Triebe und Blätter sind dicht weißfilzig-zottig behaart, lanzettlich. Grundblätter je nach Standort 10 bis 18 cm, Stängelblätter 8 bis 10 cm lang; Blüten samtartig behaart, 3 cm breit, purpurrot oder rosa. Die Sorte *Silene coronaria* 'Alba' hat weiße Blüten. Blütezeit Juni bis August. Im Handel ist *Silene coronaria* auch unter dem alten Namen *Lychnis coronaria* zu finden.

### WEITERE ARTEN UND SORTEN

Weitere Lichtnelken-Arten sind u. a. die Jupiter-Lichtnelke *Silene flos-jovis*, 80 cm hoch, rosa, scharlachrot oder weiß; Brennende Liebe *Silene chalcedonica*, 100 cm, scharlachrote Blüten.

### HINWEISE AUF VERWENDUNGSEINSCHRÄNKUNGEN

Keine bekannt.

### ANSPRÜCHE AN BODEN UND STANDORT

Gedeihen auf jedem Gartenboden in voller Sonne.

### GESTALTERISCHE VERWENDUNG

Lichtnelken sind hübsche Lückenfüller in Staudenrabatten, Steingärten und Sommerblumenbeeten.

### ERLEBNISWERT / BESONDERHEITEN

Die Blüten der Vexiernelke besitzen kurze, spitze Schlundschuppen. Schon im 17. Jahrhundert neckten sich Kinder untereinander mit den Blüten. („Vexieren“ ist ein altes Wort für „irreführen, necken“). Hält man die Nase über die Blüte, stechen die zunächst nicht sichtbaren kleinen Spitzen. Die Pflanze sät sich selbst stark aus und verbreitet sich daher leicht im Garten. Wollbienen der Gattung *Anthidium* schaben die Härchen von den Blättern ab, rollen diese zu einem Knäuel und tapezieren damit ihre Bruthöhlen. Weiter sind Honigbienen, Wildbienen und Tagfalterarten an den Blüten zu beobachten.

1 Kronen-Lichtnelke 2 Kronen-Lichtnelke, Blüte 3 Wollbiene 4 Jupiter-Lichtnelke 5 Brennende Liebe

# Wiesen-Schaumkraut

*Cardamine pratensis*

KREUZBLÜTLER

**HEIMAT / VORKOMMEN**
Europa, Nordasien, Nordamerika; auf feuchten Wiesen, an Ufern und Gräben.

**BESCHREIBUNG**
30 bis 50 cm hohe Staude mit kriechendem Wurzelstock; graugrüne Fiederblätter, 3- bis 11- zählig, 15 cm lang; Blüten 1 bis 3 cm breit, blassrosa, purpurn, seltener weiß. Blütezeit April bis Mai.

**WEITERE ARTEN UND SORTEN**
Besonders attraktiv ist die gefüllt blühende Sorte *Cardamine pratensis* 'Flore Pleno', die bereits seit Mitte des 17. Jahrhunderts kultiviert wird. Weitere Schaumkraut- oder Zahnwurz-Arten sind die Zwiebel-Zahnwurz *Cardamine bulbifera*, die Quirl-Zahnwurz *Cardamine enneaphyllos*, die Fieder-Zahnwurz *Cardamine heptaphylla*, die Finger-Zahnwurz *Cardamine pentaphyllos* und das als Bodendecker im Schatten beliebte Kleeblättrige Schaumkraut *Cardamine trifolia*.

**HINWEISE AUF VERWENDUNGSEINSCHRÄNKUNGEN**
Keine bekannt.

**ANSPRÜCHE AN BODEN UND STANDORT**
Schaumkrautarten gedeihen auf jedem durchlässigen, nährstoffreichen Gartenboden. Das Wiesen-Schaumkraut bevorzugt feuchte, sonnige Wiesenflächen.

**GESTALTERISCHE VERWENDUNG**
Das Wiesen-Schaumkraut eignet sich besonders zur Bereicherung feuchter Rasenflächen und Parkwiesen. Zur Blütezeit sind die Rasen von einem hübschen lila Schleier überhaucht. Mit der Sumpf-Dotterblume *Caltha palustris* und dem Sumpf-Vergissmeinnicht *Myosotis scorpioides* zusammen gepflanzt, ergeben sich schöne Kontraste.

**ERLEBNISWERT / BESONDERHEITEN**
Frühblühende Wildblume in feuchten Wiesen, als selbstgepflückter Strauß zum Muttertag beliebt; Eiablagepflanze des Aurorafalters.

1 Wiesen-Schaumkraut, Blüten 2 Wiesen-Schaumkraut, Blüten nah 3 *Cardamine pratensis* 'Flore Pleno' 4 Puppe des Aurorafalters 5 Wiesen-Schaumkraut

# Ziest

*Stachys*

LIPPENBLÜTLER

**ERLEBNISWERT / BESONDERHEITEN**
Blütenstauden, die gern von Schmetterlingen, Wollbienen und Hummeln besucht werden. Knollen-Ziest *Stachys affinis* ist eine alte Gemüsepflanze.

1 Echter Ziest 2 und 3 Woll-Ziest
4 Knollen-Ziest 5 Großblütiger Ziest

**HEIMAT / VORKOMMEN**
Europa, Türkei, Kaukasus, Zentralasien, Nord-Iran, Krim, China, Nordwest-Afrika. Heimische Arten auf Magerrasen, Feuchtwiesen, in Wäldern und an Bachufern.

**BESCHREIBUNG**
Meist aufrechte, 20 bis 60 cm hohe, buschig wachsende, rhizombildende oder ausläufertreibende, teils mattenbildende Stauden; Blätter gegenständig, lanzettlich bis elliptisch oder eiförmig, ganzrandig, gebuchtet, stumpf gesägt, runzelig oder weißwollig-filzig; Blüten rotviolett, rosa, rot, gelb, seltener weiß; Blütezeit Juni bis Juli.

**ARTEN UND SORTEN**
Großblütiger Ziest *Stachys macrantha* 'Superba' (im Handel auch als *Betonica grandiflora*), purpurrosa, 50 cm; Woll-Ziest *Stachys byzantina* (= *Stachys lanata* und *Stachys olympica*), rosapurpurfarben, 45 cm; Knollen-Ziest *Stachys affinis* (= *Stachys sieboldii*), violett, 50 cm, altes Knollengemüse. Die heimischen Ziest-Arten sind für Naturgärten geeignet: Aufrechter Ziest *Stachys recta* für Mager- und Felsrasen; Sumpf-Ziest *Stachys palustris* für Gewässerufer; Echter Ziest *Stachys officinalis* (= *Stachys monieri*) für Feuchtwiesen und der Wald-Ziest *Stachys sylvatica* für lichte Laubmischbestände in größeren Anlagen und als Uferstaude.

**HINWEISE AUF VERWENDUNGSEINSCHRÄNKUNGEN**
Keine bekannt.

**ANSPRÜCHE AN BODEN UND STANDORT**
Gedeihen auf jedem guten, tiefgründigen Gartenboden in sonniger oder halbschattiger Lage.

**GESTALTERISCHE VERWENDUNG**
Besonders der Großblütige Ziest eignet sich sowohl für sonnige als auch für halbschattige Standorte, zusammen mit Gelben Taglilien, Blauer Iris und Gilbweiderich-Arten. Der Woll-Ziest eignet sich für trockenere Orte als Bodendecker oder für Einfassungen.

# Zitronen-Melisse

*Melissa officinalis*

LIPPENBLÜTLER

## HEIMAT / VORKOMMEN
Südeuropa; in lichten Wäldern und Gebüschen.

## BESCHREIBUNG
Buschige, aufrecht wachsende, 30 bis 70 cm hohe Staude mit vierkantigem Stängel und leicht runzeligen, eiförmigen, bis 7 cm langen hellgrünen Blättern; Blüten blassgelb bis weiß, 1,5 cm lang; Blütezeit Juni bis August.

## WEITERE ARTEN UND SORTEN
Die Sorte *Melissa officinalis* 'Aurea' hat gold- und die Sorte 'Variegata' hat weißbunt gemusterte Blätter.

## HINWEISE AUF VERWENDUNGSEINSCHRÄNKUNGEN
Keine bekannt.

## ANSPRÜCHE AN BODEN UND STANDORT
Gedeihen auf jedem durchlässigen, nährstoffreichen Gartenboden in voller Sonne. Im Winter vor übermäßiger Feuchtigkeit schützen. Kann sich stark verbreiten.

## GESTALTERISCHE VERWENDUNG
Im Kräutergarten oder auf Kräuterbeeten. Die weißbunten Sorten sind auch für Stauden- oder Sommerblumenrabatten geeignet und sollten im Frühsommer zurückgeschnitten werden, um eine bessere Ausfärbung zu erreichen.

## ERLEBNISWERT / BESONDERHEITEN
Die Blätter der Zitronen-Melisse duften nach Zitrone, sie ist eine bekannte Heil- und Gewürzpflanze. Bestimmte Wildbienenarten sind auf die Bestäubung der Zitonen-Melisse spezialisiert.

1 Zitronen-Melisse, Blüte 2 Zitronen-Melisse, Blätter
3 *Melissa officinalis* 'Variegata'
4 *Melissa officinalis* 'Aurea' 5 Zitronen-Melisse

# Sommerblumen

# Ananas-Salbei

*Salvia rutilans*

LIPPENBLÜTLER

**ERLEBNISWERT / BESONDERHEITEN**
Blätter und Blüten duften und schmecken nach Ananas. Die feuerroten Blüten können für Süßspeisen und zum Dekorieren verwendet werden.

1 Ananas-Salbei 2 und 3 Ananas-Salbei, Blüte
4 Honigmelonen-Salbei, Blüte 5 Pfirsich-Salbei

### HEIMAT / VORKOMMEN

Mexiko, Guatemala, in lichten Eichen-Kiefernwäldern.

### BESCHREIBUNG

80 bis 120 cm (als mehrjährige Kübelpflanze bis 150 cm) hoher, frostempfindlicher, teilverholzender Halbstrauch; Blätter 5 bis 10 cm lang, gegenständig, weich behaart, gesägt und nach Ananas duftend; Blüten feuerrot bis 3,5 cm lang; Blütezeit Oktober bis Dezember. In der Heimat werden die Blüten von Kolibris bestäubt. Im Handel ist der Ananas-Salbei oft noch unter dem Namen *Salvia elegans* 'Scarlet Pineapple' zu finden.

### WEITERE ARTEN UND SORTEN

Eng verwandt mit dem Ananas-Salbei ist der Honigmelonen-Salbei *Salvia elegans*, der im Juli und August blüht und kleinwüchsiger ist. Die Blätter duften süßer als die des Ananas-Salbei. Die Sorte *Salvia elegans* 'Golden Delicious' duftet nach Äpfeln. Nach Pfirsich duftet der Pfirsich-Salbei *Salvia greggii* 'Peach'.

### HINWEISE AUF VERWENDUNGSEINSCHRÄNKUNGEN

Keine bekannt.

### ANSPRÜCHE AN BODEN UND STANDORT

Gedeihen in mäßig fruchtbarer, feuchter, wasserdurchlässiger Erde in voller Sonne. Die Pflanzen können an einem frostfreien, hellen Ort überwintern.

### GESTALTERISCHE VERWENDUNG

Für Sommerblumenbeete oder in Kübeln.

# Atlasblume

*Clarkia*

NACHTKERZENGEWÄCHSE

**HEIMAT / VORKOMMEN**
Kalifornien; auf Hang-Trockenrasen, an Straßenrändern und auf Brachflächen.

**BESCHREIBUNG**
Einjährige, aufrecht wachsende, 20 bis 90 cm hohe Kräuter; Blätter wechselständig, linealisch oder lanzettlich. Die trichterförmigen, papierdünnen, pastellfarbenen Blüten sind 1,5 bis 5 cm breit, mit satinartiger Oberfläche, und erscheinen nach und nach, von unten nach oben aufblühend, in einer endständigen Traube. Die Blütenfarben reichen von Lavendel- oder Lachsrosa über Purpurrot bis Dunkelrot, selten Weiß. Blütezeit Juli bis August.

**ARTEN UND SORTEN**
Sorten von *Clarkia amoena* aus der „Grace-Serie“ blühen ungefüllt lavendelrosa, Sorten aus der „Satin-Serie“ sind zwergig, die Blüten ungefüllt, mit weißem Rand, die Sorte 'Sybil Sherwood' hat ungefüllte, lachsrosafarbene Blüten, die an den Rändern verblassen. *Clarkia breweri* 'Pink Ribbons', duftend, purpurrosa, *Clarkia unguiculata* (auch *Clarkia elegans* genannt) lavendel- und lachsrosa, dunkelrot und weiß. Großblütige Godetie *Clarkia pulchella* mit interessanten Blütenformen.

**HINWEISE AUF VERWENDUNGSEINSCHRÄNKUNGEN**
Keine bekannt

**ANSPRÜCHE AN BODEN UND STANDORT**
Gedeihen am besten in nährstoffarmer, feuchter, gut durchlässiger Erde in voller Sonne. Wegen der zerbrechlichen Stängel sollten sie windgeschützt stehen. Aussaat im September an Ort und Stelle.

**GESTALTERISCHE VERWENDUNG**
Für Sommerblumenbeete.

**ERLEBNISWERT / BESONDERHEITEN**
Die bezaubernden Blüten dieser altbekannten Sommerblume, die früher unter dem Namen Godetie bekannt war, erinnern an kleine Rosenblüten. Sie sitzen auf der gesamten Länge des Stängels in den Blattachseln der blaugrünen Blätter und blühen nacheinander von unten nach oben auf. Hübsche Schnittblumen für die Vase.

1 *Clarkia unguiculata* 2 *Clarkia amoena*
3 *Clarkia amoena* ssp. *whitney*
4 *Clarkia pulchella* 5 *Clarkia amoena*

# Bechermalve

*Lavatera trimestris*

MALVENGEWÄCHSE

**ERLEBNISWERT / BESONDERHEITEN**
Hübsche Sommerblumen mit meist zartrosa-, purpurfarbenen oder weißen Blüten.

1 Bechermalve, rosablühende Sorte 2 Bechermalve, weißblühende Sorte 3 Bechermalve, Fruchtstand 4 Trichtermalve 5 Trichtermalve, Samenkapsel

## HEIMAT / VORKOMMEN
Mittelmeergebiet

## BESCHREIBUNG
Einjährige, 80 bis 120 cm hohe, verzweigte Pflanze; Blätter rauhaarig, rundlich herzförmig bis nierenförmig, kerbartig gezähnt, je nach Typ 3- bis 7-lappig, meist dunkelgrün; Blüten trichterförmig, achselständig und einzeln, 8 bis 10 cm breit, rosa, rosarot geadert oder weiß; Blütezeit Juli bis September.

## WEITERE ARTEN UND SORTEN
Mehrjährige Arten sind *Lavatera arborea*, *Lavatera olbia* und *Lavatera thuringiaca*, siehe Seite 179. Ähnlich ist auch die einjährige Trichtermalve *Malope trifida*, 90 cm hoch, purpurrote, dunkel gestreifte oder weiße, trompetenförmige, 5 bis 8 cm breite Blüten.

## HINWEISE AUF VERWENDUNGSEINSCHRÄNKUNGEN
Keine bekannt.

## ANSPRÜCHE AN BODEN UND STANDORT
Gedeihen auf jedem nicht zu nährstoffreichen, wasserdurchlässigen Gartenboden in sonniger, luftiger Lage.

## GESTALTERISCHE VERWENDUNG
In windgeschützten Sommerblumen- oder Staudenrabatten im Vordergrund oder eingestreut. Baum-Strauchpappel und Strauchmalve auch einzeln vor Hauswänden oder an Mauern.

# Blaues Gänseblümchen

*Brachyscome multifida*

KORBBLÜTLER

**HEIMAT / VORKOMMEN**

Südostaustralien; alpine Rasen.

**BESCHREIBUNG**

Lockere, buschige, 20 bis 40 cm hohe Stauden, die wegen mangelnder Frosthärte meist als einjährige Pflanzen kultiviert werden. Die Blätter sind fiederteilig, leuchtend grün, an feinen, dünnen Trieben. Die Blütenstiele tragen zahlreiche blauviolette, margeritenähnliche Blüten mit kontrastierender gelber Mitte. Der Wuchs ist breitbuschig, bodendeckend, in Balkonkästen oder Pflanzenampeln überhängend. Blütezeit Juli bis September.

**WEITERE ARTEN UND SORTEN**

Australisches Gänseblümchen *Brachyscome iberidifolia* mit blauen, rotvioletten, weißen oder rosafarbenen Blüten, weichflaumig behaarte Blätter, verträgt auch Trockenheit, beliebte Sorten: *Brachyscome iberidifolia* 'Harmony' violett, 'Ultra' blau, kompakter Wuchs, Splendour-Serie weiß, fliederfarben, purpurn.

**HINWEISE AUF VERWENDUNGSEINSCHRÄNKUNGEN**

Keine bekannt.

**ANSPRÜCHE AN BODEN UND STANDORT**

*Brachyscome*-Arten gedeihen am besten in mäßig mit Nährstoffen versorgten Böden mit gleichmäßiger Feuchtigkeit.

**GESTALTERISCHE VERWENDUNG**

Anspruchsloser Dauerblüher für Balkon, Rabatten, in Ampeln oder für Baumscheiben unter Hochstämmchen.

**ERLEBNISWERT / BESONDERHEITEN**

Die blauen Blüten mit gelber Mitte sind so zahlreich, dass sie das feingliedrige Blattwerk vollständig bedecken können. Hübscher, zierlicher Sommerblüher.

1 und 2 *Brachyscome iberidifolia*
3 *Brachyscome multifida*, weißblühende Sorte
4 *Brachyscome multifida*, violettblühende Sorte
5 *Brachyscome multifida*, blaublühende Sorte

# Blumenrohr

*Canna indica*

BLUMENROHRGEWÄCHSE

**HEIMAT / VORKOMMEN**

Tropisches Nord- und Südamerika; in feuchten, lichten Wäldern.

**BESCHREIBUNG**

Rhizombildende, krautige, bis 180 cm hohe, steif aufrecht wachsende Stauden mit bis zu 60 cm langen, paddelförmigen, gerippten Blättern. Die leuchtend gefärbten Blütenrispen sind äußerst attraktiv und besitzen an der Basis 3 röhrig zusammengewachsene Kronblätter, 3 Kelchblätter und auffällige Staubblätter. Blütezeit Juli bis September.

**WEITERE ARTEN UND SORTEN**

Es gibt weit über 1.000 Sorten.

**HINWEISE AUF VERWENDUNGSEINSCHRÄNKUNGEN**

Keine bekannt.

**ANSPRÜCHE AN BODEN UND STANDORT**

Pflanzung nach den Eisheiligen im Mai. Die Erde sollte reichlich mit Kompost oder anderem Dünger angereichert und feucht gehalten werden. Blumenrohr sollte nur dann in der vollen Sonne stehen, wenn es ausreichend mit Wasser versorgt werden kann. Nach dem ersten Frost können die Rhizome ausgegraben und frostfrei überwintert werden, um im Frühjahr wieder in das Beet gepflanzt zu werden.

**GESTALTERISCHE VERWENDUNG**

In Gruppen gepflanzt neben kleineren Begleitpflanzen. In Schalen oder Pflanztrögen zieren sie Terrassen, Wintergärten und Treppenaufgänge.

**ERLEBNISWERT / BESONDERHEITEN**

Auffällige, leuchtende Blüten in Rot, Orange oder Gelb. Die bis zu 60 cm langen Blätter eignen sich zum Spielen und Basteln. Die Rhizome sind essbar und schmecken wie Süßkartoffeln. Allerdings müssen sie stundenlang kochen, um weich zu werden. Schmetterlingszüchter nutzen das Blumenrohr als Futterpflanze für die Raupen des Bananenfalters. Raupen zur Zucht erhält man unter anderem bei www.actias.de in der Insektenbörse unter dem Suchbegriff *Caligo* (Registrierung nötig).

1 Blumenrohr, zweifarbige Sorte
2 Blumenrohr, rotblühende Sorte
3 Blumenrohr, Fruchtstand
4 Gehörnte Raupe des Bananenfalters
5 Bananenfalter

# Buntnessel

*Plectranthus scutellarioides*

LIPPENBLÜTLER

### HEIMAT / VORKOMMEN

Tropisches Asien und Afrika; die im Handel erhältlichen Pflanzen sind Züchtungen.

### BESCHREIBUNG

Teilverholzender, 30 bis 80 cm (ausgepflanzt bis 150 cm) hoher, nicht winterharter Halbstrauch; Blätter nesselartig, eiförmig, zugespitzt, gesägt, mehrfarbig (grün, gelb, rot, braun); Blüten klein, mit weißer Oberlippe und blauer Unterlippe, in einer endständigen Traube; Blütezeit Juni bis September.

Zum Teil werden die Pflanzen noch unter dem Namen *Coleus* im Handel angeboten, oder auch als *Solenostemon*.

### WEITERE ARTEN UND SORTEN

Attraktive bunte Sorten finden sich in den Sortenmischungen der sogenannten *Coleus blumei*-Hybriden wie „Erfurter Mischung“, „Wizard-Mischung“, „Regenbogen-Mischung“. Kleinblättrige Hängeformen werden gerne in Balkonkästen und Schalen verwendet.

### HINWEISE AUF VERWENDUNGSEINSCHRÄNKUNGEN

Durch das in den Blättern enthaltene Coleon kann es in sehr seltenen Fällen zu Hautreaktionen kommen.

### ANSPRÜCHE AN BODEN UND STANDORT

Gedeihen am besten auf leichtem, wasserdurchlässigem Boden an vollsonniger, windgeschützter Stelle.

### GESTALTERISCHE VERWENDUNG

Für Balkonkästen, Ampeln, Schalen, Blumenteppiche oder Rabatten.

### ERLEBNISWERT / BESONDERHEITEN

Buntnesseln wirken weniger über ihre Blüten als über ihre auffallend bunten Blätter mit verschiedenen Mustern.

**1** bis **5** Buntnesseln, verschiedene Sorten

# Dahlie

*Dahlia*

KORBBLÜTLER

### ERLEBNISWERT / BESONDERHEITEN
Dahlien begeistern Kinder mit großen Blütenbällen in vielen Farben und Formen. An den einfach blühenden Formen können zahlreiche Hummeln, Bienen, Schwebfliegen und Falter beobachtet werden. Ohrwürmer übernachten in den Blüten, man kann sie dann regelrecht herausschütteln, sie fressen allerdings an den Blütenblättern.

1 Ball-Dahlie 2 Anemonenblütige Dahlie 3 Kaktus-Dahlie 4 Scharlach-Dahlie, Wildform 5 Mignon-Dahlie 'Fire and Ice'

### HEIMAT / VORKOMMEN
Mexiko, Zentralamerika.

### BESCHREIBUNG
Bis 2 m hohe, nicht frostharte, attraktive Stauden mit Wurzelknollen; Wildformen können höher werden, Blätter meist dunkelgrün, 20 bis 30 cm lang, fiederteilig. Die Blüten sitzen am Ende der verzweigten, hohlen Stiele. Blütezeit August bis Oktober.

### ARTEN UND SORTEN
Neben einigen zwar einfachen, aber attraktiven Wildarten gibt es weltweit etwa 20.000 registrierte Sorten. Nach ihrer Blütenform werden sie in einfachblühende, halbgefüllte und gefüllte Dahlien unterteilt. Diese wiederum in Mignon-, Paeonien-, Halskrausen- oder Anemonenblütige, Schmuck-, Ball-, Pompon-, Kaktus- und Semikaktus-Dahlien. Die Blüten können ein- oder zweifarbig, gestreift, gepunktet oder geflammt sein. Blüten von Riesendahlien erreichen einen Durchmesser von 25 cm.

### HINWEISE AUF VERWENDUNGSEINSCHRÄNKUNGEN
Die einfach blühenden Arten können Pollenallergien auslösen.

### ANSPRÜCHE AN BODEN UND STANDORT
Gedeihen am besten auf einem nährstoffreichen, humosen, wasserdurchlässigen Gartenboden in voller Sonne. Wöchentlich düngen, zunächst stickstoffreich, ab dem Hochsommer zur Kräftigung der Stiele kalireichen Dünger ausbringen.

### GESTALTERISCHE VERWENDUNG
Für Rabatten; die Stiele sollten mit kräftigen Blumenstäben gestützt werden.

# Duft-Pelargonie

*Pelargonium*

STORCHSCHNABELGEWÄCHSE

### HEIMAT / VORKOMMEN
Südafrika; in Halbwüsten, an Waldrändern, auf Feuchtwiesen, sandigen Hängen, Gewässerufern, Felsmagerrasen, Brachen.

### BESCHREIBUNG
Die Pflanzengattung *Pelargonium* – allgemein auch als „Geranien" bekannt – umfasst rund 230 Arten, meist immergrüne Stauden oder Sträucher. Die im Handel erhältlichen Züchtungen stammen hauptsächlich von 20 Wildarten ab. Die Blätter sind vielgestaltig: fingerförmig, gefiedert, gelappt oder fadenförmig. Sie besitzen spezielle Duftdrüsen, die ätherische Öle freisetzen. Jede Art, oft sogar jede Sorte, hat ihren eigenen Duft. Die Blütenstände sind meist doldenartig, die einzelnen Blüten schalen-, stern-, trompeten-, trichter- oder – wenn die oberen 2 Blütenblätter größer sind als die unteren 3 – schmetterlingsartig. Blütezeit Juni bis Oktober.

### ARTEN UND SORTEN
*Pelargonium tomentosum* Pfefferminzduft, *Pelargonium* 'Torento' Cola-Duft, *Pelargonium reniforme* und *Pelargonium sidoides* sind Heilpflanzen (Umckaloabo), *Pelargonium* x *citrosum* 'Major' Zitronenduft, *Pelargonium* x *fragrans* 'Lilian Pottinger' Ananasduft, *Pelargonium odoratissimum* Apfelduft, *Pelargonium viscosissimum* Balsamduft, *Pelargonium englerianum* Bitterorangeduft, *Pelargonium* x fragr*ans* 'Old Spice' Gewürzduft, *Pelargonium* 'Pink Champagne' Ingwerduft, *Pelargonium* 'Princess of Orange' Orangenschalenduft, *Pelargonium* 'Chocolate Mint' Minze-Schokoladenduft, *Pelargonium* x *andersonii* Rosenduft, *Pelargonium crispum* 'Peach Cream' Pfirsichduft, *Pelargonium denticulatum* Pinienduft, *Pelargonium panduriforme* Möbelpoliturduft und viele mehr.

### HINWEISE AUF VERWENDUNGSEINSCHRÄNKUNGEN
Hautkontakt mit den Blättern kann Kontaktallergien auslösen.

### ANSPRÜCHE AN BODEN UND STANDORT
Gedeihen auf jedem feuchteren, nährstoffarmen, wasserdurchlässigen Gartenboden in sonniger, luftiger Lage. Regelmäßiges Gießen im Sommer verlängert die Blütezeit.

### GESTALTERISCHE VERWENDUNG
Als Topf- oder Kübelpflanzen für Wintergarten, Balkon oder Terrasse, für Beete und Rabatten.

### ERLEBNISWERT / BESONDERHEITEN
Viele Pelargonien sind ausgesprochene Schnupperpflanzen. Die Blätter duften, wenn man sie berührt, intensiv nach Minze, Rose, Zitrone, Kiefernnadeln, Zedernholz, Waschmittel, Schuhcremes oder Gewürzen. Diese Vielfalt verblüfft und lädt zu Ratespielen ein. Einige Arten besitzen auch Wirkstoffe, die schmerzlindernd und pilzhemmend sind oder Halsentzündungen lindern können.

1 Rosen-Pelargonie *Pelargonium graveolens*
2 *Pelargonium tomentosum* 3 *Pelargonium* 'Lemon Fancy'
4 *Pelargonium* 'Lemon Kiss' 5 *Pelargonium quercifolium*

# Duftsteinrich

*Lobularia maritima* Strand-Silberkraut

KREUZBLÜTLER

## ERLEBNISWERT / BESONDERHEITEN

Reichblühende Pflanzen, die breite Blütenteppiche bilden. In Plattenfugen ausgesät, bilden sich originelle Blütenreihen. Die Blüten duften intensiv nach Honig. Sie locken interessante Insekten wie Schweb- und Schnabelfliegen an. Kinder können diese an den Blüten bei der Bestäubung beobachten. Der Duftsteinrich wird auch Silberkraut genannt.

## HEIMAT / VORKOMMEN

Südeuropa, Mittelmeergebiet, Kanaren, Azoren, Madeira, Küstenvegetation und an küstennahen Felswänden, in Deutschland verwildert.

## BESCHREIBUNG

Einjährige, 5 bis 30 cm hohe Pflanzen. Blätter lineal-lanzettlich, graugrün, 3 cm lang; Blüten der Wildform weiß, Züchtungen großblumig, weiß, rosa, violett und purpurfarben; in dichten, traubenartigen Blütenständen. Blütezeit Juni bis Dezember.

## WEITERE ARTEN UND SORTEN

*Lobularia maritima* 'Snow-Cloth' weiß, 'Royal Carpet' purpur, 'Schneedecke' weiß, 'Violettkönigin' violett, 'Wonderland' karminrosa, 'Orientalische Nacht' purpurviolett, Teppich-Mischung aus Pastelltönen.

## HINWEISE AUF VERWENDUNGSEINSCHRÄNKUNGEN

Keine bekannt.

## ANSPRÜCHE AN BODEN UND STANDORT

Gedeiht am besten in nicht zu nährstoffreicher, gut durchlässiger Erde in voller Sonne.

## GESTALTERISCHE VERWENDUNG

Silberkraut wird in Steingärten oder in Fugen von Trockenmauern oder Plattenbelägen gesät. Durch Selbstaussaat kann es viele Jahre am gleichen Platz bleiben.

1 *Lobularia maritima* 'Snow Princess'
2 Duftsteinrich 3 Duftsteinrich, Blüten
4 Duftsteinrich, lila-weißblühende Sorte
5 Duftsteinrich, lilablühende Sorte

# Fleißiges Lieschen

*Impatiens walleriana*

BALSAMINENGEWÄCHSE

### HEIMAT / VORKOMMEN
Tansania, Mosambik, Neuguinea.

### BESCHREIBUNG
Unermüdlich blühende, bis 20 cm hohe Stauden. Da sie keinen Frost vertragen, werden sie hierzulande einjährig kultiviert. Blätter fleischig, bis 12 cm lang, elliptisch bis lanzettlich, gezähnt, gebuchtet, hell-, purpur- bis bronzegrün, an roten oder hellgrünen Trieben; Blüten flach, gespornt, bis 6 cm breit, in vielen Farbtönen, auch zweifarbig, geflammt, gestreift, einfach und gefüllt; Blütezeit Juni bis September.

### WEITERE ARTEN UND SORTEN
Das Garten-Springkraut *Impatiens balsamina* ist eine aufrecht wachsende einjährige Pflanze mit fleischigen, knotigen rötlichen Stängeln und großen Blüten in den Blattachseln. Breite Farbskala und viele Sorten. Das Drüsige Springkraut *Impatiens glandulifera* (siehe Seite 230) zählt wie das heimische Rühr-mich-nicht-an ebenfalls zu dieser Gattung, aus der von rund 850 Arten noch etliche mit interessanten Blütenformen als Topfpflanzen erhältlich sind.

### HINWEISE AUF VERWENDUNGSEINSCHRÄNKUNGEN
Keine bekannt.

### ANSPRÜCHE AN BODEN UND STANDORT
Gedeihen auf jedem humosen, feuchten, wasserdurchlässigen Gartenboden im Halbschatten oder Schatten.

### GESTALTERISCHE VERWENDUNG
Für Sommerblumenbeete oder als Topfpflanze geeignet.

### ERLEBNISWERT / BESONDERHEITEN
Sommerblumen, die farbenfrohe Blumenteppiche und Rabatten schaffen.

1 bis 5 Fleißiges Lieschen, verschiedene Sorten

**ERLEBNISWERT / BESONDERHEITEN**
Die langen Blütenähren sehen aus wie Fuchsschwänze und sind für Kinder besonders zum Basteln interessant. Die Pflanze ist auch als Amarant bekannt und zählt zu den ältesten Nutzpflanzen der Menschheit. Die Samen werden wie Getreide verwendet. In den Anden Kiwicha genannt, war er eine der wichtigsten Nahrungspflanzen der Inkas. Samen wurden in fast 9.000 Jahre alten Gräbern in Mexiko nachgewiesen. Amarant hat einen höheren Eiweiß- und Mineralstoffgehalt als alle Getreide – insbesondere der hohe Eisengehalt wird geschätzt – und ist glutenfrei.

1 

2 

3 

4 

5 

# Fuchsschwanz

*Amaranthus caudatus* Garten-Fuchsschwanz

FUCHSSCHWANZGEWÄCHSE

**HEIMAT / VORKOMMEN**
Afrika und Asien

**BESCHREIBUNG**
Der Garten-Fuchsschwanz wird 60 bis 100 cm groß. Die aufrecht wachsenden, kräftigen grünen oder purpurfarbenen Stängel sind dicht mit langgestielten, länglich-ovalen hellgrünen Blättern besetzt. Blüten in prächtigen, bis 60 cm langen karminroten oder grünen quastenartigen Blütenähren, die vom oberen Stängelende herabhängen; Blütezeit Juli bis Oktober.

**WEITERE ARTEN UND SORTEN**
*Amaranthus caudatus* 'Atropurpurea' mit dunkelpurpurfarbenen Blütenständen und 'Viridis' mit hellgrünen Blütenähren. Rispiger Fuchsschwanz *Amaranthus cruentus* wird bis zu 2 m hoch und hat rote Blätter; Surinamesischer Fuchsschwanz *Amaranthus tricolor*, bis 1,3 m hoch, in vielen Sorten mit mehrfarbigen Blättern. Roter Meier *Amaranthus blitum* (auch als *Amaranthus lividus* im Handel) kann wie Spinat verwendet werden.

**HINWEISE AUF VERWENDUNGSEINSCHRÄNKUNGEN**
Fuchsschwanzgewächse enthalten Oxalsäure. Wegen des hohen Gerbstoffanteils sollten Babys und Kleinkinder keine großen Portionen verzehren. Die Pollen können Allergikern Probleme bereiten, duscht man die Pflanzen morgens ab, verringert sich der Pollenflug.

**ANSPRÜCHE AN BODEN UND STANDORT**
Gedeihen auf jedem feuchteren, nährstoffarmen, wasserdurchlässigen Gartenboden in sonniger, luftiger Lage. Wird im Sommer regelmäßig gegossen, verlängert sich die Blütezeit.

**GESTALTERISCHE VERWENDUNG**
In Staudenrabatten oder Blumenbeeten. Um die langen Blütenähren gut zur Geltung kommen zu lassen, sollten die Pflanzen genügend Platz haben.

1 *Amaranthus caudatus* 2 *Amaranthus caudatus* 'Viridis'
3 Garten-Fuchsschwanz 4 Rispiger Fuchsschwanz
5 Surinamesischer Fuchsschwanz

# Gämshorn

*Proboscidea louisianica* Louisiana-Gämshorn

GEMSENHORNGEWÄCHSE

## HEIMAT / VORKOMMEN

Südwestliche USA und Mexiko in Feuchtgebieten (z. B. Sacramento Valley) und Küstenabschnitte von Süd-Carolina bis Mexiko.

## BESCHREIBUNG

Einjährige Pflanze, aufrecht, bis 60 cm hoch, mit ausladenden, dicken Ästen und 20 bis 25 cm breiten, herzförmigen oder breit eiförmigen 5-lappigen Blättern. In lockeren Trauben erscheinen im Juni und Juli 8 bis 20 purpurne oder weiße glockenförmige Blüten mit gelbem Schlund und rötlichen Flecken. Die Früchte bilden zwei hornförmige Fortsätze mit Haken, die mit einem gegenläufigen Kamm in der Mitte ausgestattet sind. An den Drüsenhaaren bleiben kleine Fliegen und Mücken kleben, die von der Pflanze, ähnlich wie bei fleischfressenden Pflanzen, „verdaut" werden.

## WEITERE ARTEN UND SORTEN

Das Duftende Gämshorn *Proboscidea fragrans* besitzt purpurfarbene Blüten; gelbe Blüten besitzt die Einhornpflanze *Ibicella lutea* aus Südamerika; beide Arten haben ähnliche Früchte.

## HINWEISE AUF VERWENDUNGSEINSCHRÄNKUNGEN

Keine bekannt.

## ANSPRÜCHE AN BODEN UND STANDORT

Aussaat im Februar in Töpfe, später in Kübel; oder an einen nährstoffreichen, sonnigen, feuchten, aber wasserdurchlässigen Ort pflanzen.

## GESTALTERISCHE VERWENDUNG

Im Kübel auf Terrassen oder in Mischrabatten.

## ERLEBNISWERT / BESONDERHEITEN

Die Kapselfrüchte sehen aus wie gekrümmte Hörner. Sie besitzen Fanghaken, die sich im Fell von Antilopen, Rindern und anderen Tieren verhaken und so den Samen verbreiten. Die Früchte sind mit den Haken und einem gegenläufigen Kamm dazwischen so raffiniert gebaut, dass die Tiere sie nicht abstreifen können. Während die Tiere sich bewegen, schnappen die Früchte auf und verbreiten so ihre Samen. Einige Indianerstämme nutzten die Früchte zum Korbflechten und zum Färben für dunkle Muster. Die halbreifen Früchte, in Essig eingelegt, gelten als Delikatesse.

1 und 2 Gämshorn, Blüten 3 Einhornpflanze, Blüten 4 Gämshorn, Früchte 5 Einhornpflanze, junge Früchte

# Gänseblümchen, Maßliebchen

*Bellis perennis*

KORBBLÜTLER

## ERLEBNISWERT / BESONDERHEITEN

Gänseblümchen im Gartenrasen sind meist die ersten Blumen, die Kinder bewusst wahrnehmen. Sie lassen sich zu Kränzchen flechten. Abends und bei feuchtem Wetter schließen sich die Blüten. Sie sind essbar und können, besonders wenn sie noch knospig sind, in Salaten verwendet werden. In der Volksmedizin bei schlecht heilenden Wunden und Hautausschlägen verwendet, appetitanregend. Die gefüllt blühenden Pomponformen sind aus Züchtungen hervorgegangen und werden auch Maßliebchen genannt.

1 Gänseblümchen
2 bis 5 Maßliebchen, verschiedene Sorten

## HEIMAT / VORKOMMEN

Europa, Türkei

## BESCHREIBUNG

Als zweijährige Beetpflanzen kultivierte, 15 bis 20 cm hohe Stauden; Blätter lanzettlich bis verkehrt eiförmig, bis 6 cm lang in einer grundständigen Rosette. Die Wildform besitzt einen kriechenden Wurzelstock. Die Blütenköpfchen der Maßliebchen sind 2 bis 6 cm breit, weiß, rosa oder rot, einfach oder gefüllt, zum Teil mit fedrigen Zungenblüten; Blütezeit Januar bis April.

## WEITERE ARTEN UND SORTEN

*Bellis perennis* 'Aetna' dunkelrot, großköpfig, halbgefüllt; 'Bernina' reinweiß, halbgefüllt; 'Robella' lachsrosa, dicht gefüllt; zahlreiche Mischungen wie Monstrosa, helllachsrosa, großblumig; Pomponette pomponartig, dichtgefüllt, langstielig in Rosa und Rot; Habanera mit 6 cm großen Blüten u. v. a.

## HINWEISE AUF VERWENDUNGSEINSCHRÄNKUNGEN

Es gibt Angaben, dass Gänseblümchen giftig seien, was unter anderem auf die enthaltenen Flavone, Cosmosiin und geringe Anteile ätherischer Öle zurückgeführt wird. Andererseits werden Gänseblümchen in der Volksmedizin eingesetzt und in Salat oder als Kapernersatz gegessen. Mit Übelkeit oder gar Erbrechen muss allenfallls bei sehr großen Mengen gerechnet werden.

## ANSPRÜCHE AN BODEN UND STANDORT

Gedeihen auf nicht zu nährstoffreichem, gut drainiertem Gartenboden in voller Sonne oder im Halbschatten.

## GESTALTERISCHE VERWENDUNG

Zur Bepflanzung kleiner Frühlingsbeete, schmaler Rabatten und Blumenschalen, als Topfpflanzen.

# Gauklerblume

*Mimulus*

BRAUNWURZGEWÄCHSE

## HEIMAT / VORKOMMEN

Chile, West-Nordamerika, Afrika, Asien, Australien; an Ufern, Feuchtgräben aber auch Trockengebüschen und Trockenrasen. Die meisten Züchtungen sind aus *Mimulus guttatus* und *Mimulus luteus* entstandden.

## BESCHREIBUNG

Locker buschige, zarte, 15 bis 30 cm hohe Stauden, die wegen mangelnder Frosthärte als einjährige Pflanzen kultiviert werden. Manche Arten sind frosthart und für das Freiland geeignet. Die Blätter sind eiförmig bis elliptisch, 3 bis 7 cm lang, mittelgrün. Blüten achselständig, leuchtend gefärbt mit unterschiedlichem Fleckenmuster, Oberlippe 2-zipflig, Unterlippe 3-zipflig. Blütezeit Juni bis Oktober.

## ARTEN UND SORTEN

*Mimulus* x *hybridus* in verschiedenen Mischungen: Calypso-Mix: ein- und zweifarbig, gefleckt, leuchtend orange, gelb, burgunderrot; Magic-Mix: kleine Blüten, orange, gelb und rot; Mystic-Mix: kleinwüchsig, frühblühend mit weinroten, kirschroten, gelben oder orangefarbenen Blüten ohne Fleckenzeichnung; *Mimulus* x *hybridus* 'Viva' großwüchsig, bis 30 cm, gelbe Blüten mit roten Flecken. Die Gefleckte Gauklerblume *Mimulus guttatus* und die Gelbe Gauklerblume *Mimulus luteus* sind kurzlebige Stauden und können im Garten überwintern.

## HINWEISE AUF VERWENDUNGSEINSCHRÄNKUNGEN

Keine bekannt.

## ANSPRÜCHE AN BODEN UND STANDORT

Gauklerblumen gedeihen am besten in sehr feuchter, nährstoffreicher Erde an windgeschützter Stelle in voller Sonne.

## GESTALTERISCHE VERWENDUNG

Reich- und langblühende Stauden und Sommerblumen für Sumpfgärten, Staudenrabatten, Schalen und feuchte Stellen in Steingärten; auch als Topfpflanze.

1 Gefleckte Gauklerblume, Blüte
2 bis 4 Verschiedene Sorten von *Mimulus* x *hybridus*
5 Gefleckte Gauklerblume

## ERLEBNISWERT / BESONDERHEITEN

Farbenfrohe Sommerblumen und Stauden mit interessanten mehrfarbigen und oft gemusterten Blüten, die Gesichtern oder Masken ähneln und sich dadurch auch zum Basteln eignen. Der berühmte Naturforscher Carl von Linné hat den Pflanzen deshalb den Namen „*Mimulus*“ (von „Mimus“ = Possenreißer, Gaukler, Clown) gegeben. Manchmal werden sie auch „Affenblume“ genannt.

# Gazanie

*Gazania*

KORBBLÜTLER

## ERLEBNISWERT / BESONDERHEITEN

Farbenprächtige Sommerblumen mit hübscher Blütenzeichnung. Die Blüten öffnen sich nur bei Sonnenschein.

1 *Gazania* 'Sunshine' 2 *Gazania rigens* 3 *Gazania* 'Gardenleader White' 4 *Gazania* 'Sunburst Mixed' 5 *Gazania* 'Colorado Gold'

## HEIMAT / VORKOMMEN

Südafrika; Sanddünen, Felsen- und Küstenvegetation, Brachland.

## BESCHREIBUNG

15 bis 20 cm hohe, ein- oder mehrjährige Kräuter oder Halbsträucher mit silbrig weißen oder graugrünen Blattrosetten; Blüten einzeln, an kurzen Sprossen, Köpfchen 6 bis 8 cm im Durchmesser, mit feurig orangefarbenen, gelben, weißen oder bronzefarbenen, auch gestreiften Strahlenblüten, die am Grunde schwarzbraun oder schwärzlich sind und eine braune oder goldgelbe Mitte besitzen. An schattigen Standorten oder an Regentagen bleiben die Blüten geschlossen, daher wird sie manchmal auch „Tresorblume" genannt. Es gibt Sorten, deren Blüten länger offen bleiben, zum Beispiel aus der Mini-Star-Gruppe. Blütezeit Juni bis September.

## ARTEN UND SORTEN

Vorwiegend Züchtungen aus verschiedenen Arten. Die schönsten Blüten besitzt die Chansonette-Serie: Ausladende Büschel, 20 cm hoch und 25 cm breit, dunkelgrünes, glänzendes Laub, Blüten in Bronze, Orange, Rosa, Lachs, Rotorange. Daybreak-Serie: Breitwachsende, 20 cm hohe und bis 25 cm breite Pflanzen mit kontrastreichen Blütenfarben und Mustern; Ministar-Serie: kompakt und büschelig wachsend, mit einigen einfarbigen Sorten; Talent-Serie: graufilzige Blätter und kurzstielige Blütenköpfchen in Gelb, Orange, Rosa oder Braun.

## HINWEISE AUF VERWENDUNGSEINSCHRÄNKUNGEN

Keine bekannt.

## ANSPRÜCHE AN BODEN UND STANDORT

Gedeihen am besten auf einem nährstoffreichen, durchlässigen Boden in voller Sonne.

## GESTALTERISCHE VERWENDUNG

Für Sommerblumenbeete und Rabatten, in Steingärten sowie für Balkonkästen und Töpfe.

# Geranie

*Pelargonium peltatum* Efeublättrige Pelargonie
*Pelargonium zonale* Zonal-Pelargonie

STORCHSCHNABELGEWÄCHSE

### HEIMAT / VORKOMMEN

Südafrika, Kapprovinz; an felsigen Hängen, Küstenvegetation und Brachen. Zahlreiche Züchutungen.

### BESCHREIBUNG

Am häufigsten sind Züchtungen aus *Pelargonium zonale* – sogenannte Pelargonium-Zonale-Hybriden. Sie wachsen meist aufrecht, buschig, ca. 60 cm hoch, und besitzen fast kreisrunde mittelgrüne, oft weißgemusterte Blätter mit dunkler ringförmiger Zeichnung. Die Blüten sind einfach, halbgefüllt oder gefüllt, bis 2,5 cm breit, leuchtend scharlachrot, purpurfarben, rosa, weiß, orange, selten gelb, in trugdoldigen Blütenständen. Blütezeit Mai bis Oktober.
Hängegeranien – so genannte Pelargonium-Peltatum-Hybriden – sind Züchtungen aus *Pelargonium peltatum*, sie wachsen niederliegend und besitzen immergrüne, dicke, efeuartig gelappte, 2,5 bis 12 cm lange Blätter, sie sind unempfindlich gegenüber Trockenheit. Die Blüten sind bis 4 cm breit, rot, rosa, violett, purpurfarben oder weiß. Blütezeit April bis Oktober. Edelpelargonien – auch Englische Geranien oder Grandiflorum-Gruppe genannt – sind Züchtungen aus *Pelargonium cucullatum*. Sie sind ebenfalls buschig wachsende immergrüne Stauden mit rundlichen, gelappten oder teilweise gesägten, 5 bis 9 cm langen hellgrünen Blättern. Die Blüten erscheinen in dichten Dolden, 4 bis 5 cm breit, gefüllt, rot, rosa, purpurfarben, violett, orange, mit dunklen Flecken. Blütezeit April bis Juni.

### WEITERE ARTEN UND SORTEN

Die Gattung umfasst etwa 230 Arten, darunter auch die Duft-Pelargonien, siehe Seite 197.

### HINWEISE AUF VERWENDUNGSEINSCHRÄNKUNGEN

In seltenen Fällen sind Hautreizungen möglich.

### ANSPRÜCHE AN BODEN UND STANDORT

Geranien gedeihen am besten in nährstoff- und humusreicher, gut durchlässiger Gartenerde.

### GESTALTERISCHE VERWENDUNG

Für Balkonkästen, Ampeln, Schalen, Blumenteppiche oder Rabatten. Geranien können an einem hellen, frostfreien Platz überwintern.

### ERLEBNISWERT / BESONDERHEITEN

Robuste Sommerblumen für farbenfrohe Beete, Schalen, Balkonkästen, Ampeln. Geranien sind die bekanntesten und beliebtesten Balkonblumen.

1 Pelargonium-Zonale-Hybride, Blattzeichnung und Blüte
2 *Pelargonium peltatum* 'Mexikanerin'
3 *Pelargonium* 'Swedish Angel' 4 *Pelargonium cucullatum*
5 Pelargonium-Zonale-Hybride

# Gummibärchenpflanze

*Helenium aromaticum*

KORBBLÜTLER

**ERLEBNISWERT / BESONDERHEITEN**

Zerreibt man die kugeligen Blüten, verbreiten sie einen starken Duft nach Apfel und Gummibärchen. In Chile wird das Kraut als fiebersenkendes Mittel und zum Färben genutzt.

1 Gummibärchenpflanze
2 Gummibärchenpflanze, Blattrosetten
3 bis 5 Gummibärchenpflanze, kugelige Blütenstände

**HEIMAT / VORKOMMEN**

Chile, an Berghängen, in Dünentälern, Unkrautfluren und Brachen.

**BESCHREIBUNG**

30 bis 50 cm hohes einjähriges Kraut. Blätter wechselständig, lanzettlich. Blütenköpfchen kugelrund und goldgelb, Blütezeit August bis September.

**WEITERE ARTEN UND SORTEN**

*Helenium aromaticum* ist auch unter dem Namen *Cephalophora aromatica* im Handel. Weitere Pflanzen mit Apfelduft sind die Apfelduft-Pelargonie *Pelargonium odoratissimum* (Seite 197) und Apfelduft-Salbei *Salvia elegans* 'Golden Delicious' (Seite 190).

**HINWEISE AUF VERWENDUNGSEINSCHRÄNKUNGEN**

Bei Verzehr kann es durch die enthaltenen Sesquiterpenlactone zu Übelkeit und Unwohlsein kommen.

**ANSPRÜCHE AN BODEN UND STANDORT**

Gedeihen in mäßig nährstoffreicher, feuchter, wasserdurchlässiger Erde in voller Sonne.

**GESTALTERISCHE VERWENDUNG**

Für Duftpflanzenbeete, Sommerblumenbeete, Staudenrabatten oder Pflanzkübel.

# Hahnenkamm

*Celosia*

FUCHSSCHWANZGEWÄCHSE

1 *Celosia argentea* 'Caracas' 2 Federbusch, verschiedene Sorten 3 und 4 Hahnenkamm, verschiedene Sorten 5 *Celosia argentea*

## HEIMAT / VORKOMMEN

Tropisches Asien, Afrika, Mittel- und Südamerika, an steinigen Trockenhängen, Wegrändern, Trockengebüschen und Brachen.

## BESCHREIBUNG

Buschige, 40 bis 50 cm hohe Stauden, die wegen mangelnder Frosthärte als einjährige Pflanzen kultiviert werden; Blätter wechselständig, gelappt oder einfach, oval bis lanzettlich; Die Blütenstände der Wildform sind silbrig-rosa, die der Züchtungen in leuchtenden Farben federbuschartig (Plumosa-Gruppe) oder gekräuselt/verbändert (Cristata-Sorten). *Celosia argentea* 'Caracas' ist auch unter den Sortennamen 'Venezuela' oder als *Celosia spicata* im Handel und kann sogar 70 cm hoch werden; die Sorte 'Deep Violett' besitzt Blüten in leuchtendem Neonviolett. Blütezeit Juli bis September.

## ARTEN UND SORTEN

**Zwerg-Federbusch:** Kleine Sorten der Plumosa-Gruppe: 'Kimono Cherry Red' kirschrot, 'Kimono Cream' tiefgelb, 'Kimono Orange' leuchtend orange, 'Kimono Salmon' lachsfarben

**Hoher Federbusch:** Hohe Sorten der Plumosa-Gruppe: 'Sparkler Carmine' karminrot, 'Sparkler Orange' leuchtend orange, 'Sparkler Yellow' leuchtend gelb

**Hahnenkamm:** *Celosia argentea* var. *cristata* Olympia-Mischung: große Kämme, viele Farben, 'Bicolor Chief' zweifarbig, rot und gold, 'Fire Chief' scharlachrot, 'Golden Chief' goldgelb, grünblättrig.

## HINWEISE AUF VERWENDUNGSEINSCHRÄNKUNGEN

Keine bekannt.

## ANSPRÜCHE AN BODEN UND STANDORT

Gedeihen auf nährstoffreichen, wasserdurchlässigen Böden in vollsonniger, windgeschützter Lage.

## GESTALTERISCHE VERWENDUNG

In Gruppen in Beeten, Rabatten oder in Balkonkästen; auch als Topfpflanzen.

## ERLEBNISWERT / BESONDERHEITEN

Interessante, an einen Hahnenkamm oder an Federbüsche erinnernde Blütenformen in auffälligen, leuchtenden Farben; für Tischdekorationen und als Trockenblumen für Gestecke und zum Basteln. Hahnenkamm und Federbusch-Celosie gehören zu den altbekannten Sommerblumen aus Großmutters Garten. Die Blüten verströmen einen würzigen Duft. Ein Inhaltsstoff des Silber-Brandschopfes *Celosia argentea* var. *argentea* soll leberschützende Eigenschaften besitzen.

# Husarenknopf

*Sanvitalia procumbens*

KORBBLÜTLER

**ERLEBNISWERT / BESONDERHEITEN**
Hübsche Blütenteppiche, zum Basteln und für kleine Sträuße geeignete Blüten.

**HEIMAT / VORKOMMEN**
Mexiko, Guatemala

**BESCHREIBUNG**
Niedrige, je nach Sorte 10 bis 20 cm hohe, mattenbildende, buschige Kräuter; Blätter eirundlich oder länglich; Blütenköpfchen kurzgestielt, bis 2 cm breit, Strahlenblüten gelb oder orange, Scheibenblüten (Knöpfe) dunkelpurpurn oder schwarz. Es gibt Sorten mit einfachen und gefüllten Blüten. Blütezeit Juli bis Oktober.

**WEITERE ARTEN UND SORTEN**
*Sanvitalia procumbens* 'Gold Braid', goldgelbe Köpfchen, 5 bis 10 cm hoch; 'Golden Carpet', zitronengelb, wächst ebenfalls zwergig, dunkelgrüne Blätter; 'Mandarin Orange', orangefarbene Blütenköpfchen, 10 cm hoch.

**HINWEISE AUF VERWENDUNGSEINSCHRÄNKUNGEN**
Keine bekannt.

**ANSPRÜCHE AN BODEN UND STANDORT**
Gedeihen auf nicht zu nährstoffreicher, humoser, gut durchlässiger Erde in voller Sonne.

**GESTALTERISCHE VERWENDUNG**
Für Einfassungen und schmale Beetstreifen, im Steingarten, in Balkonkästen oder als Topfpflanze.

1 Husarenknopf 2 Husarenknopf, Blüten
3 und 4 Husarenknopf, gelbblühende Sorten
5 *Sanvitalia* 'Sombrero XL Orange'

# Jungfer im Grünen

*Nigella damascena*

HAHNENFUSSGEWÄCHSE

### HEIMAT / VORKOMMEN

Südeuropa, Nordafrika

### BESCHREIBUNG

Einjährige, aufrecht wachsende, bis 50 cm hohe Pflanzen; Blätter wechselständig, schmal gefiedert, hellgrün, bis 12 cm lang; Blüten endständig, himmelblau, teilweise auch rosa oder weiß; Blütenblätter von bizarren nadelartigen, haarartig zerteilten Blättern umgeben; Fruchtkapseln blasenartig, gehörnt. Blütezeit Juni bis September.

### WEITERE ARTEN UND SORTEN

*Nigella damascena* 'Miss Jekyll', himmelblau und reinweiß; 'Blue Midget', 25 cm, zwergig; 'Mulberry Rose', 45 cm, rosa. Orientalischer Schwarzkümmel *Nigella orientalis*, 45 cm hoch, gelbe Blüten und schirmartige Samenkapsel; Spanischer Schwarzkümmel *Nigella hispanica*, 60 cm hoch, duftende, schalenförmige hellblaue Blüten mit dunkelblauem Zentrum; Echter Schwarzkümmel *Nigella sativa*, 50 cm, Blüten blassblau, Samen werden in der Volksmedizin bei Blähungen, Darmkrankheiten und Gelbsucht angewendet.

### HINWEISE AUF VERWENDUNGSEINSCHRÄNKUNGEN

Die Pflanzen werden manchmal mit dem Echten Schwarzkümmel *Nigella sativa* verwechselt. Während dieser bedenkenlos gegessen werden kann, enthalten die Samen von *Nigella damascena* Damascenin, das den Blutdruck spontan senken kann.

### ANSPRÜCHE AN BODEN UND STANDORT

Gedeihen auf mäßig nährstoffreichem, gut drainiertem Gartenboden in voller Sonne am besten. Auf geeigneten ungestörten Böden säen die Pflanzen sich selbst gut aus.

### GESTALTERISCHE VERWENDUNG

Für Rabatten geeignet.

### ERLEBNISWERT / BESONDERHEITEN

Schon die volkstümlichen Namen wie „Gretchen im Busch", „Jungfer im Grünen" oder „Braut in den Haaren", aber auch „Schwarzkümmel" verraten, wie beliebt diese Sommerblumen sind. Der hübsche Blütenaufbau und die bizarre Form der Samenkapseln aller *Nigella*-Arten regen die Fantasie an und eignen sich hervorragend zum Basteln, für Trockensträuße und Gestecke.

1 Jungfer im Grünen, weiße Blüte 2 Jungfer im Grünen, Fruchtkapsel 3 Jungfer im Grünen, reife, aufgesprungene Fruchtkapsel 4 Schwarzkümmel 5 Jungfer im Grünen

# Kapaster

*Felicia amelloides* Blaue Kapaster

KORBBLÜTLER

### ERLEBNISWERT / BESONDERHEITEN

Dichte, reichblühende, margeritenähnliche Stauden mit Blütenfarben von Himmelblau bis Rotviolett, die Zwergbienen anlocken.

1 Blaue Kapaster 2 *Felicia heterophylla*
3 bis 5 Kapmargeriten

### HEIMAT / VORKOMMEN

Südafrika; Steinige Hänge, Dünen- und Küstenvegetation.

### BESCHREIBUNG

Aufrecht und buschig wachsende, 20 bis 50 cm hohe ausdauernde Pflanze; hierzulande wegen geringer Frosthärte meist einjährig kultiviert; Blätter eiförmig, tiefgrün, bis 3 cm lang; Blütenköpfchen margeritenartig, 2 bis 5 cm im Durchmesser, meist hellblau bis rotviolett mit gelber Mitte; einige Sorten rosa und weiß; Blütezeit ganzjährig mit Schwerpunkt im Sommer; häufig gepflanzte Sorten sind *Felicia amelloides* 'Read's Blue': kompakt mit blauen Blütenköpfchen, 'Read's White': kompakt mit weißen Blüten, 'Santa Anita Variegated': panaschierte Blätter, 'Santa Anita': dunkelblaue Blüten. Blütezeit Juni bis Oktober.

### WEITERE ARTEN UND SORTEN

Es gibt rund 80 weitere Arten, als Gartenpflanzen *Felicia amoena*, *Felicia bergeriana*, *Felicia heterophylla*, *Felicia rosulata* und *Felicia filifolia*. Sehr attraktiv sind auch die verwandten Gattungen Kapmargerite *Osteospermum* und Kapkörbchen *Dimorphotheca* mit farbenfrohen Blüten.

### HINWEISE AUF VERWENDUNGSEINSCHRÄNKUNGEN

Keine bekannt.

### ANSPRÜCHE AN BODEN UND STANDORT

Gedeihen am besten in nährstoffarmer, wasserdurchlässiger Erde an windgeschützter Stelle in voller Sonne.

### GESTALTERISCHE VERWENDUNG

Reich- und langblühende Sommerblumen für Steingärten, Trockenmauern, Hochbeete und als Topfpflanzen.

# Kapuzinerkresse

*Tropaeolum majus* Echte Kapuzinerkresse

KAPUZINERKRESSENGEWÄCHSE

## ERLEBNISWERT / BESONDERHEITEN

Dekorative, schnellwachsende Kletterpflanzen mit leuchtend gelben, roten oder orangeroten Blüten. Blüten und Blätter der Kapuzinerkresse sind in kleinen Mengen essbar, die Knospen können wie Kapern verwendet werden. Kapuzinerkresse kann man nutzen, um den Großen Kohlweißling zu züchten, sie dient ihm zur Eiablage und für die Raupen als Futter.

1 *Tropaeolum majus* 'Alaska Mischung'
2 *Tropaeolum majus*, rote Sorte 3 Kleine Kapuzinerkresse
4 Kanarien-Kapuzinerkresse 5 Echte Kapuzinerkresse

### HEIMAT / VORKOMMEN

Kolumbien, Peru, Ecuador, Chile

### BESCHREIBUNG

Ausdauernde, aber wegen mangelnder Frosthärte einjährig kultivierte Sommerblume mit langen, verzweigten, kriechenden oder rankenden fleischigen Trieben, die mehrere Meter lang werden können; Blätter rund oder nierenförmig, 3 bis 10 cm breit; Blüten lang gespornt, helmartig, 5 bis 6 cm breit, gelb, orange oder rot; zahlreiche Sorten. Blütezeit Juli bis Oktober.

### WEITERE ARTEN UND SORTEN

Kanarien-Kapuzinerkresse *Tropaeolum peregrinum*, bis 4 m hoch rankende einjährige Pflanze mit interessanten, orchideenartigen gelben Blüten; Knollenkresse *Tropaeolum tuberosum*, bis 3 m hoch kletternde, nicht winterharte Staude mit lang gespornten, 3 bis 4 cm langen, zweifarbig rot-gelben Blüten. Die Kleine Kapuzinerkresse *Tropaeolum minus* klettert nicht.

### HINWEISE AUF VERWENDUNGSEINSCHRÄNKUNGEN

Blüten, Knospen und Blätter werden in der modernen Küche als essbare Dekoration verwendet oder Blattsalaten beigemischt. In sehr großen Mengen können die enthaltenen Senföle jedoch die Schleimhäute reizen.

### ANSPRÜCHE AN BODEN UND STANDORT

Gedeihen auf jedem feuchteren, nicht zu nährstoffreichen, wasserdurchlässigen Gartenboden in sonniger, luftiger Lage.

### GESTALTERISCHE VERWENDUNG

In windgeschützten Sommerblumen- oder Staudenrabatten im Vordergrund, über Mauern hängend oder an Stämmen emporkletternd sehr dekorativ. Sie locken Blattläuse und Kohlweißlinge an und halten diese damit von anderen Pflanzen fern. Deshalb eignen sie sich z. B. zur Unterpflanzung von Obstbäumen.

# Klette

*Arctium lappa* Große Klette

KORBBLÜTLER

### ERLEBNISWERT / BESONDERHEITEN

Seit Menschengedenken sind die Fruchtstände bei Kindern beliebt, da sie mit ihren Kletthaken an Kleidern und Haaren haften bleiben. Sie dienen damit als biotechnisches Vorbild für Klettverschlüsse. Die getrocknete Wurzel wird seit dem Mittelalter als Mittel gegen Akne und Ekzeme, als Tee bei Leber- und Gallenbeschwerden und zur Blutreinigung eingesetzt. An den Blüten sind neben Honig- und Wildbienen besonders Zitronenfalter, Rapsweißling, Kohlweißling und Admiral zu beobachten.

1 Große Klette 2 Große Klette, welke Blüten
3 Kleine Klette, Blütenstand 4 Kleine Klette, Fruchtstand
5 Kleine Klette, Kletthaare mit Widerhaken

### HEIMAT / VORKOMMEN

Eurasien, USA; an Weg- und Ackerrändern, auf Ödland.

### BESCHREIBUNG

80 bis 150 cm hohe zweijährige Pflanze mit fleischiger, 60 cm langer Wurzel; Stängel rot überlaufen, markig und mehrmals verzweigt. An den wollig behaarten Ästen sitzen herzförmige, oberseits grüne, unterseits graue, filzig behaarte Blätter, deren Größe von unten nach oben stark abnimmt; Blüten im Zentrum violett mit weißen Spitzen, in einem lockeren Körbchen. Die Blütenhüllblätter tragen an der Spitze gelblich grüne Widerhäkchen. Blütezeit Juli bis August.

### WEITERE ARTEN UND SORTEN

In Deutschland gibt es noch drei weitere Klettenarten: Die Filzige Klette *Arctium tomentosum*, die Kleine Klette *Arctium minus* und die Hain-Klette *Arctium nemorosum*. Alle Klettenarten sind von medizinischer Bedeutung.

### HINWEISE AUF VERWENDUNGSEINSCHRÄNKUNGEN

In Einzelfällen sind Hautreizungen und allergische Reaktionen durch den Pflanzensaft bekannt geworden.

### ANSPRÜCHE AN BODEN UND STANDORT

Gedeihen am besten in nährstoffreicher Erde in voller Sonne, aber auch im Halbschatten.

### GESTALTERISCHE VERWENDUNG

Anspruchslose, häufig vorkommende Ödlandpflanze, die man in der freien Natur sammeln kann. Am besten gräbt man Jungpflanzen aus oder beschafft sie sich in botanischen Gärten. Aussaat im März in Töpfe.

# Kugelamaranth

*Gomphrena globosa* Echter Kugelamaranth

FUCHSSCHWANZGEWÄCHSE

### HEIMAT / VORKOMMEN
Indien, Guatemala, Panama, Texas, Mexiko.

### BESCHREIBUNG
Aufrecht wachsendes einjähriges Fuchsschwanzgewächs; Blätter eilänglich, fein behaart, glattrandig, 15 cm lang; kleeartige Blütenköpfchen mit winzigen Blüten zwischen auffällig purpurfarben, rosa oder weiß gefärbten Hochblättern; Blütezeit Juni bis Oktober.

### WEITERE ARTEN UND SORTEN
Häufig kultivierte Sorten sind *Gomphrena globosa* 'Buddy Purpur', 'Buddy Rosa' und 'Buddy Weiß' mit tiefpurpurfarbenen, rosafarbenen oder weißen Blütenköpfchen. Haage-Kugelamaranth *Gomphrena haageana* mit leuchtend roten oder orangefarbenen Blütenköpfchen. Leuchtend hellrote Hochblätter hat die Sorte 'Strawberry Fields'.

### HINWEISE AUF VERWENDUNGSEINSCHRÄNKUNGEN
Keine bekannt.

### ANSPRÜCHE AN BODEN UND STANDORT
Gedeihen auf jedem nicht zu nährstoffreichen, wasserdurchlässigen Gartenboden in voller Sonne.

### GESTALTERISCHE VERWENDUNG
Für Sommerblumenbeete oder als Topfpflanzen.

1 Kugelamaranth, purpurfarbene Sorte 2 Kugelamaranth, rosafarbene Sorte 3 Kugelamaranth, weiße Sorte 4 Kinder untersuchen gern die Blüten des Kugelamaranth 5 Kugelamaranth

### ERLEBNISWERT / BESONDERHEITEN
Die kugeligen Blüten eignen sich für Trockensträuße und zum Basteln. Zum Trocknen schneidet man die Stiele am besten ab, wenn die Blütenkugeln voll aufgeblüht sind, und hängt sie in kleinen Bündeln kopfüber an einen luftigen, schattigen Platz.

# Lakritz-Tagetes

*Tagetes filifolia*

KORBBLÜTLER

## ERLEBNISWERT / BESONDERHEITEN

Die Pflanze schmeckt und riecht nach Anis bzw. Lakritz, in Mexiko und Südamerika heißt sie deshalb auch Anisillo. Die Blätter können für Tee, aber auch zum Würzen von Salaten und Süßspeisen genutzt werden. In der Lakritz-Tagetes sind Inhaltsstoffe gefunden worden, die gegen Fruchtfliegen und eine pflanzenschädliche Raubwanzenart wirksam sind. An den Blüten finden sich neben Honigbienen auch Zitronenfalter und Taubenschwänzchen.

1

2

3

4

5

1 und 2 Feinblatt-Studentenblume
3 Feinblatt-Studentenblume, orangeblühende Sorte
4 Lakritz-Tagetes 5 Lakritz-Tagetes, Blüten

## HEIMAT / VORKOMMEN

Zentral- und Südamerika, Mexiko bis Costa Rica; Brachland, Unkrautfluren, Kulturflächen.

## BESCHREIBUNG

Einjähriges, aufrecht wachsendes Kraut, bis 40 cm hoch; Blätter dillartig, filigran; Blüten sehr klein, weiß und im Vergleich zu den übrigen Tagetes-Arten sehr unscheinbar; Blütezeit Oktober.

## WEITERE ARTEN UND SORTEN

Weitere zum Würzen geeignete Tagetes: Feinblatt-Studentenblume *Tagetes tenuifolia* mit den Sorten 'Orange Gem' mit Orangengeschmack, 'Lemon Gem' mit Zitronengeschmack und 'Red Gem' mit dem Geschmack von Mandarinenschalen. Die Glänzende Studentenblume *Tagetes lucida* schmeckt nach Anis und Waldmeister und dient im Winter als Ersatz für Estragon.

## HINWEISE AUF VERWENDUNGSEINSCHRÄNKUNGEN

Hautreizungen sind bei Kontakt mit dem Pflanzensaft möglich.

## ANSPRÜCHE AN BODEN UND STANDORT

Gedeihen am besten in mäßig fruchtbarem, wasserdurchlässigem Boden in windgeschützter Lage in voller Sonne. In Töpfen oder Schalen empfiehlt sich eine lehmhaltige, mäßig gedüngte Topferde. Während des Wachstums reichlich gießen und wöchentlich düngen.

## GESTALTERISCHE VERWENDUNG

Sommerblumen für Duftpflanzenbeete, in Töpfen oder Balkonkästen.

# Löwenmaul

*Antirrhinum majus* Garten-Löwenmaul

BRAUNWURZGEWÄCHSE

### HEIMAT / VORKOMMEN

Südwesteuropa, Mittelmeergebiet, Nordafrika.

### BESCHREIBUNG

Meist einjährig kultivierte, 20 bis 80 cm hohe, zum Teil verholzende Stauden; Blätter oben meist wechselständig, unten gegenständig, lanzettlich, glänzend tiefgrün, bis 7 cm lang; Blüten einzeln, achselständig oder an den Zweigenden in Trauben, 4 bis 6 cm lang, kurz gestielt; die Oberlippe ist 2-lappig, die abstehende Unterlippe 3-lappig; ursprünglich purpurrote Blüten, zahlreiche Sorten in Gelb, Weiß, Rot und Orange sowie in den verschiedensten Schattierungen; Blütenrispen bis 35 cm lang; Blütezeit Juni bis September.

### WEITERE ARTEN UND SORTEN

Neuere Züchtungen sind wetterfest und/oder resistent gegen Rostpilze, z. B. Sorten der Coronette-Serie in vielen Farben oder die Serie Floral Showers: zwergig, regenfest, in 10 Farben; Tahiti-Serie: zwergig, in vielen Farben.

### HINWEISE AUF VERWENDUNGSEINSCHRÄNKUNGEN

Keine bekannt.

### ANSPRÜCHE AN BODEN UND STANDORT

Gedeihen auf nährstoffreichen, gut vorbereiteten, drainierten Böden in voller Sonne.

### GESTALTERISCHE VERWENDUNG

Hohe Sorten eignen sich als Lückenfüller in Staudenrabatten, mittelgroße für Sommerblumenbeete, die Zwergformen für schmale Beete oder als Topfblumen.

1 Löwenmaul, rote Sorte 2 Löwenmaul, gelbe Sorte 3 Löwenmaul, zweifarbige Sorte 4 Honigbiene in Löwenmaulblüte 5 Löwenmaul

Die maulförmigen Blüten lassen sich, wenn man sie am Grund seitlich zusammendrückt, öffnen und schließen und sind damit ein wunderbares Spielzeug für Kinder. Auch als Schnittblumen gut geeignet. Die Blüten werden von Hummeln bestäubt. An Schmetterlingen finden sich die Goldene Acht, der Zitronenfalter, der Kleine Fuchs und Dickkopffalter ein.

# Mais

*Zea mays*

SÜSSGRÄSER

## ERLEBNISWERT / BESONDERHEITEN

Kinder lieben den süßen Geschmack der Maiskörner. Sie können direkt von der Pflanze roh gegessen oder als Maismehl für lockeres Brot oder in Fladenform zu Tortillas verbacken werden. Die Kolben eignen sich auch zum Braten und Grillen. Besonders interessant für Kinder ist es, wenn sie Popcorn selbst machen dürfen. Zahlreiche Ziersorten werden wegen der gefärbten Blätter und der bunten Kolben für Gestecke verwendet. Größere Pflanzungen können auch als Verstecke oder sogar Labyrinthe dienen. Honigbienen sammeln Maispollen.

1 Mais, männlicher Blütenstand 2 Ziermais 3 Glas-Gem-Corn 4 und 5 Erdbeermais

## HEIMAT / VORKOMMEN

Wildformen aus Mittelamerika, zahlreiche Züchtungen.

## BESCHREIBUNG

Einjähriges, bis zu 3 m hohes Gras, Halme bis 6 cm im Durchmesser; Blätter wellig, überhängend, bis 90 cm lang. Männliche Blüten in einer endständigen Rispe, weibliche Blüten weiter unten in einem blattumhüllten Kolben. An der Kolbenspitze treten glänzende, fadenförmige Griffel als sogenannte „Seide" aus den Hüllblättern. Blütezeit Juli bis September. Mais zählt weltweit zu den wichtigsten und ältesten Nahrungspflanzen und hat eine 5.000 Jahre alte Tradition. 1493 brachte Christoph Kolumbus Maiskörner von Mittelamerika nach Spanien. Durch Züchtung sind viele Sorten und Verwendungsmöglichkeiten entstanden wie Stärkemais, Hartmais, Puff- und Spitzmais, Zuckermais, Süßmais und Wachsmais. Neben gelben gibt es orangefarbene, feuerrote, blaue, gescheckte und schwarze Maiskolben.

## WEITERE ARTEN UND SORTEN

Geeignete Ziermais-Sorten für Trockenblumengestecke sind die Amero-Hybriden mit bunten Kolben, 180 bis 200 cm hoch, *Zea mays* 'Harlekin' buntgesprenkelt: gelb, braun, rötlich und cremefarben, 150 cm hoch, 'Erdbeermais' dunkelpurpur, rundovale, kleine Kolben, 'Gelbe Beere' kleine Kolben, gelb, 'Gigantea quadricolor' Blätter rosa, gelb und weiß gestreift. Unter dem Namen 'Glas Gem Corn' sind sehr farbenfrohe Sorten im Handel.

## HINWEISE AUF VERWENDUNGSEINSCHRÄNKUNGEN

Selten Pollenallergie möglich.

## ANSPRÜCHE AN BODEN UND STANDORT

Gedeiht auf warmem, nährstoffreichem und durchlässigem Boden in voller Sonne bei guter Wasserversorgung.

## GESTALTERISCHE VERWENDUNG

In Staudenrabatten oder auf Beeten. Dichte Pflanzungen und Maislabyrinthe für Versteckspiele.

# Muschelblume

*Molucella laevis*

LIPPENBLÜTLER

### HEIMAT / VORKOMMEN

Mittelmeergebiet bis Nordwestindien, auf Brachland und felsigen Hängen.

### BESCHREIBUNG

Einjährige, 60 bis 80 cm hohe Pflanzen mit meist unverzweigtem Stängel und langgestielten, rundlichen Blättern; Blüten weiß, duftend, in Etagen zu jeweils 6 quirlig am Stängel angeordnet. Auffälliger als die kleinen Blüten ist der vergrößerte Kelch. Blütezeit Juli bis August.

### WEITERE ARTEN UND SORTEN

Die zweite Art *Molucella spinosa* ist sehr empfindlich und wird daher nicht empfohlen. In den USA wird sie in großem Stil angebaut.

### HINWEISE AUF VERWENDUNGSEINSCHRÄNKUNGEN

Bei einigen Gärtnern, die *Molucella* als Schnittblumen angebaut haben, sind asthmaähnliche Symptome beobachtet worden.

### ANSPRÜCHE AN BODEN UND STANDORT

Muschelblumen gedeihen am besten in feuchter, nährstoffreicher, aber wasserdurchlässiger Erde in voller Sonne.

### GESTALTERISCHE VERWENDUNG

In Sommerblumenbeeten.

1 Muschelblume, Blütenkelche 2 Muschelblume, Blüte 3 Blütenkelch im Winter 4 Kind mit Muschelblume 5 Muschelblume

### ERLEBNISWERT / BESONDERHEITEN

Die interessanten grünen Blüten sind trichter- bis glockenförmig, die Blütenstiele eignen sich frisch und getrocknet für ungewöhnliche Sträuße und Gestecke. Wegen der Ähnlichkeit der Blüten mit grünen Glocken wird die Pflanze auch „Glocke von Irland“ genannt. Sie wird unter anderem von Fliegen bestäubt.

# Nemesie

*Nemesia*

BRAUNWURZGEWÄCHSE

### ERLEBNISWERT / BESONDERHEITEN

Beeindruckende Blütenfülle und originelle Blütenformen. Besonders originelle Blüten besitzt *Nemesia cheiranthus*, sie erinnert an Donald Duck und duftet nach Kokos.

### HEIMAT / VORKOMMEN

Südafrika

### BESCHREIBUNG

Ungewöhnlich reichblühende, farbenfrohe, meist 20 bis 60 cm hohe Sommerblumen mit interessanten Blütenformen. Die Blätter sind einfach, gegenständig, meist lineal-lanzettlich. Die bis 2,5 cm breiten Blüten erscheinen wie gelackt und sind orchideenähnlich, zweilippig (Oberlippe 3- bis 4-zipflig, Unterlippe meist 2-zipflig) und sitzen einzeln oder in Schirmtrauben an den Stängeln. Die Blütenfarben reichen von Weiß, Gelb, Orange, Scharlachrot, Karminrot bis Blau. Blütezeit Juli bis August. Die Nemesie wird auch Elfenspiegel genannt.

### ARTEN UND SORTEN

*Nemesia caerulea* 'Innocence', weiß; *Nemesia strumosa* 'Blue Gem', blau; 'Danish Flag', zweifarbig rot und weiß; 'KLM', zweifarbig weiß und blau; 'Prince of Orange', orange mit purpurfarbenen Adern; die Mischungen „Karneval" und „Triumph".

### HINWEISE AUF VERWENDUNGSEINSCHRÄNKUNGEN

Keine bekannt.

### ANSPRÜCHE AN BODEN UND STANDORT

Gedeihen auf feuchtem, mäßig saurem, nicht zu nährstoffreichem Gartenboden.

### GESTALTERISCHE VERWENDUNG

Als Topfpflanzen oder in Sommerblumen-Rabatten.

1 *Nemesia cheiranthus*
2 bis 5 Elfenspiegel, verschiedene Sorten

# Pantoffelblume

*Calceolaria integrifolia*

BRAUNWURZGEWÄCHSE

### HEIMAT / VORKOMMEN
Chile, an Trockenhängen und -gebüschen.

### BESCHREIBUNG
In Chile ist die Pantoffelblume *Calceolaria integrifolia* ein bis 140 cm hoher immergrüner Halbstrauch. Die Züchtungen sind mit 25 bis 40 cm meist kleiner. Blätter gegenständig, länglich-oval, fein gezähnt, graugrün, 5 cm lang; Blüte goldgelb, 1 cm lang und breit, 10 bis 30 Blüten in einem doldig-traubigen Blütenstand; langanhaltende Blüte von Mai bis Oktober.

### WEITERE ARTEN UND SORTEN
Die Gattung *Calceolaria* umfasst etwa 300 Arten. Die Züchtungen werden in verschiedene Gruppen eingeteilt. Sorten aus der Herbeohybrida-Gruppe werden als zweijährige Topfpflanze, mit bis zu 5 cm langen Blüten in Rot, Gelb, Orange, Braunrot, getupft oder getigert kultiviert. Neue, sehr attraktive *Calceolaria*-Züchtungen für Balkon, Zimmer oder Sommerblumenrabatten sind die Calynopsis-Sorten: rot, gelb, braun und gelb gesprenkelt. Für den Steingarten eignen sich alpine *Calceolaria*-Arten mit originellen „Blütengesichtern“ wie *Calceolaria uniflora* var. *uniflora*, *Calceolaria uniflora* var. *darwinii* und *Calceolaria* 'Walter Shrimpton'.

### HINWEISE AUF VERWENDUNGSEINSCHRÄNKUNGEN
Der Pflanzensaft kann Hautreizungen hervorrufen.

### ANSPRÜCHE AN BODEN UND STANDORT
Gedeihen auf jedem nicht zu nährstoffreichen, sauren, etwas feuchten Gartenboden in sonniger oder halbschattiger Lage. Die ausdauernden, kleinwüchsigen Arten für den Steingarten benötigen gezielte Pflege.

### GESTALTERISCHE VERWENDUNG
Das leuchtende Gelb der Pantoffelblumen passt besonders gut zu feuerroten Geranien, weißen Margeriten und blauen Lobelien oder Leberbalsam.

1 bis 3 Calynopsis-Sorten 4 *Calceolaria uniflora*
5 *Calceolaria integrifolia*

### ERLEBNISWERT / BESONDERHEITEN
Die bauchigen *Calceolaria*-Blüten sehen aus wie kleine Pantoffeln. Es gibt gesprenkelte und gefleckte Blüten; zum Teil ähneln sie auch Gesichtern.

# Papierknöpfchen

*Ammobium alatum*

KORBBLÜTLER

### HEIMAT / VORKOMMEN
Ost- und Westaustralien; Grassteppen, Magerrasen, lichte Wälder.

### BESCHREIBUNG
50 bis 90 cm hohe Stauden mit geflügelten Trieben und büscheligen Blütenköpfchen; Blütenköpfchen bis 2,5 cm breit, mit orangefarbenen oder goldgelben Röhrenblüten und papierartigen, teils zurückgebogenen silbrigen Hüllblättern. Blätter in einer grundständigen Rosette. In der Heimat Australien ist das Papierknöpfchen mehrjährig. Wegen der mangelnden Frosthärte wird es hierzulande nur einjährig kultiviert. Blütezeit Juli bis September.

### WEITERE ARTEN UND SORTEN
Weitere Gattungen mit papierartigen Blütenblättern sind die ebenfalls aus den Grassteppen Australiens stammenden Strohblumen der Gattung *Xerochrysum* (siehe Seite 233). Ferner die Papierblume *Xeranthemum annuum*, das Perlkörbchen *Anaphalis margaritacea*, Sonnenflügel *Rhodanthe manglesii*, der auch als *Acroclinium* oder *Helipterum* bekannt ist. Alle sind beliebte Trockenblumen.

### HINWEISE AUF VERWENDUNGSEINSCHRÄNKUNGEN
Keine bekannt.

### ANSPRÜCHE AN BODEN UND STANDORT
Gedeihen auf nährstoffarmem, gut wasserdurchlässigem Boden in voller Sonne.

### GESTALTERISCHE VERWENDUNG
In Sommerblumenbeeten, zusammen mit Strohblumen oder bunten Präriestauden.

### ERLEBNISWERT / BESONDERHEITEN
Die papierartigen Blüten eignen sich gut für Trockensträußchen. Einzeln oder in Gruppen in Sommerblumenrabatten eingestreut, erfreuen sich die Papierblütchen großer Beliebtheit. Zum Trocknen schneidet man die Blumen mit dem weißfilzigen, geflügelten Stängel dann ab, wenn sich die Hüllblätter ringeln, die gelben Röhrenblüten aber noch nicht zu sehen sind. Dann hängt man sie mit den Köpfen nach unten an einen luftigen und schattigen Ort.

1 Papierknöpfchen 2 Papierknöpfchen, Blüten 3 Wildbiene auf Papierknöpfchenblüte 4 Papierblume 5 Sonnenflügel

# Petunie

*Petunia*

NACHTSCHATTENGEWÄCHSE

### HEIMAT / VORKOMMEN

Gemäßigtes und tropisches Südamerika auf felsigen Hängen. Zahlreiche Züchtungen.

### BESCHREIBUNG

Petunien sind krautige Pflanzen mit etwas klebrigen Blättern und Trieben. Die Blätter sind dunkelgrün, meist wechselständig, eiförmig bis lanzettlich. Blütezeit Juli bis September. Die zahlreichen Züchtungen werden in unterschiedliche Gruppen eingeteilt, innerhalb derer noch in Serien:
Die Grandiflora-Hybriden haben sehr große, bis 10 cm breite Blüten, sind aber, mit Ausnahme der Dream-Serie, meist nicht wetterfest.
Multiflora-Hybriden wachsen buschiger und bilden zahlreichere, 5 cm breite Blüten. Sie vertragen Regenwetter und sind daher für Sommerblumenbeete oder Rabatten besser geeignet. Einzelne Pflanzen können bis zu 1 m² abdecken (u. a. Carpet-Serie, Duo-Serie, Merlin-Serie und Mirage-Serie, Primetime-Serie und Polo-Serie, Purple Wave-Serie und Ultra-Serie).

### ARTEN UND SORTEN

Die Gattung *Petunia* umfasst ca. 40 Arten. Einige werden heute der Gattung *Calibrachoa* zugeordnet. Dies sind kleinblütige Sorten mit intensiven Farben, gelb, rot, blau, violett und rosa. Eindrucksvoll sind die dunkelroten Sorten wie 'Noa Red Glace', 'Aloha-Fire' und 'Red Roll'.

### HINWEISE AUF VERWENDUNGSEINSCHRÄNKUNGEN

Keine bekannt.

### ANSPRÜCHE AN BODEN UND STANDORT

Gedeihen am besten in leichtem, wasserdurchlässigem Boden an vollsonniger, windgeschützter Stelle. Reichliches Wässern und kalireiche Düngergaben fördern die Blüte.

### GESTALTERISCHE VERWENDUNG

Für Balkonkästen, Ampeln, Schalen, Blumenteppiche oder Rabatten.

### ERLEBNISWERT / BESONDERHEITEN

Beliebte Sommerblumen für farbenfrohe Beete, Ampeln und Töpfe. Kinder mögen besonders die kleinblütigen Sorten. An den Blüten finden sich typischerweise Nachtfalter wie Taubenschwänzchen und verschiedene Eulenfalter.

1 und 2 Petunien, verschiedene Sorten
3 *Calibrachoa* 'Sweet Bells Raspberry'
4 *Calibrachoa* 'Aloha Hot Orange'
5 Balkonkasten mit Petunien

# Portulakröschen

*Portulaca grandiflora*

PORTULAKGEWÄCHSE

**ERLEBNISWERT / BESONDERHEITEN**
Farbenfrohe Blütenteppiche in beeindruckend leuchtenden Farben für Rabatten, Steingärten und Trockenmauern. In Tröge oder Blumentöpfe gepflanzt, lassen sich die Blüten gut beobachten, die sich nur bei Sonne öffnen und bei bedecktem Himmel schließen.

1 Portulakröschen 2 Portulakröschen, zweifarbige Sorte
3 und 4 Portulakröschen, gefülltblühende Sorten
5 Gemüse-Portulak

**HEIMAT / VORKOMMEN**
Brasilien, Argentinien, Uruguay, auf felsigen Standorten und an Wegrändern, zahlreiche Züchtungen.

**BESCHREIBUNG**
Kriechende, einjährige, bis 10 cm hohe Pflanzen mit nadelförmigen, fleischigen, bis 2,5 cm langen Blättern; Blüten seidenartig, heckenrosenähnlich, einfach oder gefüllt, 2,5 cm breit, gelb, orange, rosa, lachsfarben und rot. Blütezeit Juni bis August.

**WEITERE ARTEN UND SORTEN**
Sorten der sogenannten Minilaca-Hybriden mit gedrungenem Wuchs, 5 cm breiten Blüten in attraktiven Farben wie Scharlachrot, Aprikosenfarben, Cremegelb oder Goldgelb; Calypso-Mischung (gefüllt blühend, beeindruckendes Farbenspiel), Sundial-Mischung (breite Farbpalette, darunter auch weiße Blüten mit lavendelblauen Flecken). Als Gemüse wird *Portulaca oleracea* ssp. *sativa* genutzt.

**HINWEISE AUF VERWENDUNGSEINSCHRÄNKUNGEN**
Keine bekannt.

**ANSPRÜCHE AN BODEN UND STANDORT**
Gedeihen am besten auf mageren, sandigen, nicht zu nährstoffreichen Böden, windgeschützt und in voller Sonne.

**GESTALTERISCHE VERWENDUNG**
Für Balkonkästen, Ampeln, Schalen, Blumenteppiche, Trockenmauern oder regengeschützte Rabatten.

# Ringelblume

*Calendula officinalis* Garten-Ringelblume

KORBBLÜTLER

### HEIMAT / VORKOMMEN

Südeuropa, Nordafrika.

### BESCHREIBUNG

Einjährige, 30 bis 50 cm hohe, teilverholzende, buschige, leicht aromatisch duftende Kräuter; Blätter wechselständig, weich behaart, ganzrandig, lanzettlich bis spatelförmig, bis 15 cm lang; Blütenköpfchen am Ende der kantigen Stängel gestielt, einfach oder gefüllt. Die Strahlenblüten sind 2 bis 10 cm breit, orangefarben oder goldgelb, nachts geschlossen. Die Röhrenblüten sind schwärzlich purpurfarben, aber bei vielen Sorten in Strahlenblüten umgewandelt. Blütezeit Juni bis Oktober.

### WEITERE ARTEN UND SORTEN

Häufig kultivierte Sorten sind die Gitana-Zwergsorten, 25 cm hoch; die Pacific-Beauty-Serie, 50 cm hoch, gefüllt, mit aprikosenfarbenen, cremefarbenen oder primelgelben Blüten; 'Orange King', 45 cm hoch, gefüllt, tieforange; Calypso-Sorten, 25 cm hoch, gelb und orange mit schwarzer Mitte.

### HINWEISE AUF VERWENDUNGSEINSCHRÄNKUNGEN

In Einzelfällen sind Hautreizungen und allergische Reaktionen durch Pflanzensaft und Pollen bekannt geworden. Die Blätter und Blüten sind essbar, sollten aber nur in geringen Mengen verzehrt werden.

### ANSPRÜCHE AN BODEN UND STANDORT

Gedeihen am besten in nährstoffarmer, gut durchlässiger Erde in voller Sonne oder im Halbschatten. Werden alte Blüten entfernt, bildet die Pflanze vermehrt neue.

### GESTALTERISCHE VERWENDUNG

Anspruchslose Gruppenpflanze für Schnitt und zur Rabattenpflanzung, die sich reichlich selbst aussät. Sie bringt mit ihren leuchtenden Gelb- und Orangetönen Licht in Staudenrabatten.

1 und 2 Ringelblumen, orangeblühende Sorten
3 Ringelblume, gelbblühende Sorte
4 Fruchtstand mit Samen 5 Ringelblumen am Beetrand

### ERLEBNISWERT / BESONDERHEITEN

Hübsche, lange haltbare Schnittblumen mit vielen Blütenformen, einfach oder gefüllt. Große Ringelblumenbeete nutzen Kinder gern zum Blumenpflücken. Blätter und Blüten sind essbar und können in Salaten verwendet werden. Alte Heilpflanze, in Form von Salben, Tees oder Umschlägen zur Wundheilung und zum Färben verwendet, schon im 12. Jahrhundert wird sie von Hildegard von Bingen erwähnt. Der Name Ringelblume leitet sich von den gekrümmten Samen ab, sie säen sich stark selbst aus, sodass Ringelblumen sich leicht im Garten verbreiten. Die Blüten schließen sich bei hoher Luftfeuchtigkeit, z. B. wenn Regen bevorsteht.

# Schmuckkörbchen

*Cosmos bipinnatus*
Fiederblättriges Schmuckkörbchen

KORBBLÜTLER

**ERLEBNISWERT / BESONDERHEITEN**
Das Schmuckkörbchen, auch Kosmee genannt, trägt große Blüten in leuchtenden Farben an langen Stielen mit filigranem Laub, sie eignen sich hervorragend für bunte Sträuße. An den Blüten sind Hummeln, Honigbienen und die Falter Tagpfauenauge, Kohlweißling und Rapsweißling zu beobachten.

1 Schmuckkörbchen der Sea-Shells-Serie
2 bis 4 Schmuckkörbchen, verschiedene Sorten
5 Schokoladen-Kosmee

**HEIMAT / VORKOMMEN**
Mexiko

**BESCHREIBUNG**
Einjährige, aufrecht wachsende, bis 120 cm hohe Sommerblumen; Blätter gegenständig, doppelt fiederschnittig, fadenförmig; Blüten bis 9 cm breit, schalen-, schüssel- oder becherförmig, karminrot, rosa, weiß, gelb, auch mehrfarbig gefleckt. Blütezeit Juli bis Oktober.

**WEITERE ARTEN UND SORTEN**
Sonata-Serie: 60 cm hoch, großblumig; Sea-Shells-Serie: 90 cm hoch, trichterförmig eingerollte Blütenblätter; Sensation-Serie: 90 cm hoch, 9 cm breite Blüten. Besonders interessant für Kinder ist die Schokoladen-Kosmee *Cosmos atrosanguineus*, deren Blüten nach Schokolade duften.

**HINWEISE AUF VERWENDUNGSEINSCHRÄNKUNGEN**
Pollenallergie möglich.

**ANSPRÜCHE AN BODEN UND STANDORT**
Gedeihen auf nährstoffreichem, leicht feuchtem, gut drainiertem Gartenboden in voller Sonne. Verwelkte Blüten abschneiden, dann bildet die Pflanze neue. Die Schokoladen-Kosmee kann an einem frostfreien Platz überwintern.

**GESTALTERISCHE VERWENDUNG**

In Sommerblumen- oder Staudenrabatten.

# Schokoladenblume

*Berlandiera lyrata*

KORBBLÜTLER

### HEIMAT / VORKOMMEN

Nordamerika, in Arizona, Colorado, Kansas, New Mexiko, Texas und Mexiko in Grassteppen und Prärien, in Kakteenwüsten.

### BESCHREIBUNG

60 bis 90 cm hohe, frostempfindliche, teilverholzende Staude. Die Blätter ähneln in der Form einem Geigenkasten oder einer Leier (daher das Epitheton „lyrata"). Die Blüten messen 4 bis 5 cm im Durchmesser und sind goldgelb mit purpurnen Staubgefäßen. Blütezeit Mai.

### WEITERE ARTEN

Einen ebenfalls eindrucksvollen Schokoladenduft verströmt die Schokoladen-Kosmee (*Cosmos atrosanguineus*), siehe Seite 224.

### HINWEISE AUF VERWENDUNGSEINSCHRÄNKUNGEN

Keine bekannt.

### ANSPRÜCHE AN BODEN UND STANDORT

Gedeihen in mäßig fruchtbarer, feuchter, wasserdurchlässiger Erde in voller Sonne. Die Pflanzen können an einem hellen Ort bei ca. 5 °C überwintern, sie dürfen dann nur sparsam gegossen werden. Die oberirdischen Pflanzenteile ziehen über Winter ein.

### GESTALTERISCHE VERWENDUNG

Für Sommerblumenbeete oder in Pflanzkübeln.

1 und 2 Schokoladenblume, Blüten
3 Die rötlichen Staubblätter duften. 4 Fruchtstand
5 Schokoladenblume

### ERLEBNISWERT / BESONDERHEITEN

Die Blüten duften nach Schokolade. Der Duft stammt aus den rötlichen Staubblättern, die sich stets aus dem Blütenboden erneuern. Erst wenn die Blütenblätter abfallen, hören die Blüten auf, zu duften. An den Blüten finden sich oft Schwebfliegen und Wildbienen.

# Schwarzäugige Susanne

*Thunbergia alata*

AKANTHUSGEWÄCHSE

### ERLEBNISWERT / BESONDERHEITEN
Die interessante orangefarbene Blüte mit schwarzer Mitte hat der Pflanze ihren Namen gegeben. Kinder beobachten gerne Hummeln und Blütenkäfer, die häufig in den Blüten zu finden sind.

**1** Schwarzäugige Susanne **2** Schwarzäugige Susanne, gelbe Sorte **3** und **4** Schwarzäugige Susanne, rote Sorten **5** Schwarzäugige Susanne, weiße Sorte

### HEIMAT / VORKOMMEN
Tropisches Afrika, an Waldrändern und in lichten Wäldern.

### BESCHREIBUNG
Die mehrjährige, bis 2,5 m hohe Kletterpflanze ist nicht frosthart und wird daher einjährig kultiviert. Die Blätter sind eiförmig-dreieckig bis herzförmig, 8 cm lang und sitzen an schmalgeflügelten Blattstielen. Von Mai bis Oktober erscheinen einzelne stieltellerförmige, 3 bis 4 cm breite, leuchtend orangefarbene oder gelbe, seltener weiße oder rote Blüten mit braunem oder schwarzem Fleck in der Mitte. Blütezeit Mai bis Oktober.

### WEITERE ARTEN UND SORTEN
Die Bengalische Thunbergie *Thunbergia grandiflora* besitzt 8 cm lange lavendelblaue Glockenblüten mit gelbem Schlund. Sie wird in der Regel in Kübel gepflanzt, da sie frostfrei überwintern kann.

### HINWEISE AUF VERWENDUNGSEINSCHRÄNKUNGEN
Keine bekannt.

### ANSPRÜCHE AN BODEN UND STANDORT
Gedeihen auf feuchten, nährstoffreichen, wasserdurchlässigen Gartenböden in voller Sonne oder Halbschatten.

### GESTALTERISCHE VERWENDUNG
Für sonnige Hauswände und Pergolen; die Pflanze benötigt ein Rankgerüst, an dem sie sich hochwinden kann. Hängend auch für Balkonkästen geeignet.

# Silberblatt

*Lunaria annua* Einjähriges Silberblatt

KREUZBLÜTLER

## HEIMAT / VORKOMMEN

Europa, Südosteuropa, in schattigen Schluchten und Bergwäldern, Brachen.

## BESCHREIBUNG

Ein- oder zweijährige Kräuter mit unregelmäßig angeordneten, leicht gezackten, herzförmigen Blättern. Die duftenden Blüten sind purpurviolett oder weiß, Blütezeit April bis Juni. Die Schoten sind sehr dünn und flach, 2,5 bis 3 cm lang, breit-oval oder länglich-elliptisch mit seidenglänzender Scheidewand.

## WEITERE ARTEN UND SORTEN

Das Ausdauernde Silberblatt *Lunaria rediviva* ist eine einheimische Staude und lässt sich ebenso gut verwenden wie das Einjährige Silberblatt. Vom Einjährigen Silberblatt gibt es einige Sorten: *Lunaria annua* 'Variegata' mit cremeweiß gemusterten Blättern und purpurroten Blüten, *Lunaria annua* 'Munstead Purple' mit rötlichpurpurnen Blüten. *Lunaria annua* 'Alba Variegata' hat weiß gefleckte und gesäumte Blätter und weiße Blüten. *Lunaria annua* 'Albiflora' zeigt weiße Blüten.

## HINWEISE AUF VERWENDUNGSEINSCHRÄNKUNGEN

Keine bekannt.

## ANSPRÜCHE AN BODEN UND STANDORT

Gedeihen in feuchten, nährstoffreichen, wasserdurchlässigen Gartenböden in voller Sonne oder Halbschatten.

## GESTALTERISCHE VERWENDUNG

Für schattige Staudenrabatten oder andere halbschattige Bereiche im Garten, auch unter Gehölzen.

1 Einjähriges Silberblatt 2 Einjähriges Silberblatt, Blütenstand 3 Einjähriges Silberblatt, unreife Schoten 4 Einjähriges Silberblatt, reife Schoten 5 Einjähriges Silberblatt, Scheidewände der Schoten

## ERLEBNISWERT / BESONDERHEITEN

Die auffälligen Fruchtstände mit silberglänzenden Scheidewänden sind begehrte dauerhafte Trockenblumen. Sind die Samen reif, schneidet man die Stiele ab, entfernt die Blätter und hängt die gebündelten Triebe zum Trocknen an einen schattigen Platz. Schon seit dem Mittelalter wird das Silberblatt in Gärten kultiviert. Die silberglänzenden Samenschoten werden im Volksmund schon seit 1580 mit Geldstücken verglichen. Das Silberblatt wird auch Mondviole oder Judaspfennig genannt.

# Sommeraster

*Callistephus chinensis*

KORBBLÜTLER

**ERLEBNISWERT / BESONDERHEITEN**
Hübsche und in der Vase lang haltbare Schnittblumen; ideal für Tischdekorationen.

1 Sommeraster, violette Sorte 2 Sommeraster, rote Sorte 3 Sommeraster, weiße Sorte 4 Sommeraster, zweifarbige Sorte 5 Sommeraster, ungefüllte Sorten

### HEIMAT / VORKOMMEN
China

### BESCHREIBUNG
Einjährige, 20 bis 90 cm hohe, aufrechte, buschig verzweigte Sommerblume; Blätter wechselständig, eiförmig-dreieckig, grob gezähnt oder eingeschnitten, 9 cm lang; Blütenformen und Farben sehr variabel. Neue Züchtungen mit Blütengrößen bis zu 12 cm Durchmesser. Einige Sorten sind resistent gegen Asternwelke. Blütezeit Juli bis Oktober.

### WEITERE ARTEN UND SORTEN
Sommerastern werden nach ihrer Blütenform in Gruppen eingeteilt. Margeritenartige Blüten besitzen die Madelein- und Matsumoto-Astern; Strahlenblüten: Meister- und Boretta-Astern; Chrysanthemen-Blüten: Krallenastern. Weitere Züchtungen sind: Schönheits-Astern, Mozart-Astern, Paeonien-Astern, Pompon-Astern, Prinzess-Astern, Meister-Astern, Liliput-Astern u. v. a.

### HINWEISE AUF VERWENDUNGSEINSCHRÄNKUNGEN
Pollenallergie möglich.

### ANSPRÜCHE AN BODEN UND STANDORT
Gedeihen auf nährstoffreicher, neutraler bis alkalischer, feuchter, aber gut drainierter Erde in voller Sonne.

### GESTALTERISCHE VERWENDUNG
In Sommerblumenbeeten oder als Lückenfüller in Staudenrabatten. Auch hübsch als Topfpflanzen.

# Sonnenblume

*Helianthus annuus*

Gewöhnliche Sonnenblume

KORBBLÜTLER

1 Feld mit Sonnenblumen 2 *Helianthus annuus* 'Bicentenary' 3 *Helianthus annuus* 'Moulin Rouge' 4 *Helianthus annuus* 'Hohe Sonnengold' 5 Sonnenblume

### HEIMAT / VORKOMMEN

USA bis Mittelamerika, Prärie.

### BESCHREIBUNG

Einjährige Pflanzen mit markgefülltem Stamm, der sich nur bei einigen Sorten verzweigt. Blätter groß, wechselständig, herzförmig, meist rauhaarig. Der Blütenkorb ist außen von zungenförmigen, unfruchtbaren großen Blütenblättern umgeben. Innen sitzen kleine, nur bei genauem Hinsehen erkennbare Röhrenblüten, die von Insekten bestäubt werden und später die Sonnenblumenkerne liefern. Die Blütenknospen bewegen sich im Laufe des Tages mit der Sonne. Blütezeit August bis Oktober.

### WEITERE ARTEN UND SORTEN

Die Gattung *Helianthus* umfasst etwa 80 einjährige und mehrjährige Pflanzenarten. Auch Topinambur *Helianthus tuberosus* (Seite 170) zählt dazu. Der Handel bietet über 120 Sorten mit schwefelgelben, orangefarbenen, braunroten und mehrfarbigen Blütenblättern.

### HINWEISE AUF VERWENDUNGSEINSCHRÄNKUNGEN

Sonnenblumen enthalten Sesquiterpenlactone, die bei empfindlichen Personen bei häufiger Berührung Hautrötungen, Schwellungen und Entzündungen hervorrufen können. Auch die Blütenpollen können allergische Reaktionen auslösen.

### ANSPRÜCHE AN BODEN UND STANDORT

Gedeihen auf jedem feuchteren, nicht zu nährstoffreichen, wasserdurchlässigen Gartenboden in sonniger, luftiger Lage.

### GESTALTERISCHE VERWENDUNG

Als Einzelpflanzen mit Stützen oder niedrige Sorten in Rabatten.

### ERLEBNISWERT / BESONDERHEITEN

Sonnenblumen können über 5 m hoch werden und faszinieren mit ihren riesigen Blüten. Sie eignen sich hervorragend, um Kinder für die Anzucht von Pflanzen zu begeistern. Sie lassen sich leicht selbst ziehen; Kinder können ihre selbst gesäten Pflanzen pflegen, beim Wachsen beobachten, die Bewegung der Blütenknospen verfolgen, Insekten und Vögel daran beobachten und die essbaren Kerne ernten.

# Springkraut

*Impatiens glandulifera* Drüsiges Springkraut

BALSAMINENGEWÄCHSE

### ERLEBNISWERT / BESONDERHEITEN

Sind die Samenkapseln reif, platzen sie bei der leichtesten Berührung auf und schleudern dabei ihre Samen weit aus. Kindern bereitet es viel Freude, diesen Mechanismus selbst auszulösen und zu beobachten. Die Blüten werden von Hummeln bestäubt, die an den schaukelnden Blüten beobachtet werden können.

1 Drüsiges Springkraut, Samenkapseln 2 Drüsiges Springkraut 3 Drüsiges Springkraut, Blüte 4 Drüsiges Springkraut, helle Blüte 5 Großes Springkraut

### HEIMAT / VORKOMMEN

Himalaja, verwildert in Europa und Nordamerika; Fließgewässerufer, Auengebüsche, Feuchtwälder, Röhrichte.

### BESCHREIBUNG

Bis 250 cm hoch wachsende einjährige Pflanze mit dickem, hohlem Stängel. Blätter gegenständig oder zu Dreien quirlig angeordnet, eilanzettlich, gezähnt, am Blattstiel mit Drüsen; Blüten purpurrot bis blassrosa oder weiß; Blütezeit Juli bis August.

### WEITERE ARTEN UND SORTEN

Auch das einheimische Große Springkraut oder Rühr-mich-nicht-an *Impatiens noli-tangere* besitzt den interessanten Schleudermechnismus. Es wächst in feuchten Laubwäldern, ist etwa 30 bis 100 cm hoch und blüht gelb. Das Kleinblütige Springkraut *Impatiens parviflora* ist, wie das Drüsige Springkraut, etwa 1830 eingeschleppt worden.

### HINWEISE AUF VERWENDUNGSEINSCHRÄNKUNGEN

Da die Art hierzulande als invasiv gilt, bereits große Ufer- und Feuchtwaldflächen besiedelt und einheimische Arten verdrängt, sollte man die Samen nur im Garten und nicht in der Nähe von natürlichen Gewässern verwenden. Der Kontakt mit dem Pflanzensaft kann in seltenen Fällen Hautreizungen auslösen.

### ANSPRÜCHE AN BODEN UND STANDORT

Springkraut-Arten gedeihen in jedem humosen, feuchten, wasserdurchlässigen Gartenboden im Halbschatten oder Schatten.

### GESTALTERISCHE VERWENDUNG

Für Sommerblumenbeete oder am Gartenteich.

# Stiefmütterchen

*Viola x wittrockiana* Garten-Stiefmütterchen

VEILCHENGEWÄCHSE

### HEIMAT / VORKOMMEN

Züchtungen, die aus Kreuzungen verschiedener Arten (*Viola altaica*, *Viola lutea*, *Viola tricolor*) hervorgegangen sind.

### BESCHREIBUNG

Zweijährige, buschige immergrüne, 15 bis 30 cm hohe Sommerblumen; Blätter eiförmig bis fast herzförmig, bis 4 cm lang, schwach gelappt, glänzend, dunkelgrün; Blüten 6 bis 10 cm breit, samtartig, ein- oder mehrfarbig, gefleckt, gestreift, geflammt oder gerändert, in Weiß, Gelb, Blau, Rot, Braun, Orange und vielen anderen Farbtönen. Blütezeit April bis Oktober.

### WEITERE ARTEN UND SORTEN

Es gibt weit über 1.000 Stiefmütterchensorten. Etwas kleinere Blüten hat das Horn-Veilchen *Viola cornuta*, eine ein- oder zweijährig kultivierte, 15 cm hohe Staude in zahlreichen Farbkombinationen (z. B. Sorbet-Serie, Princess-Serie).

### HINWEISE AUF VERWENDUNGSEINSCHRÄNKUNGEN

Keine bekannt.

### ANSPRÜCHE AN BODEN UND STANDORT

Gedeihen auf nicht zu nährstoffreicher, lehmig-humoser Erde.

### GESTALTERISCHE VERWENDUNG

Zur Bepflanzung von Beeten und Rabatten oder als Topfpflanzen während der kalten Jahreszeit.

### ERLEBNISWERT / BESONDERHEITEN

Robuste Pflanzen in vielen Farben, mehrfarbige Blüten sehen oft aus wie kleine Gesichter oder Masken. Stiefmütterchen blühen auch in der kalten Jahreszeit und verschönern damit sonst kahle Beete, wenn die meisten anderen Sommerblumen schon verblüht sind.

1 bis 3 Garten-Stiefmütterchen, verschiedene Sorten
4 Horn-Veilchen 5 Garten-Stiefmütterchen

# Strandflieder

*Limonium sinuatum*

BLEIWURZGEWÄCHSE

### ERLEBNISWERT / BESONDERHEITEN

Die kleinen papierartigen Blüten setzen sich aus verschiedenfarbigen Teilen zusammen und bilden damit hübsche Kontraste, die sich aber erst bei genauem Hinsehen zeigen. Beliebte Schnittblumen, für Trockensträuße und zum Basteln gut geeignet.

1 Strandflieder, Mischung 2 Strandflieder, violett 3 Strandflieder, weiß 4 Strandflieder, rosa 5 Strandflieder, gelb

### HEIMAT / VORKOMMEN

Mittelmeergebiet, Südafrika; an Küsten und in Salzsümpfen.

### BESCHREIBUNG

Einjährig kultivierte, rauhaarige, bis 60 cm hohe Pflanzen mit in Rosetten stehenden, 15 cm langen Blättern, die am Rand wellig und von dunkelgrüner Farbe sind. Die Blütenstände stehen auf vielfach verzweigten, gabelig verästelten hellgrünen Stängeln. Sie sind besetzt mit dicht gedrängten Ährchen aus kleinen, trichterförmigen, 8 bis 10 mm großen rosafarbenen, weißen, gelben, lavendelfarbenen oder blauen Blüten. Die Kelche sind violett oder weiß gefärbt. Bunte Sorten: Fortress Serie: blau, rosa, gelb, weiß, purpur und hellbraun, Pacific Serie: dunkelrosa, aprikosenfarben, gelb, himmelblau, dunkelblau, weiß oder lavendelblau. Blütezeit Juli bis September.

### WEITERE ARTEN UND SORTEN

Zwerg-Strandflieder *Limonium minutum* mit niedrigen Sorten bis 10 cm.

Der Breitblättrige Steppenschleier *Limonium latifolium* ist eine ausdauernde Staude mit lavendelblauen Blüten und weißen Kelchen. Sehr attraktive, bis 45 cm hohe rosafarbene Blütenstände besitzt der Suworow-Strandflieder *Psylliostachys suworowii*, der sich für Vasenschmuck und Trockensträuße besonders gut eignet.

### HINWEISE AUF VERWENDUNGSEINSCHRÄNKUNGEN

Keine bekannt.

### ANSPRÜCHE AN BODEN UND STANDORT

Gedeihen in sandigem, fruchtbarem, feuchtem, wasserdurchlässigem Boden in geschützter sonniger Lage.

### GESTALTERISCHE VERWENDUNG

In Gruppen in Staudenbeeten, Kiesbeeten, zwischen niedrigen, teppichbildenden Pflanzen, auch für Tröge oder Steingärten geeignet.

# Strohblume

*Xerochrysum bracteatum*
Garten-Strohblume

KORBBLÜTLER

### HEIMAT / VORKOMMEN
Australien

### BESCHREIBUNG
Einjährige Pflanzen, 30 bis 150 cm hoch, aufrecht; Blätter 5 bis 15 cm lang, lanzettlich, graugrün, drüsig behaart; papierartige Blütenköpfe, 3 bis 8 cm breit, in leuchtenden Farben: weiß, gelb, rosa oder rot; Blütezeit Juli bis September. Im Handel wird *Xerochrysum bracteatum* oft noch unter dem Namen *Helichrysum bracteatum* angeboten.

### WEITERE ARTEN UND SORTEN
Die Sorten der Dazette-Serie wachsen kompakt und sind unempfindlicher gegen Nässe. Neben den einjährigen Strohblumenarten und -sorten gibt es auch attraktive Stauden für Steingarten und Kiesbeet: Sand-Strohblume *Helichrysum arenarium* und die Tian-Shan-Strohblume *Helichrysum thianschanicum* mit den Sorten 'Schwefellicht', bis 25 cm hohe Staude mit weißwolligen Blättern und bauschigen, halbkugeligen schwefelgelben Blütenköpfchen; und 'Goldkind', 30 cm hoch, halbkugelige gelbe Blütenköpfchen in dichten Schirmtrauben, siehe auch Seite 113.

### HINWEISE AUF VERWENDUNGSEINSCHRÄNKUNGEN
Keine bekannt.

### ANSPRÜCHE AN BODEN UND STANDORT
Gedeihen auf jedem mäßig nährstoffreichen Boden.

### GESTALTERISCHE VERWENDUNG
Strohblumen für Trockensträuße pflanzt man auf einjährigen Rabatten und in Blumenbeete oder zum Lückenfüllen zwischen Stauden. Die mehrjährigen graublättrigen Arten oder Sorten gehören in den Steingarten oder auf die Trockenmauer.

### ERLEBNISWERT / BESONDERHEITEN
Die papierartigen Blüten der Strohblumen sind auch getrocknet noch farbig und schön, sie eignen sich daher für bunte Trockensträuße und zum Basteln.

1 Garten-Strohblume, rosafarbene Sorte
2 Dazette-Serie, *Xerochrysum bracteatum* 'Salsa'
3 Dazette-Serie, *Xerochrysum bracteatum* 'Flirt'
4 Garten-Strohblume, gelbe Sorte 5 Garten-Strohblume

# Sumpfblume

*Limnanthes douglasii* Spiegeleierpflanze

SUMPFBLUMENGEWÄCHSE

### ERLEBNISWERT / BESONDERHEITEN

Kleine, teppichbildende Pflanzen mit zahlreichen Blüten, die angenehm duften. Die Blüten erinnern an Spiegeleier, weshalb die Sumpfblume auch „Spiegeleierpflanze" genannt wird. An den Blüten finden sich Honigbienen und Hummeln sowie verschiedene Fliegenarten.

1 und 2 Spiegeleierpflanze
3 und 4 Spiegeleierpflanze, Blüten
5 *Limnanthes alba*

### HEIMAT / VORKOMMEN

USA (Kalifornien, Oregon), auf Kahlstellen und in lichten Wäldern (nicht in Sümpfen!)

### BESCHREIBUNG

15 cm hohe, teppichbildende Pflanzen; Blätter 2-fach gefiedert, fein gesägt, 5 bis 12 cm lang, fleischig, glänzend, dunkelgrün; Blüten 2,5 cm breit, sehr zahlreich, duftend, gelb mit weißem Rand. Blütezeit Juni bis August.

### WEITERE ARTEN UND SORTEN

Die Sorte *Limnanthes douglasii* 'Grandiflora' hat größere Blüten als die Wildform, *Limnanthes douglasii* 'Sulphurea' mit rein gelben Blüten, die Sorte 'Nivea' mit weißen und die Sorte 'Rosea' mit rosa geaderten Blüten. Aus *Limnanthes alba* wird Öl für kosmetische Zwecke gewonnen.

### HINWEISE AUF VERWENDUNGSEINSCHRÄNKUNGEN

Keine bekannt.

### ANSPRÜCHE AN BODEN UND STANDORT

Gedeihen in feuchten, nährstoffreichen, wasserdurchlässigen Gartenböden in voller Sonne.

### GESTALTERISCHE VERWENDUNG

Sumpfblumen eignen sich für Einfassungen, für Steingärten, Steinbeete oder für Kahlstellen in Rabatten. Werden sie im Frühjahr ausgesät, blühen sie von Juni bis August.

# Ziergräser

*Briza maxima* Größtes Zittergras
*Lagurus ovatus* Hasenschwanzgras
*Coix lacryma-jobi* Hiobsträne

SÜSSGRÄSER

### HEIMAT / VORKOMMEN

Zittergras und Hasenschwanzgras: Mittelmeergebiet, in Trockengebüschen und auf Grasland; Hiobsträne: tropisches Asien

### BESCHREIBUNG

Das Größte Zittergras *Briza maxima* ist ein einjähriges, graziles, büscheliges, bis 40 cm hohes Süßgras; die Blätter sind linealisch, hellgrün, 20 cm lang und werden im Verlaufe des Sommers gelb; Blütenährchen herzförmig, an fadendünnen Stielen, strohgelb.Blütezeit Mai bis Juni. Das Hasenschwanzgras *Lagurus ovatus* wird 50 cm hoch, mit aufrechten Halmen, an deren Spitze sitzen die Blüten, sie sind 6 cm lang und 2 cm breit, kugelig bis eiförmig und samtig weich.Blütezeit April bis Juni. Die Hiobsträne *Coix lacryma-jobi* hat maisähnliche, 40 cm lange und 2 bis 7 cm breite Blätter, das Tragblatt der weiblichen Blüten verdickt sich nach der Bestäubung zu einer Perle. Es ist leicht anzubauen, Samen erhält man unter anderem bei www.rareplants.de.

### WEITERE ARTEN UND SORTEN

Das Mittlere Zittergras *Briza media* ist heimisch, ausdauernd, besitzt kleine, bis 1 cm große herzförmige Ährchen und wächst auf sauren Wiesen und Halbtrockenrasen.

### HINWEISE AUF VERWENDUNGSEINSCHRÄNKUNGEN

Keine bekannt.

### ANSPRÜCHE AN BODEN UND STANDORT

Gedeihen auf jedem nährstoffreichen, wasserdurchlässigen Gartenboden in voller Sonne oder Halbschatten.

### GESTALTERISCHE VERWENDUNG

Zwischen Sommerblumen oder in Rabatten.

1

2

3

4

5

1 und 2 Größtes Zittergras
3 Hiobsträne, Frucht mit Ähre
4 Ketten aus den Früchten der Hiobsträne
5 Hasenschwanzgras

### ERLEBNISWERT / BESONDERHEITEN

Die großen herzförmigen Blüten des Größten Zittergrases *Briza maxima* begeistern Kinder. Auch das Mittlere Zittergras *Briza media* und das Kleine Zittergras *Briza minor* sind ansprechend. Zum Basteln eignen sich die Blüten jedoch nicht, da sie leicht zerfallen. Das Hasenschwanzgras *Lagurus ovatus*, auch Samtgras genannt, besitzt samtweiche, fellartige Blüten. Aus den Früchten der Hiobsträne *Coix lacryma-jobi*, auch Tränengras genannt, lässt sich Perlenschmuck basteln, sie sind auch wie Getreide essbar, die Ähren hängen wie Tränen unter der Frucht.

# Anhang

### PFLANZEN, DIE SICH ZUM BASTELN EIGNEN



### PFLANZEN ZUM KLETTERN



### PFLANZEN, DIE ALS VERSTECKE DIENEN KÖNNEN



### PFLANZEN MIT SCHÖNER HERBSTFÄRBUNG (H), BUNTEN BLÄTTERN (BL) ODER BLATTZEICHNUNGEN (BZ)

## PFLANZEN MIT INTERESSANTER RINDE



## ROBUSTE PFLANZEN, DIE TOBENDE KINDER UND FLIEGENDE BÄLLE VERTRAGEN



## PFLANZEN FÜR EXPERIMENTE, BEOBACHTUNGEN UND ALS VORBILDER FÜR TECHNISCHE ENTWICKLUNGEN



## PFLANZEN, DIE SICH EIGNEN, UM TIERE ZU BEOBACHTEN

### PFLANZEN, DIE AUF DIE WITTERUNG REAGIEREN UND ALS WETTERPROPHETEN GELTEN



### PFLANZEN FÜR BLUMENSTRÄUSSE, KLEINE STRÄUSSCHEN UND KRÄNZE



### PFLANZEN MIT ESSBAREN TEILEN

### PFLANZEN FÜR KRÄUTERBEETE



### HEILPFLANZEN



### PFLANZEN ZUM FÄRBEN



### DUFTPFLANZEN

# Blätter

In den Pflanzenbeschreibungen kommen viele Bezeichnungen vor, die die Form und Ausgestaltung der Blätter beschreiben oder auch die Zusammensetzung der Blütenstände. Diese Bezeichnungen sind nicht jedem vertraut oder selbsterklärend. Zur Veranschaulichung dienen daher die folgenden Bilder.

## BLATTRÄNDER

Die Blattränder können glatt oder auf unterschiedliche Weise strukturiert sein, es gibt folgende typische Grundmuster, von denen allerdings noch weitere Varianten auftreten können:

## BLATTFORMEN

Hier eine Auswahl unterschiedlicher Blattformen:

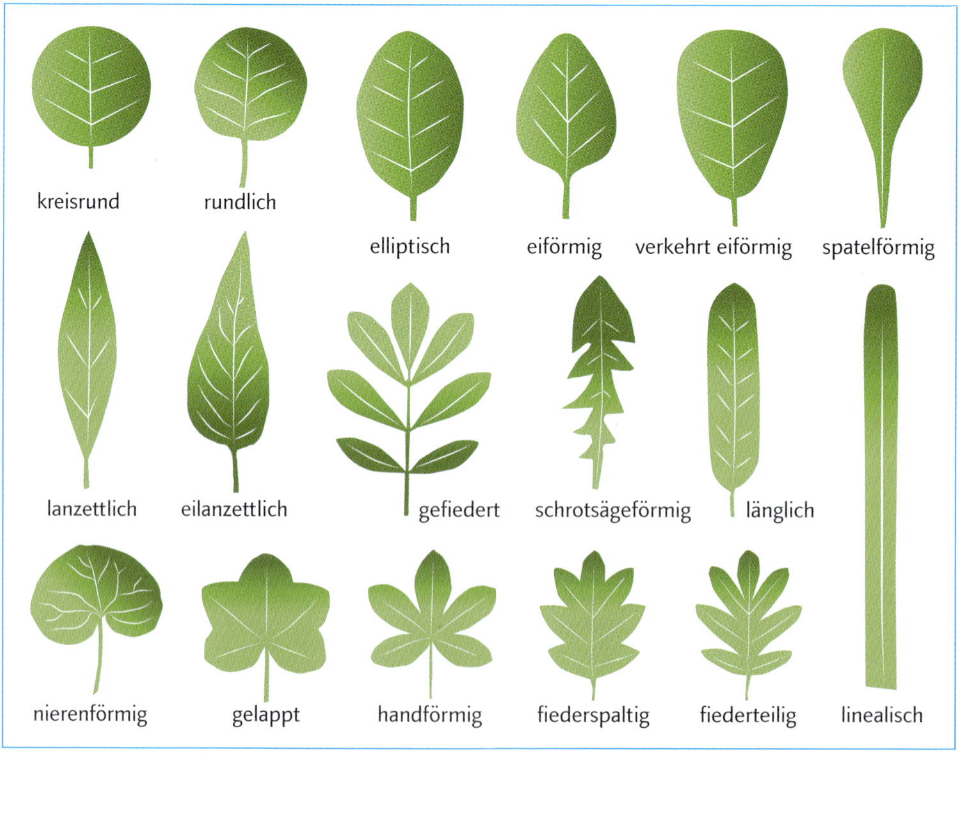

# Blüten

### BLÜTENSTÄNDE

Blütenstände sind Gebilde, die sich aus mehreren einzelnen Blüten zusammensetzen. Das, was man gemeinhin als Blüte bezeichnet, ist oft ein Blütenstand. Die „Blüte" einer Sonnenblume zum Beispiel ist ein korbförmiger Blütenstand aus braunen Röhrenblüten, umgeben von einem Kranz aus gelben Zungenblüten. Je nachdem, wie die einzelnen Blüten angeordnet sind, unterscheidet man unter anderem folgende Blütenstände:

### MIT UNGESTIELTEN EINZELBLÜTEN

### MIT GESTIELTEN EINZELBLÜTEN

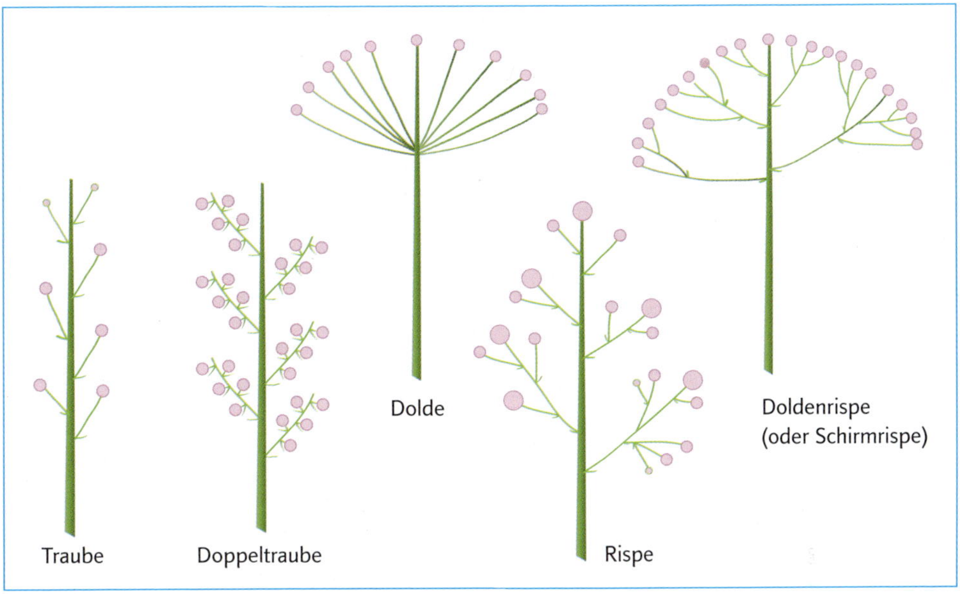

## Deutsche Pflanzennamen

## Wissenschaftliche Pflanzennamen

## Quellen und weiterführende Literatur (Auswahl)

Andersen, H. Chr. (2007): Meine Blumenmärchen. Herder, Freiburg

Alberts, A., Mullen, P. (2011): Psychoaktive Pflanzen, Pilze und Tiere. Kosmos Verlag, Stuttgart, 3. Auflage

Aust, D., Goeb, S. (2002): Wege zum Naturverständnis. Pflanzenverwendung in Kindergärten und kinderfreundlichen Anlagen. Landwirtschaftskammer Nordrhein-Westfalen, Bonn

Aust, D., Vogenbeck A. (2003): Wege zum Naturverständnis. Pflanzenverwendung an Reiterhöfen und Reitanlagen. Landwirtschaftskammer Nordrhein-Westfalen, Bonn

Avalos, J., H. I. Maibach (2000): Dermatologic Botany. Crc Press, Boca Raton

Bundesanzeiger (2000): Liste giftiger Pflanzen. 06.05.2000, Jg 52, Nr. 86, S. 8517

Collins, C., Leendertz, L. (2012): RHS Grow Your Own for Kids. Mitchell Beazley, London

Delaveau, P. (2003): Plantes des parcs et jardins: des risques pour la santé ? Le Concours Medical du 25. Juin 2003, No 24.

Duus, J., Frosch, P. J., Lepoittevin, J.-P. (2010): Contact Dermatitis. Springer, Berlin

Erhardt, W., Götz, E., Bödecker, N., Seybold S. (2008): Der große Zander. Enzyklopädie der Pflanzennamen. Ulmer, Stuttgart

Erhardt, W., Götz, E., Bödecker, N., Seybold S. (2014): Zander Handwörterbuch der Pflanzennamen. Ulmer, Stuttgart

Filmer, A. K. (1997): Toxic Plants. College of Agricultural and Environmental Sciences. University of California, Davis.

Frohne, D., Pfänder, H.-J. (2004): Giftpflanzen. Stuttgart: Wiss. Verlagsgesellschaft, Stuttgart, 5. Auflage

Hänsel, R., Keller, K., Rimpler, H., Schneider, G. (Hrsg.), Hager, H. (Begr.) (1994): Hagers Handbuch der pharmazeutischen Praxis; Bde.4-6. Drogen A-Z, Springer, Heidelberg, 5. Auflage

Hausen B. M., Vieluf, K. (1998): Allergiepflanzen Pflanzenallergene. Ecomed, Landsberg

Huntington, L. (1999): Das Gartenbuch für Allergiker. Die schönsten Pflanzen, die besten Arbeitsweisen. vgs-Verlag, Köln

Klemme, B. (2004): Allergiefreier Garten. Franckh-Kosmos, Stuttgart

Lampe, K. F. & Mc Cann, M. A. (1985): AMA Handbook of Poisonous and Injurious Plants. American Medical Ass., Chicago

Lang, D. C. (1987): The Complete Book Of British Berries. Kenilworth Press Ltd, London

Maier, U. (2006): Giftpflanzen. Beschauen, nicht kauen. Deutsche Gesetzliche Unfallversicherung (Hrsg.), Berlin

Mitchell, J., Rook, A. J. (1979): Botanical Dermatology. Plants and Plant Products Injurious to the Skin. Greengrass, Vancouver

Ogren, T. L. (2000): Allergy-Free Gardening. The revolutionary Guide to Healthy Landscaping, Ten Speed Press, Berkeley

Rietschel, R. L., Conde-Salazar, L., Goossens, A. (1999): An Atlas of Contact Dermatitis. CRC Press, Boca Raton

Roth, L., Daunderer, M., Kormann, K. (2008): Giftpflanzen – Pflanzengifte. Ecomed

Spoerke, D. G., Smolinske, S. C. (1990): Toxicity of Houseplants. CRC Press, Boca Raton

Steward, D. C. (2004): Dangerous garden - the quest for plants to change our lives. Harvard University Press, Cambridge

Van Wyk, B.-E., Wink, C., Wink, M. (2004): Handbuch der Arzneipflanzen. Wiss. Verlagsgesellschaft, Stuttgart, 2. Aufl. 2004

Widmayr, Chr., Kompatscher, A, (2005): Kinder und Gärten. BLV Verlagsgesellschaft, München, Wien, Zürich

Wiegele, M. (2010): Duft-Pelargonien auswählen und genießen. Österr. Agrarverlag, Wien

Wink, M., van Wyk, B.-E., Wink, C. (2008): Handbuch der giftigen und psychoaktiven Pflanzen. Wiss. Verlagsges., Stuttgart

Wolters, B. (1996): Von Agave bis Zaubernuss. Heilpflanzen der Indianer Nord-und Mittelamerikas. Verlag Freund, Greifenberg

## Internetlinks (Stand Juli 2015)

Coile, N. C. (1995): A List of some Plants known to cause Dermatitis. A Guide for DPI Plant Protection and Environmental Specialists. Florida Department of Agriculture & Consumer Services. https://www.freshfromflorida.com/content/download/12627/152062/poisonplants.pdf

Perry, L. P. Potentially Harmful Perennials OH 63. University of Vermont Extension System Department of Plant and Soil Science. http://www.uvm.edu/~pass/perry/oh63harm.html

UW Hospital Poison Prevention and Education Center (2004): Common Plants. What`s Poisonous and What`s Not. http://www.uwhealth.org/files/uwhealth/docs/pdf/poisonous_plants.pdf

## Bildautoren

**Alle Bilder:** Peter Pretscher bis auf:

**Titelbild:** © Monkey Business/Fotolia.com

Seite 28, Bild 3: Dr. Armin Jagel

Seite 36, Bild 3: „Pawpaw-fruit" by Manuel.conde – Own work. Licensed under Public domain via Wikimedia Commons – http://commons.wikimedia.org/wiki/File:Pawpaw-fruit.jpg#mediaviewer/File:Pawpaw-fruit.jpg;

Seite 36, Bild 4: „Asimina triloba3" by Scott Bauer, USDA – USDA ARS Image Number K7575-8. Licensed under Public domain via Wikimedia Commons – http://commons.wikimedia.org/wiki/File:Asimina_triloba3.jpg#mediaviewer/File:Asimina_triloba3.jpg

Seite 44, Bild 5: ERGO-Einkaufskorb, Flechtwerk Dieter Deringer

Seite 182, Bild 5: Bernd Schober, Augsburg

Seite 216, Bild 3: www.deaflora.de

Seite 216, Bild 5: ©Fotolyse/Fotolia.com

Seite 235, Bild 4: B. Matter, Schweiz

## STAUDENMISCHPFLANZUNGEN

Staudenmischungen bieten für fast jeden Standort im öffentlichen und privaten Bereich geeignete Lösungen. Die Broschüre stellt 33 von Experten erprobte Mischpflanzungen vor, die nur geringe Pflege benötigen und ganzjährig attraktiv aussehen. Als Antwort auf Vorbehalte gegenüber Stauden (z. B. dass sie fürs öffentliche Grün zu pflegeintensiv seien) haben verschiedene Forschungsanstalten diese ausgewogenen Staudenmischungen entwickelt. Welches Konzept ist das richtige für einen Standort? Bei der Entscheidung helfen Hinweise zu Bepflanzungstypen, Standortwahl, fachgerechter Pflanzung und Pflege. Für jede Mischung gibt es eine ausführliche Pflanzenliste und zusätzlich Grundlagentexte zu Planung, Gestaltung, Anlage und Pflege von Stauden.
*Broschüre, DIN A5, 148 Seiten*
**Bestell-Nr. 1538**

## GARTENKINDER

Pflanzen beim Keimen beobachten, mit den Händen in der Erde wühlen, leckere Kräuter und Gemüse ernten – Gärtnern macht Kindern Spaß. Das Heft bietet Anleitungen für Kinder, Eltern, Erzieherinnen und Erzieher zum Säen, Pflegen und Ernten von über 17 ausgewählten Pflanzen und bietet zusätzlich tolle Spiel- und Basteltipps. Auf spielerische Weise nähern sich die Kinder der Natur und erfahren, dass Pflanzen Lebewesen sind, die wachsen und sich verändern, die man pflegen und in ihrer Entwicklung begleiten muss. Die Anleitungen stammen aus dem Ordner „Gärtnern mit Kindern – Natur macht neugierig!" der Stiftung Besser essen. Besser leben. Er wurde für das Projekt „GartenKinder" konzipiert, das die Stiftung mit dem Deutschen LandFrauenverband als Kooperationspartner für Kindergärten und Kitas anbietet.
*Heft, DIN A4, 48 Seiten, 1 Bastelbogen*
**Bestell-Nr. 1624**

## IN DEN GARTEN – FERTIG – LOS!
## KINDER- UND JUGENDARBEIT IM VEREIN

Gärten bieten viel Raum für Naturerlebnisse und Abenteuer. Grund genug, um jungen Menschen Lust aufs Gärtnern zu machen! Das Handbuch stellt Ideen und Möglichkeiten für die Kinder- und Jugendarbeit in Vereinen des Freizeitgartenbaus vor. Es informiert ausführlich über organisatorische Fragen und pädagogische Grundlagen. Praktische Beispiele zeigen den Ablauf von Aktionen und Gruppenstunden für jede Saison. Das Handbuch macht Lust auf die Arbeit mit Kindern und Jugendlichen und begleitet die Verantwortlichen auf ihrem Weg. *Unterrichtsmaterial Ringordner, DIN A4 (21 × 29,7 cm),*
**Bestell-Nr. 3977**

aid

# Urban Gardening

Mit den Filmen beschreitet der aid neue Wege der Ernährungskommunikation. Sie wurden als partizipative Videos gedreht, eine filmpädagogische Methode, bei der sich Akteure, Redakteure und Regisseure gemeinsam auf eine Entdeckungsreise begeben: Was ist uns wichtig? Was sind unsere Erfahrungen, was unsere Hoffnungen? Und wie können wir das darstellen? Nicht „Experten" erklären „Laien", wie das Gärtnern funktioniert, sondern umgekehrt.

## NeuLand – Garten findet Stadt

Der Gemeinschaftsgarten NeuLand entstand im Jahr 2011 auf einer Industriebrache in Köln-Bayenthal. Mit über 10.000 $m^2$ ist er einer der größten in Deutschland. Mitgärtnern kann jede(r) nach dem Prinzip „Alles gehört Allen!". Wer eine Kiste übernimmt, pflegt unentgeltlich eine für die Gartengemeinschaft mit.

## Allmende-Kontor – Mehr als ein Garten

Der Gemeinschaftsgarten Allmende-Kontor in Berlin-Tempelhof wurde 2011 auf einer Fläche von 5000 $m^2$ gegründet. Heute gärtnern hier mehrere hundert Berlinerinnen und Berliner in rund 250 Hochbeeten. Die Kisten werden einmal im Jahr vergeben. Die Zukunft des Gartens ist ungewiss, denn es handelt sich um eine Zwischennutzung. Trotzdem ist in diesen Jahren ein liebevoll gestaltetes Gemeinschaftsprojekt entstanden, das Besucher aus aller Welt anzieht.

**Mehr zum Thema urbanes Gärtnern:**

http://www.aid.de/verbraucher/urban_gardening.php
http://www.aid.de/verbraucher/garten.php
Mehr zum NeuLand-Garten: http://www.neuland-koeln.de/
Mehr zum Allmende-Kontor: http://www.allmende-kontor.de/
Playlist: Für meine Zukunft
Keywords: „Urban Gardening", Gemeinschaftsgärten, „Nachhaltiger Konsum", Ernährungskultur, Allmende

Link zu den aid-Filmen:
https://www.youtube.com/watch?v=FTnYMcyX3ng
https://www.youtube.com/watch?v=W4KTOUpfJ_Y

NeuLand-Garten

Allmende-Kontor